大学数学基础丛书

微积分学习指导

（下册）

齐淑华　王金芝　主编

北　京

内 容 简 介

本学习指导是与我们编写的教材《微积分》配套的辅导用书。书中按教材章节顺序编排,与教材保持一致。全书共 4 章,每章又分 4 个板块,即大纲要求与重点内容、内容精要、题型总结与典型例题、课后习题解答,以起到同步辅导的作用,帮助学生克服学习中遇到的困难。

图书在版编目(CIP)数据

微积分学习指导. 下册/齐淑华,王金芝主编. —北京:清华大学出版社,2019(2020.11重印)
(大学数学基础丛书)
ISBN 978-7-302-53306-1

Ⅰ. ①微… Ⅱ. ①齐… ②王… Ⅲ. ①微积分-高等学校-教学参考资料 Ⅳ. ①O172

中国版本图书馆 CIP 数据核字(2019)第 155682 号

责任编辑:刘 颖
封面设计:傅瑞学
责任校对:刘玉霞
责任印制:宋 林

出版发行:清华大学出版社
  网   址:http://www.tup.com.cn,http://www.wqbook.com
  地   址:北京清华大学学研大厦 A 座   **邮   编:**100084
  社 总 机:010-62770175   **邮   购:**010-62786544
  投稿与读者服务:010-62776969,c-service@tup.tsinghua.edu.cn
  质量反馈:010-62772015,zhiliang@tup.tsinghua.edu.cn
印 装 者:三河市少明印务有限公司
经   销:全国新华书店
开   本:185mm×260mm   **印   张:**10.5   **字   数:**334 千字
版   次:2019 年 9 月第 1 版   **印   次:**2020 年 11 月第 2 次印刷
定   价:29.80 元

产品编号:077723-02

本学习指导是与我们编写的教材《微积分》配套的辅导用书。

微积分是高等院校的重要基础课之一,它不仅是后续课程学习及在各个学科领域中进行研究的必要基础,而且对学生综合能力的培养起着重要的作用,同时更是考研数学试题的重要组成部分。为更好地指导学生学好这门课程,加深学生对所学内容的理解和掌握,提高其综合运用知识解决问题的能力,我们组织编写此书。本书按教材章节顺序编排,与教材保持一致。全书共 5 章,每章又分 4 个板块,即大纲要求及重点内容、内容精要、题型总结与典型例题、课后习题解答,对现行教材逐章逐节同步辅导。各板块具有以下特点:

1. 大纲要求及重点内容部分列出了国家教学大纲对本章内容的基本要求,帮助同学们明确本章应该掌握的数学概念及相关知识。

2. 内容精要部分对每章的内容都给出了简明的摘要,用以帮助读者理解和记忆本书中的主要概念、结论和方法,对本章有一个全局性的认识和把握。

3. 题型总结与典型例题部分,选取了近几年的考研题和竞赛题作为例题,并进行了详细的解答。每种题型的解法都具有代表性。读者可以通过典型例题既对这部分知识消化理解,掌握了常见的解题方法与技巧,又扩充了知识面,同时也做到举一反三,触类旁通。

4. 课后习题解答部分,是对《微积分》一书的课后习题的详细解答,用以帮助读者在完成课后习题遇到困难时参考、查阅。对于课后习题,希望读者在学习过程中,先独立思考,自己动手解题,然后再对照检查,不要依赖于解答。

本书既是大学本科学生学习微积分有益的参考用书,又是有志考研同学的良师益友,相信通过对本书的系统阅读,会对学好微积分有很大帮助。

本书由大连民族大学理学院组织编写,由齐淑华、王金芝主编,参加编写的有刘强、张誉铎、李娇。理学院领导和同事们对本书的编写提出了宝贵的意见和建议,在此表示感谢。

由于作者水平有限,难免有疏漏、不足或错误之处,敬请同行和广大读者指正。

编　者

2019 年 6 月

第 ◇ 1 ◇ 章

多元函数微分学

1.1 大纲要求及重点内容

1. 大纲要求

(1) 理解二元函数的概念,了解多元函数的概念,会求二元函数的定义域。

(2) 了解二元函数的极限与连续性的概念,了解有界闭区域上连续函数的性质。

(3) 理解二元函数偏导数与全微分的概念,了解全微分存在的必要条件和充分条件。

(4) 掌握复合函数一阶偏导数的求法,会求复合函数的二阶偏导数。

(5) 会求隐函数(包括由两个方程构成的方程组确定的隐函数)的一阶和二阶偏导数。

(6) 理解二元函数极值与条件极值的概念,会求二元函数的极值,了解求条件极值的拉格朗日乘数法,会求一些比较简单的最大值与最小值的应用问题。

2. 重点内容

(1) 偏导数和全微分的概念。

(2) 求多元复合函数的一阶、二阶偏导数。

(3) 求隐函数的一阶、二阶偏导数。

(4) 多元函数的极值,包括无条件极值和条件极值。

(5) 利用多元函数解决实际应用中的最大值、最小值问题以及在一定条件下的最大值、最小值问题。

1.2 内容精要

1. 基本概念

(1) **二元函数的定义** 设 D 是平面上的一个非空点集,如果对于 D 内的任一点 (x,y),按照某种法则 f,都有唯一确定的实数 z 与之对应,则称 f 是 D 上的二元函数,它在 (x,y) 处的函数值记为 $f(x,y)$,即 $z=f(x,y)$,其中 x,y 称为自变量,z 称为因变量。点集 D 称为该函数的定义域,数集 $\{z \mid z=f(x,y),(x,y)\in D\}$ 称为该函数的值域。

类似地,可定义三元及三元以上函数。当 $n \geqslant 2$ 时,n 元函数统称为多元函数。

(2) **二元函数的几何意义** 设函数 $z=f(x,y)$ 的定义域为 D,对于任意取定的

$P(x,y) \in D$,对应的函数值为 $z=f(x,y)$,这样,以 x 为横坐标、y 为纵坐标、z 为竖坐标在空间就确定一点 $M(x,y,z)$,当 $P(x,y)$ 取遍 D 上一切点时,得一个空间点集 $\{(x,y,z) \mid z = f(x,y),(x,y) \in D\}$,这个点集称为二元函数的**图形**。二元函数 $z=f(x,y)$ 的图形就是空间中区域 D 上的一张曲面,定义域 D 是该曲面在 xOy 面上的投影。

（3）**二元函数的极限**　设函数 $z=f(x,y)$ 在点 $P_0(x_0,y_0)$ 的某一去心邻域内有定义,如果当点 $P(x,y)$ 无限趋于点 $P_0(x_0,y_0)$ 时,函数 $f(x,y)$ 无限趋于一个常数 A,则称 A 为**函数 $z=f(x,y)$ 当 $(x,y) \to (x_0,y_0)$ 时的极限**,记为

$$\lim_{\substack{x \to x_0 \\ y \to y_0}} f(x,y) = A,$$

或

$$f(x,y) \to A((x,y) \to (x_0,y_0)),$$

也记作

$$\lim_{P \to P_0} f(P) = A \quad 或 \quad f(P) \to A(P \to P_0)。$$

二元函数的极限与一元函数的极限具有相同的性质和运算法则,在此不再详述。为了区别于一元函数的极限,我们称二元函数的极限为二重极限。

说明：

① 定义中 $P \to P_0$ 的方式是任意的;

② 二元函数的极限运算法则与一元函数类似。

（4）**二元函数的连续性**　设二元函数 $z=f(x,y)$ 在点 (x_0,y_0) 的某一邻域内有定义,如果

$$\lim_{\substack{x \to x_0 \\ y \to y_0}} f(x,y) = f(x_0,y_0),$$

则称 $z=f(x,y)$ 在点 (x_0,y_0) 处**连续**。如果函数 $z=f(x,y)$ 在点 (x_0,y_0) 处不连续,则称函数 $z=f(x,y)$ 在 (x_0,y_0) 处**间断**。

如果 $z=f(x,y)$ 在区域 D 内每一点都连续,则称该函数在**区域 D 内连续**。在区域 D 上连续的二元函数的图形是区域 D 上的一张连续曲面,曲面上没有洞,也没有撕裂的地方。

（5）**偏导数的定义**　设函数 $z=f(x,y)$ 在点 (x_0,y_0) 的某一邻域内有定义,当 y 固定在 y_0 而 x 在 x_0 处有增量 Δx 时,相应地函数有增量 $f(x_0+\Delta x,y_0) - f(x_0,y_0)$。如果

$$\lim_{\Delta x \to 0} \frac{f(x_0+\Delta x,y_0) - f(x_0,y_0)}{\Delta x}$$

存在,则称此极限为函数 $z=f(x,y)$ 在点 (x_0,y_0) 处**对 x 的偏导数**,记为

$$\left.\frac{\partial z}{\partial x}\right|_{\substack{x=x_0 \\ y=y_0}}, \quad \left.\frac{\partial f}{\partial x}\right|_{\substack{x=x_0 \\ y=y_0}}, \quad \left.z_x\right|_{\substack{x=x_0 \\ y=y_0}} \quad 或 \quad f_x(x_0,y_0)。$$

例如,有

$$f_x(x_0,y_0) = \lim_{\Delta x \to 0} \frac{f(x_0+\Delta x,y_0) - f(x_0,y_0)}{\Delta x} = \lim_{x \to x_0} \frac{f(x,y_0) - f(x_0,y_0)}{x - x_0}。$$

类似地,函数 $z=f(x,y)$ 在点 (x_0,y_0) 处**对 y 的偏导数**为

$$f_y(x_0,y_0) = \lim_{\Delta y \to 0} \frac{f(x_0,y_0+\Delta y) - f(x_0,y_0)}{\Delta y} = \lim_{y \to y_0} \frac{f(x_0,y) - f(x_0,y_0)}{y - y_0},$$

记为

$$\frac{\partial z}{\partial y}\Big|_{\substack{x=x_0 \\ y=y_0}}, \quad \frac{\partial f}{\partial y}\Big|_{\substack{x=x_0 \\ y=y_0}}, \quad z_y\Big|_{\substack{x=x_0 \\ y=y_0}} \quad 或 \quad f_y(x_0,y_0)。$$

实际上,偏导数本质上是一元函数的导数,$f'_x(x_0,y_0)$ 就是一元函数 $\varphi(x)=f(x,y_0)$ 在 $x=x_0$ 处的导数,即

$$f_x(x_0,y_0)=\varphi'(x_0)=\frac{\mathrm{d}f(x,y_0)}{\mathrm{d}x}\Big|_{x=x_0}=(f(x,y_0))'_x\big|_{x=x_0};$$

而偏导数 $f_y(x_0,y_0)$ 是一元函数 $\psi(y)=f(x_0,y)$ 在 $y=y_0$ 处的导数,即

$$f_y(x_0,y_0)=\psi'(y_0)=\frac{\mathrm{d}f(x_0,y)}{\mathrm{d}y}\Big|_{y=y_0}=(f(x_0,y))'_y\big|_{y=y_0}。$$

如果函数 $z=f(x,y)$ 在区域 D 内任一点 (x,y) 处对 x 的偏导数都存在,那么这个偏导数就是 x,y 的函数,它就称为函数 $z=f(x,y)$ 对自变量 x 的偏导数,记作 $\frac{\partial z}{\partial x},\frac{\partial f}{\partial x},z_x$ 或 $f_x(x,y)$。同理可以定义函数 $z=f(x,y)$ 对自变量 y 的偏导数,记作 $\frac{\partial z}{\partial y},\frac{\partial f}{\partial y},z_y$ 或 $f_y(x,y)$。

偏导数的概念可以推广到二元以上函数。

（6）**二元函数可微性与全微分的定义**　如果函数 $z=f(x,y)$ 在点 (x,y) 的全增量

$$\Delta z=f(x+\Delta x,y+\Delta y)-f(x,y)$$

可以表示为

$$\Delta z=A\Delta x+B\Delta y+o(\rho),$$

其中 A,B 不依赖于 $\Delta x,\Delta y$,而仅与 x,y 有关,$\rho=\sqrt{(\Delta x)^2+(\Delta y)^2}$,则称函数 $z=f(x,y)$ 在点 (x,y)**可微分**,$A\Delta x+B\Delta y$ 称为函数 $z=f(x,y)$ 在点 (x,y) 的**全微分**,记为 $\mathrm{d}z$,即

$$\mathrm{d}z=A\Delta x+B\Delta y。$$

若函数在区域 D 内各点处可微分,则称这函数**在 D 内可微分**。

（7）**可微分的必要条件**

如果函数 $z=f(x,y)$ 在点 (x,y) 处可微分,则有:

① $z=f(x,y)$ 在点 (x,y) 处连续;

② $z=f(x,y)$ 在点 (x,y) 处的偏导数 $\frac{\partial z}{\partial x},\frac{\partial z}{\partial y}$ 存在,且 $z=f(x,y)$ 在点 (x,y) 处的全微分 $\mathrm{d}z=\frac{\partial z}{\partial x}\Delta x+\frac{\partial z}{\partial y}\Delta y$。

（8）**可微分的充分条件**

如果函数 $z=f(x,y)$ 的偏导数 $\frac{\partial z}{\partial x},\frac{\partial z}{\partial y}$ 在点 (x,y) 连续,则函数在该点处可微分。

（9）**多元函数连续、可导、可微的关系**

偏导数连续的函数一定可微;可微的函数一定可导;可微的函数一定连续;其他则未必。

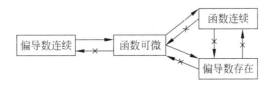

2. 闭区域上连续函数的性质

定理1（**最大值和最小值定理**） 有界闭区域 D 上连续的二元函数，在 D 上能够取得最大值和最小值。

定理2（**有界性定理**） 有界闭区域 D 上连续的二元函数在 D 上一定有界。

定理3（**介值定理**） 有界闭区域 D 上连续的二元函数在 D 上能够取得最大值与最小值之间所有的值。

3. 求导法则

（1）复合函数的求导法则

① 若 $z=f(u,v)$，$u=u(t)$ 及 $v=v(t)$，则 $z=f[u(t),v(t)]$，且

$$\frac{\mathrm{d}z}{\mathrm{d}t}=\frac{\partial z}{\partial u}\frac{\mathrm{d}u}{\mathrm{d}t}+\frac{\partial z}{\partial v}\frac{\mathrm{d}v}{\mathrm{d}t}.$$

② 若 $z=f(u,v)$，$u=u(x,y)$ 及 $v=v(x,y)$，则 $z=f[u(x,y),v(x,y)]$，且

$$\frac{\partial z}{\partial x}=\frac{\partial z}{\partial u}\frac{\partial u}{\partial x}+\frac{\partial z}{\partial v}\frac{\partial v}{\partial x}, \quad \frac{\partial z}{\partial y}=\frac{\partial z}{\partial u}\frac{\partial u}{\partial y}+\frac{\partial z}{\partial v}\frac{\partial v}{\partial y}.$$

③ 若 $z=f(u,v,w)$，$u=u(x,y)$，$v=v(x,y)$，$w=w(x,y)$，则

$$z=f[u(x,y),v(x,y),w(x,y)],且$$

$$\frac{\partial z}{\partial x}=\frac{\partial z}{\partial u}\frac{\partial u}{\partial x}+\frac{\partial z}{\partial v}\frac{\partial v}{\partial x}+\frac{\partial z}{\partial w}\frac{\partial w}{\partial x}, \quad \frac{\partial z}{\partial y}=\frac{\partial z}{\partial u}\frac{\partial u}{\partial y}+\frac{\partial z}{\partial v}\frac{\partial v}{\partial y}+\frac{\partial z}{\partial w}\frac{\partial w}{\partial y}.$$

④ 若 $z=f(u,x,y)$，$u=u(x,y)$，则 $z=f[u(x,y),x,y]$，且

$$\frac{\partial z}{\partial x}=\frac{\partial f}{\partial u}\cdot\frac{\partial u}{\partial x}+\frac{\partial f}{\partial x}, \quad \frac{\partial z}{\partial y}=\frac{\partial f}{\partial u}\cdot\frac{\partial u}{\partial y}+\frac{\partial f}{\partial y}.$$

注意 $\dfrac{\partial z}{\partial x}$ 把复合函数 $z=f[u(x,y),x,y]$ 中的 y 看作不变而对 x 的导数；而 $\dfrac{\partial f}{\partial x}$ 把 $z=f(u,x,y)$ 中的 u 及 y 看作不变而对 x 的偏导数；$\dfrac{\partial z}{\partial y}$ 和 $\dfrac{\partial f}{\partial y}$ 的区别与上面相同。

（2）隐函数的求导法则

① 一个方程的情形

若方程 $F(x,y)=0$ 确定 $y=f(x)$，则 $\dfrac{\mathrm{d}y}{\mathrm{d}x}=-\dfrac{F_x}{F_y}$。

若方程 $F(x,y,z)=0$ 确定 $z=f(x,y)$，则 $\dfrac{\partial z}{\partial x}=-\dfrac{F_x}{F_z}$，$\dfrac{\partial z}{\partial y}=-\dfrac{F_y}{F_z}$。

注 F_z 是将 $F(x,y,z)$ 中的 x,y 看作常数对 z 求导的结果，其他类似。

② 方程组的情形

若方程组 $\begin{cases} F(x,y,z)=0, \\ G(x,y,z)=0 \end{cases}$ 确定 $y=y(x)$，$z=z(x)$，只要将每个方程两边分别对 x 求导，得

$$\begin{cases} F_x+F_y\dfrac{\mathrm{d}y}{\mathrm{d}x}+F_z\dfrac{\mathrm{d}z}{\mathrm{d}x}=0, \\[2mm] G_x+G_y\dfrac{\mathrm{d}y}{\mathrm{d}x}+G_z\dfrac{\mathrm{d}z}{\mathrm{d}x}=0. \end{cases}$$

解上述关于 $\dfrac{\mathrm{d}y}{\mathrm{d}x}$，$\dfrac{\mathrm{d}z}{\mathrm{d}x}$ 的二元线性方程组，求出 $\dfrac{\mathrm{d}y}{\mathrm{d}x}$，$\dfrac{\mathrm{d}z}{\mathrm{d}x}$ 即可。

4．偏导数的应用

（1）**二元函数极值**　设函数 $z=f(x,y)$ 在点 (x_0,y_0) 的某一邻域内有定义，对于该邻域内异于 (x_0,y_0) 的任意一点 (x,y)，如果
$$f(x,y)\leqslant f(x_0,y_0),$$
则称函数在 (x_0,y_0) 有**极大值**；如果
$$f(x,y)\geqslant f(x_0,y_0),$$
则称函数在 (x_0,y_0) 有**极小值**；极大值、极小值统称为**极值**。使函数取得极值的点称为**极值点**。

（2）**二元函数取得极值的必要条件**　设函数 $z=f(x,y)$ 在点 (x_0,y_0) 具有偏导数，且在点 (x_0,y_0) 处有极值，则它在该点的偏导数必然为零，即
$$f_x(x_0,y_0)=0,\quad f_y(x_0,y_0)=0。$$

（3）**充分条件**

设函数 $z=f(x,y)$ 在点 (x_0,y_0) 的某邻域内有直到二阶的连续偏导数，且 $f_x(x_0,y_0)=0$，$f_y(x_0,y_0)=0$。令
$$f_{xx}(x_0,y_0)=A,\quad f_{xy}(x_0,y_0)=B,\quad f_{yy}(x_0,y_0)=C。$$

① 当 $AC-B^2>0$ 时，函数 $f(x,y)$ 在 (x_0,y_0) 处取得极值，且当 $A>0$ 时取得极小值 $f(x_0,y_0)$；$A<0$ 时取得极大值 $f(x_0,y_0)$。

② 当 $AC-B^2<0$ 时，函数 $f(x,y)$ 在 (x_0,y_0) 处取不到极值；

（4）**条件极值**

方法一　转化为无条件极值计算

方法二　拉格朗日乘子法

一般地，条件极值问题可以转化为无条件极值问题来处理，这种转化对有些问题有效，但由于要解方程往往有一定困难，有时甚至根本做不到转化为无条件极值，这时可以用拉格朗日乘数法。

求函数 $u=f(x,y)$ 在约束条件 $\varphi(x,y)=0$ 下的极值点，基本步骤为：

① 构造拉格朗日函数
$$L(x,y,\lambda)=f(x,y)+\lambda\varphi(x,y),$$
其中 λ 为参数

② 求 $L(x,y,\lambda)=f(x,y)+\lambda\varphi(x,y)$ 对 x,y 及 λ 的一阶偏导数，并使之为零，得到
$$\begin{cases}f_x(x,y)+\lambda\varphi_x(x,y)=0,\\ f_y(x,y)+\lambda\varphi_y(x,y)=0,\\ \varphi(x,y)=0,\end{cases}$$
解出 x,y,λ 成为条件驻点，x,y 就是 $u=f(x,y,z)$ 在约束条件 $\varphi(x,y,z)=0$ 下可能的极值点。

求函数 $u=f(x,y,z)$ 在约束条件 $\varphi(x,y,z)=0$ 下的极值点，基本步骤为：

① 构造拉格朗日函数
$$L(x,y,z,\lambda)=f(x,y,z)+\lambda\varphi(x,y,z),$$

其中 λ 为参数。

② 求 $L(x,y,z,\lambda)=f(x,y,z)+\lambda\varphi(x,y,z)$ 对 x,y,z 及 λ 的一阶偏导数，并使之为零，得到

$$\begin{cases} f_x(x,y,z)+\lambda\varphi_x(x,y,z)=0, \\ f_y(x,y,z)+\lambda\varphi_y(x,y,z)=0, \\ f_z(x,y,z)+\lambda\varphi_z(x,y,z)=0, \\ \varphi(x,y,z)=0, \end{cases}$$

解出 x,y,z,λ，其中 x,y,z 就是 $u=f(x,y,z)$ 在约束条件 $\varphi(x,y,z)=0$ 下可能的极值点。

注 这些可能的极值点是否为极值点，还需进一步的考查和判别。但在实际问题中，如果由问题的实际意义知所讨论的问题存在极值（或最值），而通过拉格朗日乘数法又只求出唯一一个可能极值点，则无需再论证，该点就是所求的最大值点或最小值点。

（5）最大值与最小值求法

有界闭域 D 上的连续函数可以在 D 上取得最大值和最小值。

① 若最大值或最小值在区域 D 的内部取得，则一定是极值；

② 若最大值或最小值在区域 D 的边界曲线上取得，则属于条件极值问题。

因此，求最大值、最小值的一般方法：

① 求函数 $z=f(x,y)$ 在 D 内的所有驻点；

求函数 $z=f(x,y)$ 在 D 的边界曲线上的所有**条件**驻点；

计算所有驻点和条件驻点处的函数值，比较大小即可。

② 在应用问题中，若已知 $z=f(x,y)$ 在 D 内有最大值或最小值，且在 D 内有唯一的驻点，则该驻点一定就是最大值点或最小值点。

（6）全微分在近似计算中的应用

当 $|\Delta x|,|\Delta y|$ 都较小时，则由二元函数的全微分可得到近似计算公式

$$f(x+\Delta x,y+\Delta y)\approx f(x,y)+f_x(x,y)\Delta x+f_y(x,y)\Delta y.$$

1.3 题型总结与典型例题

题型 1-1 求多元函数的定义域

【解题思路】 求比较复杂的多元函数的定义域也和一元函数一样，先写出构成部分的各简单函数的定义域，再解联立不等式组即得所求定义域。

例 1.1 求定义域

(1) $z=\sqrt{x^2-4x+y^2}+\ln(y-x^2)$；   (2) $u=\sqrt{\arcsin\dfrac{x^2+y^2}{z}}$。

解 (1) 由题设可知

$$\begin{cases} x^2-4x+y^2\geqslant 0, \\ y-x^2>0, \end{cases} \quad 即 \quad \begin{cases} (x-2)^2+y^2\geqslant 4, \\ y>x^2, \end{cases}$$

定义域为 $\{(x,y)\mid (x-2)^2+y^2\geqslant 4,y>x^2\}$。

$(2)\begin{cases}\arcsin\dfrac{x^2+y^2}{z}\geqslant 0,\\ \left|\dfrac{x^2+y^2}{z}\right|\leqslant 1,\\ z\neq 0,\end{cases}$ 得 $\begin{cases}z\geqslant x^2+y^2,\\ z\neq 0,\end{cases}$

定义域为 $\{(x,y,z)\mid z\geqslant x^2+y^2,z\neq 0\}$。

题型 1-2 多元函数的极限

【解题思路】 求二元函数极限常用的方法：

(1) 利用极限的性质(如极限运算法则、夹逼准则、等价无穷小代换)；

(2) 用变量代换法转化为求简单的极限或一元函数的极限；

(3) 利用无穷小量与有界函数之积为无穷小量；

(4) 若连续,则 $\lim\limits_{\substack{x\to x_0\\y\to y_0}}f(x,y)=f(x_0,y_0)$；

(5) 对于多元函数极限洛必达法则不再适用。

例 1.2 求下列极限：

$(1)\ \lim\limits_{\substack{x\to\infty\\y\to a}}\left(1+\dfrac{1}{xy}\right)^{\frac{x^2}{x+y}},a>0$；$\qquad(2)\ \lim\limits_{\substack{x\to 0\\y\to 0}}xy\sin\dfrac{1}{x^2+y^2}$。

解 (1) **解法一** $\lim\limits_{\substack{x\to\infty\\y\to a}}\left(1+\dfrac{1}{xy}\right)^{\frac{x^2}{x+y}}=\lim\limits_{\substack{x\to\infty\\y\to a}}\left[\left(1+\dfrac{1}{xy}\right)^{xy}\right]^{\frac{x^2}{xy(x+y)}}$。

而 $\lim\limits_{\substack{x\to\infty\\y\to a}}\left(1+\dfrac{1}{xy}\right)^{xy}\xlongequal{t=xy}\lim\limits_{t\to\infty}\left(1+\dfrac{1}{t}\right)^t=\mathrm{e},\lim\limits_{\substack{x\to\infty\\y\to a}}\dfrac{x^2}{xy(x+y)}=\lim\limits_{\substack{x\to\infty\\y\to a}}\dfrac{1}{y\left(1+\dfrac{y}{x}\right)}=\dfrac{1}{a}$。

故 $\lim\limits_{\substack{x\to\infty\\y\to a}}\left(1+\dfrac{1}{xy}\right)^{\frac{x^2}{x+y}}=\mathrm{e}^{\frac{1}{a}}$。

解法二 $\lim\limits_{\substack{x\to\infty\\y\to a}}\left(1+\dfrac{1}{xy}\right)^{\frac{x^2}{x+y}}=\mathrm{e}^{\lim\limits_{\substack{x\to\infty\\y\to a}}\frac{1}{xy}\cdot\frac{x^2}{x+y}}=\mathrm{e}^{\lim\limits_{\substack{x\to\infty\\y\to a}}\frac{1}{xy}\cdot\frac{x^2}{x}}=\mathrm{e}^{\frac{1}{a}}$。

(2) 因为 $0\leqslant\left|xy\sin\dfrac{1}{x^2+y^2}\right|\leqslant|xy|$,且 $\lim\limits_{\substack{x\to 0\\y\to 0}}|xy|=0$,由夹逼准则知,$\lim\limits_{\substack{x\to 0\\y\to 0}}xy\sin\dfrac{1}{x^2+y^2}=0$。

例 1.3 证明函数 $f(x,y)=\begin{cases}\dfrac{xy}{\sqrt{x^2+y^2}},&x^2+y^2\neq 0,\\ 0,&x^2+y^2=0\end{cases}$ 在 $(0,0)$ 连续。

证明 因为 $xy\leqslant\dfrac{x^2+y^2}{2}$,所以 $0\leqslant\left|\dfrac{xy}{\sqrt{x^2+y^2}}\right|\leqslant\dfrac{\sqrt{x^2+y^2}}{2}$,而 $\lim\limits_{\substack{x\to 0\\y\to 0}}\dfrac{\sqrt{x^2+y^2}}{2}=0$,所以

$\lim\limits_{\substack{x\to 0\\y\to 0}}\dfrac{xy}{\sqrt{x^2+y^2}}=0=f(0,0)$,函数 $f(x,y)$ 在 $(0,0)$ 处连续。

题型 1-3 证明二元函数的极限不存在

【解题思路】 证明极限不存在的常用方法是,取两个不同的路径,极限$\lim\limits_{\substack{x \to x_0 \\ y \to y_0}} f(x,y)$不相

等或取某一路径极限$\lim\limits_{\substack{x \to x_0 \\ y \to y_0}} f(x,y)$不存在,均可证明$\lim\limits_{\substack{x \to x_0 \\ y \to y_0}} f(x,y)$不存在。

特别地,证明$\lim\limits_{\substack{x \to 0 \\ y \to 0}} f(x,y)$不存在:

(1) 若$f(mx,my)=f(x,y)$,且$f(x,y) \neq c$,一般选用直线路径$y=kx$,当动点沿$y=kx$趋于$(0,0)$时极限值随k的变化而变化,则$\lim\limits_{\substack{x \to 0 \\ y \to 0}} f(x,y)$不存在。

(2) 若$f(m^{\alpha}x,m^{\beta}y)=f(x,y)(\alpha > 0, \beta > 0)$,选用曲线路径$y=kx^{\frac{\beta}{\alpha}}$,当动点沿$y=kx^{\frac{\beta}{\alpha}}$趋于$(0,0)$时极限值随$k$的变化而变化,则$\lim\limits_{\substack{x \to 0 \\ y \to 0}} f(x,y)$不存在。

(3) $f(mx,my)=m^{\alpha}f(x,y)$时,可令$x=r\cos\theta, y=r\sin\theta$,当动点趋于$(0,0)$时极限值随$\theta$的变化而变化,则$\lim\limits_{\substack{x \to 0 \\ y \to 0}} f(x,y)$不存在。

(4) 若$f(x,y)$为分式函数,可先将$f(x,y)$的分子、分母变形,倒推出y与x的关系,从而找出要取的路径。

例 1.4 下列极限是否存在? 若存在,求极限值:

(1) $\lim\limits_{\substack{x \to 0 \\ y \to 0}} \dfrac{x^2+xy}{x^2+y^2}$;

(2) $\lim\limits_{\substack{x \to 0 \\ y \to 0}} \dfrac{x^2 y}{x^4+y^2}$;

(3) $\lim\limits_{\substack{x \to 0 \\ y \to 0}} \dfrac{x^3 y+xy^4+x^2 y}{x+y}$;

(4) $\lim\limits_{\substack{x \to 0 \\ y \to 0}} \dfrac{x^2 y}{x+y}$。

证明 (1) 当y与x同阶时,分子、分母同阶,$f(mx,my)=f(x,y)$,可以选用路径$y=kx$,则

$$\lim\limits_{\substack{x \to 0 \\ y \to 0}} \frac{x^2+xy}{x^2+y^2} = \lim\limits_{\substack{x \to 0 \\ y=kx}} \frac{x^2+xkx}{x^2+(kx)^2} = \frac{1+k}{1+k^2},$$

极限值随k的变化而变化,故$\lim\limits_{\substack{x \to 0 \\ y \to 0}} \dfrac{x^2+xy}{x^2+y^2}$不存在。

具有这样特点的极限还可令$x=r\cos\theta, y=r\sin\theta$,则

$$\lim\limits_{\substack{x \to 0 \\ y \to 0}} \frac{x^2+xy}{x^2+y^2} = \lim\limits_{r \to 0} \frac{r^2\cos^2\theta+r^2\cos\theta\sin\theta}{r^2} = \cos^2\theta+\cos\theta\sin\theta,$$

极限值随θ的变化而变化,故$\lim\limits_{\substack{x \to 0 \\ y \to 0}} \dfrac{x^2+xy}{x^2+y^2}$不存在。

(2) $f(mx,m^2 y)=f(x,y)$,$\alpha=1, \beta=2$,令$y=kx^2$时,分子与分母同阶。因为$\lim\limits_{\substack{x \to 0 \\ y=kx^3}} \dfrac{x^2 y}{x^4+y^2} = \dfrac{k}{1+k^2}$,所以$\lim\limits_{\substack{x \to 0 \\ y \to 0}} \dfrac{x^2 y}{x^4+y^2}$不存在。

(3) $\lim\limits_{\substack{x \to 0 \\ y=x^3-x}} \dfrac{x^3 y+xy^4+x^2 y}{x+y} = \lim\limits_{x \to 0} \dfrac{-x^3-x^4+o(x^4)}{x^3} = -1,$

$$\lim_{\substack{x \to 0 \\ y=x}} \frac{x^3 y + xy^4 + x^2 y}{x+y} = \lim_{x \to 0} \frac{x^3 + x^4 + x^5}{2x} = 0,$$

故 $\lim\limits_{\substack{x \to 0 \\ y \to 0}} \dfrac{x^3 y + xy^4 + x^2 y}{x+y}$ 不存在。

(4) 当动点沿直线 $y = -x$ 趋于点 $(0,0)$ 时,函数 $\dfrac{x^2 y}{x+y}$ 在点 $(0,0)$ 的任一邻域内无意义,

故 $\lim\limits_{\substack{x \to 0 \\ y \to 0}} \dfrac{x^2 y}{x+y}$ 不存在。

题型 1-4　用定义判断二元函数在某点是否连续、可偏导及可微

【解题思路】　分界函数在分界点处的偏导数和可微性要用定义来讨论。

(1) 判断 $f(x,y)$ 在 (x_0, y_0) 处是否连续,只需求 $\lim\limits_{\substack{x \to x_0 \\ y \to y_0}} f(x,y)$。

若 $\lim\limits_{\substack{x \to x_0 \\ y \to y_0}} f(x,y) = f(x_0, y_0)$,则 $f(x,y)$ 在 (x_0, y_0) 处连续;

若 $\lim\limits_{\substack{x \to x_0 \\ y \to y_0}} f(x,y) \neq f(x_0, y_0)$,则 $f(x,y)$ 在 (x_0, y_0) 处不连续。

(2) 判断 $f(x,y)$ 在 (x_0, y_0) 处是否可偏导,就是求两个极限

$$\lim_{x \to x_0} \frac{f(x, y_0) - f(x_0, y_0)}{x - x_0}, \quad \lim_{y \to y_0} \frac{f(x_0, y) - f(x_0, y_0)}{y - y_0}。$$

若两个极限都存在,则 $f(x,y)$ 在 (x_0, y_0) 处可偏导,且

$$f_x(x_0, y_0) = \lim_{x \to x_0} \frac{f(x, y_0) - f(x_0, y_0)}{x - x_0}, \quad f_y(x, y) = \lim_{y \to y_0} \frac{f(x_0, y) - f(x_0, y_0)}{y - y_0}。$$

(3) 按定义判断二元函数 $z = f(x,y)$ 在 (x_0, y_0) 处是否可微,只需求极限

$$\lim_{\rho \to 0} \frac{\Delta z - \mathrm{d}z}{\rho} = \lim_{\substack{\Delta x \to 0 \\ \Delta y \to 0}} \frac{f(x_0 + \Delta x, y_0 + \Delta y) - f(x_0, y_0) - f_x(x_0, y_0)\Delta x - f_y(x_0, y_0)\Delta y}{\sqrt{(\Delta x)^2 + (\Delta y)^2}}。$$

若 $\lim\limits_{\substack{\Delta x \to 0 \\ \Delta y \to 0}} \dfrac{f(x_0 + \Delta x, y_0 + \Delta y) - f(x_0, y_0) - f_x(x_0, y_0)\Delta x - f_y(x_0, y_0)\Delta y}{\sqrt{(\Delta x)^2 + (\Delta y)^2}} = 0,$

则函数 $z = f(x,y)$ 在 (x_0, y_0) 可微;

若 $\lim\limits_{\substack{\Delta x \to 0 \\ \Delta y \to 0}} \dfrac{f(x_0 + \Delta x, y_0 + \Delta y) - f(x_0, y_0) - f_x(x_0, y_0)\Delta x - f_y(x_0, y_0)\Delta y}{\sqrt{(\Delta x)^2 + (\Delta y)^2}} \neq 0,$

则函数 $z = f(x,y)$ 在 (x_0, y_0) 不可微。

特别地,判断二元函数 $z = f(x,y)$ 在 $(0,0)$ 处是否可微,只需求极限

$$\lim_{\rho \to 0} \frac{\Delta z - \mathrm{d}z}{\rho} = \lim_{\substack{x \to 0 \\ y \to 0}} \frac{f(x,y) - f(0,0) - f_x(0,0)x - f_y(0,0)y}{\sqrt{x^2 + y^2}}。$$

若 $\lim\limits_{\substack{x \to 0 \\ y \to 0}} \dfrac{f(x,y) - f(0,0) - f_x(0,0)x - f_y(0,0)y}{\sqrt{x^2 + y^2}} = 0$,则函数 $z = f(x,y)$ 在 $(0,0)$ 可微;若

$\lim\limits_{\substack{x \to 0 \\ y \to 0}} \dfrac{f(x,y) - f(0,0) - f_x(0,0)x - f_y(0,0)y}{\sqrt{x^2 + y^2}} \neq 0$,则函数 $z = f(x,y)$ 在 $(0,0)$ 不可微。

例 1.5　设函数 $f(x,y)$ 可微,且对任意 x,y 都有 $\dfrac{\partial f(x,y)}{\partial x}>0$, $\dfrac{\partial f(x,y)}{\partial y}<0$,则使得 $f(x_1,y_1)<f(x_2,y_2)$ 成立的一个充分条件是

A. $x_1>x_2,y_1<y_2$　　B. $x_1>x_2,y_1>y_2$　　C. $x_1<x_2,y_1<y_2$　　D. $x_1<x_2,y_1>y_2$

解　$\dfrac{\partial f(x,y)}{\partial x}>0$, $\dfrac{\partial f(x,y)}{\partial y}<0$ 表示函数 $f(x,y)$ 关于变量 x 是单调递增的,关于变量 y 是单调递减的。因此,当 $x_1<x_2,y_1>y_2$ 时,必有 $f(x_1,y_1)<f(x_2,y_2)$,故选 D。

例 1.6　当 $x^2+y^2>0$ 时,$f(x,y)=\mathrm{e}^{-\frac{1}{x^2+y^2}}$, $f(0,0)=0$,研究函数在点 $(0,0)$ 的可微性。

解　$f_x(0,0)=\lim\limits_{x\to 0}\dfrac{f(x,0)-f(0,0)}{x}=\lim\limits_{x\to 0}\dfrac{\mathrm{e}^{-\frac{1}{x^2}}}{x}=\lim\limits_{t\to\infty}\dfrac{t}{\mathrm{e}^{t^2}}=0$。

同理 $f_y(0,0)=0$。于是

$$\lim_{\substack{x\to 0\\y\to 0}}\frac{f(x,y)-f(0,0)-f_x(0,0)x-f_y(0,0)y}{\sqrt{x^2+y^2}}=\lim_{\substack{x\to 0\\y\to 0}}\frac{\mathrm{e}^{-\frac{1}{x^2+y^2}}}{\sqrt{x^2+y^2}}=\lim_{t\to+\infty}\frac{t}{\mathrm{e}^{t^2}}=0,$$

故 $f(x,y)$ 在 $(0,0)$ 处可微。

例 1.7　如果 $f(x,y)$ 在 $(0,0)$ 处连续,且 $\lim\limits_{\substack{x\to 0\\y\to 0}}\dfrac{f(x,y)}{x^2+y^2}$ 存在,证明 $f(x,y)$ 在 $(0,0)$ 处可微。(2012 考研数学一,二,三)

证明　因为 $\lim\limits_{\substack{x\to 0\\y\to 0}}\dfrac{f(x,y)}{x^2+y^2}$ 存在,且 $\lim\limits_{\substack{x\to 0\\y\to 0}}(x^2+y^2)=0$,所以

$$\lim_{\substack{x\to 0\\y\to 0}}f(x,y)=0。$$

又因 $f(x,y)$ 在 $(0,0)$ 处连续,则

$$f(0,0)=\lim_{\substack{x\to 0\\y\to 0}}f(x,y)=0。$$

因为 $\lim\limits_{\substack{x\to 0\\y\to 0}}\dfrac{f(x,y)}{x^2+y^2}=\lim\limits_{\substack{x\to 0\\y\to 0}}\dfrac{f(x,y)-f(0,0)}{x^2+y^2}$ 存在,所以 $f(x,y)-f(0,0)$ 是 x^2+y^2 的同阶或高阶无穷小,从而 $f(x,y)-f(0,0)$ 是 $\sqrt{x^2+y^2}$ 的高阶无穷小,所以 $\lim\limits_{\substack{x\to 0\\y\to 0}}\dfrac{f(x,y)-f(0,0)}{\sqrt{x^2+y^2}}=0$。

特别地,

$$f_x(0,0)=\lim_{x\to 0}\frac{f(x,0)-f(0,0)}{x}=0,\quad f_y(0,0)=\lim_{y\to 0}\frac{f(0,y)-f(0,0)}{y}=0,$$

$$f(x,y)-f(0,0)=0\cdot x+0\cdot y+o(\sqrt{x^2+y^2}),$$

即　　　　　$$f(x,y)-f(0,0)=f_x(0,0)\cdot x+f_y(0,0)\cdot y+o(\sqrt{x^2+y^2}),$$

所以 $f(x,y)$ 在 $(0,0)$ 处可微。

例 1.8　设函数 $\psi(x,y)=|x-y|\varphi(x,y)$,其中 $\varphi(x,y)$ 连续,研究 $\psi(x,y)$ 在原点 $(0,0)$ 处的可微性。

解　令 $z=\psi(x,y)=|x-y|\varphi(x,y)$,则 $\psi(0,0)=0\cdot\varphi(0,0)=0$,

$$\lim_{\substack{x\to 0\\y\to 0}}\psi(x,y)=\lim_{\substack{x\to 0\\y\to 0}}|x-y|\varphi(x,y)=0=\psi(0,0),$$

于是

$$\psi_x(0,0)=\lim_{x\to 0}\frac{\psi(x,0)-\psi(0,0)}{x}=\lim_{x\to 0}\frac{\mid x-0\mid \varphi(x,0)-0}{x}=\lim_{x\to 0}\frac{\mid x\mid}{x}\varphi(x,0),$$

$$\psi_y(0,0)=\lim_{y\to 0}\frac{\psi(0,y)-\psi(0,0)}{y}=\lim_{y\to 0}\frac{\mid y\mid}{y}\varphi(0,y)。$$

① 当 $\varphi(0,0)=0$ 时，$\psi_x(0,0)=0$，$\psi_y(0,0)=0$，于是

$$\lim_{\substack{x\to 0\\y\to 0}}\frac{\Delta z-\psi_x(0,0)x-\psi_y(0,0)y}{\sqrt{x^2+y^2}}=\lim_{\substack{x\to 0\\y\to 0}}\frac{\psi(x,y)-\psi(0,0)-0}{\sqrt{x^2+y^2}}=\lim_{\substack{x\to 0\\y\to 0}}\frac{\mid x-y\mid \varphi(x,y)}{\sqrt{x^2+y^2}}。$$

上面的这个极限不能简单地看出来，而 $0\leqslant \dfrac{\mid x-y\mid}{\sqrt{x^2+y^2}}\leqslant \dfrac{\mid x\mid+\mid y\mid}{\sqrt{x^2+y^2}}\leqslant \dfrac{\mid x\mid}{\sqrt{x^2}}+\dfrac{\mid y\mid}{\sqrt{y^2}}=2$，故

$\dfrac{\mid x-y\mid}{\sqrt{x^2+y^2}}$ 有界，而 $\lim\limits_{\substack{x\to 0\\y\to 0}}\varphi(x,y)=0$，即 $\varphi(x,y)$ 为无穷小量，所以 $\lim\limits_{\substack{x\to 0\\y\to 0}}\dfrac{\mid x-y\mid \varphi(x,y)}{\sqrt{x^2+y^2}}=0$，故此

刻 $\psi(x,y)$ 在 $(0,0)$ 处可微。

② 当 $\varphi(0,0)\neq 0$ 时，$\psi_x(0,0)$，$\psi_y(0,0)$ 不存在，则此时 $\psi(x,y)$ 在原点 $(0,0)$ 处不可微。

题型 1-5 有关多元函数连续、偏导数和全微分概念的问题

【解题思路】 (1) 连续与可偏导之间没有必然联系；

(2) 对于二元函数，可微一定连续；

(3) 可微函数的偏导数一定存在；

(4) 不连续一定不可微；

(5) 偏导数不存在一定不可微；

(6) 一阶偏导数连续则一定可微；

(7) 一阶偏导数不连续，不一定不可微。偏导数连续只是可微的充分条件，而不是必要条件；

(8) $\mathrm{d}z=\dfrac{\partial z}{\partial x}\mathrm{d}x+\dfrac{\partial z}{\partial y}\mathrm{d}y$。

例 1.9 判断题

(1) 若 $f(x,y)$ 在点 (x,y) 处连续，则偏导数 $\dfrac{\partial z}{\partial x}$，$\dfrac{\partial z}{\partial y}$ 一定存在。 (　　)

(2) 若 $f(x,y)$ 在点 (x,y) 处可微，则偏导数 $\dfrac{\partial z}{\partial x}$，$\dfrac{\partial z}{\partial y}$ 一定连续。 (　　)

解 (1) 错。 (2) 错。

例 1.10 考虑二元函数 $f(x,y)$ 的 4 条性质：

① $f(x,y)$ 在点 (x_0,y_0) 处连续；

② $f(x,y)$ 在点 (x_0,y_0) 处的一阶偏导数连续；

③ $f(x,y)$ 在点 (x_0,y_0) 处可微；

④ $f(x,y)$ 在点 (x_0,y_0) 处的一阶偏导数存在。

则有：

A. ②⇒③⇒① 　　 B. ③⇒②⇒① 　　 C. ③⇒④⇒① 　　 D. ③⇒①⇒④

解 一阶偏导数连续则可微，可微函数本身一定连续，可微函数的偏导数一定存在；函数连续和偏导数存在没有必然联系。故选 A。

例 1.11   如果 $f(x,y)$ 在 $(0,0)$ 处连续,那么下列命题正确的是(   )。

A. 若极限 $\lim\limits_{\substack{x\to 0 \\ y\to 0}}\dfrac{f(x,y)}{|x|+|y|}$ 存在,则 $f(x,y)$ 在 $(0,0)$ 处可微

B. 若极限 $\lim\limits_{\substack{x\to 0 \\ y\to 0}}\dfrac{f(x,y)}{x^2+y^2}$ 存在,则 $f(x,y)$ 在 $(0,0)$ 处可微

C. 若 $f(x,y)$ 在 $(0,0)$ 处可微,则极限 $\lim\limits_{\substack{x\to 0 \\ y\to 0}}\dfrac{f(x,y)}{|x|+|y|}$ 存在

D. 若 $f(x,y)$ 在 $(0,0)$ 处可微,则极限 $\lim\limits_{\substack{x\to 0 \\ y\to 0}}\dfrac{f(x,y)}{x^2+y^2}$ 存在

解   若 $\lim\limits_{\substack{x\to 0 \\ y\to 0}}\dfrac{f(x,y)}{x^2+y^2}$ 存在,设 $\lim\limits_{\substack{x\to 0 \\ y\to 0}}\dfrac{f(x,y)}{x^2+y^2}=A$。因 $\lim\limits_{\substack{x\to 0 \\ y\to 0}}x^2+y^2=0$,故 $\lim\limits_{\substack{x\to 0 \\ y\to 0}}f(x,y)=0$。

又 $f(x,y)$ 在 $(0,0)$ 处连续,所以 $\lim\limits_{\substack{x\to 0 \\ y\to 0}}f(x,y)=0=f(0,0)$,即有 $f(0,0)=0$。

取 $y=0$,因 $\lim\limits_{x\to 0}\dfrac{f(x,0)-f(0,0)}{x^2}$ 存在,设 $A=\lim\limits_{x\to 0}\dfrac{f(x,0)-f(0,0)}{x^2}$。

$$f_x(0,0)=\lim\limits_{x\to 0}\frac{f(x,0)-f(0,0)}{x}=\lim\limits_{x\to 0}\frac{f(x,0)-f(0,0)}{x^2}\cdot x=0。$$

同理 $f_y(0,0)=0$。令 $\rho=\sqrt{x^2+y^2}$,则

$$
\begin{aligned}
\lim\limits_{\substack{x\to 0 \\ y\to 0}}\frac{f(x,y)-f(0,0)}{\sqrt{x^2+y^2}}&=\lim\limits_{\substack{x\to 0 \\ y\to 0}}\frac{f(x,y)-f(0,0)-[f_x(0,0)x+f_y(0,0)y]}{\rho}\\
&=\lim\limits_{\substack{x\to 0 \\ y\to 0}}\frac{f(x,y)-f(0,0)-[f_x(0,0)x+f_y(0,0)y]}{\rho^2}\cdot\rho\\
&=A\cdot 0=0,
\end{aligned}
$$

故有 $\lim\limits_{\substack{x\to 0 \\ y\to 0}}\dfrac{f(x,y)-f(0,0)-[f_x(0,0)x+f_y(0,0)y]}{\rho}=0$,即有 $f(x,y)$ 在 $(0,0)$ 处可微,选 B。

例 1.12   讨论函数 $f(x,y)=\begin{cases}\dfrac{xy}{x^2+y^2}, & (x,y)\neq(0,0),\\ 0, & (x,y)=(0,0)\end{cases}$ 在点 $(0,0)$ 处的可微性。

解   因为

$$f_x(0,0)=\lim\limits_{x\to 0}\frac{f(x,0)-f(0,0)}{x}=0,\quad f_y(0,0)=\lim\limits_{y\to 0}\frac{f(0,y)-f(0,0)}{y}=0,$$

所以 $f(x,y)$ 在 $(0,0)$ 处两个偏导数都存在。

又 $\lim\limits_{\substack{x\to 0 \\ y=kx}}\dfrac{xy}{x^2+y^2}=\dfrac{k}{1+k^2}$,随 k 的变化而变化,故在 $(0,0)$ 处的极限不存在,从而 $f(x,y)$ 在 $(0,0)$ 处不连续。所以 $f(x,y)$ 在 $(0,0)$ 处不可微。

题型 1-6   求简单多元函数的偏导数

【解题思路】   在求多元函数对某个自变量的偏导数时,只需把其余自变量看作常数,然后直接利用一元函数的求导公式及复合函数求导法则来计算。

例 1.13 求下列函数的偏导数

(1) $z = x^y \cdot y^x \ (x > 0, y > 0)$;   (2) $u = \arctan(x - y)^z$;   (3) $u = \int_{xz}^{yz} e^{t^2} dt$。

解 (1) 对 x 求导，y 当常数；对 y 求导，x 当常数。于是

$$\frac{\partial z}{\partial x} = y x^{y-1} \cdot y^x + x^y \cdot y^x \ln y = x^y \cdot y^x \left(\frac{y}{x} + \ln y \right) 。$$

由对称性得

$$\frac{\partial z}{\partial y} = x^y \cdot y^x \left(\frac{x}{y} + \ln x \right) 。$$

(2) 对 x 求导，y, z 当常数；对 y 求导，x, z 当常数；对 z 求导，x, y 当常数。于是

$$\frac{\partial u}{\partial x} = \frac{1}{1 + (x-y)^{2z}} \cdot z(x-y)^{z-1}, \quad \frac{\partial u}{\partial y} = -\frac{1}{1 + (x-y)^{2z}} \cdot z(x-y)^{z-1},$$

$$\frac{\partial u}{\partial z} = \frac{1}{1 + (x-y)^{2z}} \cdot (x-y)^z \ln(x-y), \quad x - y > 0 。$$

(3) 利用变上限函数的求导公式，有

$$\frac{\partial u}{\partial x} = \left(\int_{xz}^{yz} e^{t^2} dt \right)'_x = -e^{(xz)^2} (xz)'_x = -z e^{x^2 z^2},$$

$$\frac{\partial u}{\partial y} = \left(\int_{xz}^{yz} e^{t^2} dt \right)'_y = e^{(yz)^2} (yz)'_y = z e^{y^2 z^2},$$

$$\frac{\partial u}{\partial z} = \left(\int_{xz}^{yz} e^{t^2} dt \right)'_z = e^{(yz)^2} (yz)'_z - e^{(xz)^2} (xz)'_z = y e^{y^2 z^2} - x e^{x^2 z^2} 。$$

例 1.14 设函数 $F(x, y) = \int_0^{xy} \frac{\sin t}{1 + t^2} dt$，求 $\left. \frac{\partial^2 F}{\partial x^2} \right|_{x=0, y=2}$。（2011 考研数学一）

解 $\dfrac{\partial F}{\partial x} = y \dfrac{\sin(xy)}{1 + (xy)^2}$,

$\dfrac{\partial^2 F}{\partial x^2} = y \dfrac{y \cos(xy)(1 + x^2 y^2) - \sin(xy)(2xy^2)}{(1 + (xy)^2)^2}$,

$\left. \dfrac{\partial^2 F}{\partial x^2} \right|_{x=0, y=2} = 4$。

例 1.15 设 $z = f\left(\ln x + \dfrac{1}{y} \right)$，其中函数 $f(u)$ 可微，求 $x \dfrac{\partial z}{\partial x} + y^2 \dfrac{\partial z}{\partial y}$。

解 因为 $\dfrac{\partial z}{\partial x} = f' \cdot \dfrac{1}{x}, \dfrac{\partial z}{\partial y} = f' \cdot \left(-\dfrac{1}{y^2} \right)$，所以 $x \dfrac{\partial z}{\partial x} + y^2 \dfrac{\partial z}{\partial y} = x \dfrac{f'}{x} + y^2 \left(-\dfrac{f'}{y^2} \right) = 0$。

题型 1-7 复合函数的微分法

【解题思路】 复合函数求导注意以下几点：

(1) 用图示法表示出函数的复合关系；

(2) 函数对某自变量的偏导数的结构：项数 = 中间变量的个数；每一项 = 函数对中间变量的偏导数 × 该中间变量对其指定自变量的偏导数；

(3) 一般地，函数 z 对中间变量的偏导数 $\dfrac{\partial z}{\partial u}, \dfrac{\partial z}{\partial v}, \dfrac{\partial z}{\partial w}$ 仍然是以 u, v, w 为中间变量，x, y 为自变量的复合函数，对它们求偏导数时需重复使用复合函数求导法。

例 1.16 求下列函数的全导数:

(1) $z = \sin(2u + v)$,其中 $u = 3t$,$v = 4t^3$;

(2) $z = \arcsin xy$,其中 $y = e^x$。

解 (1) 参照图 1-1(a),有

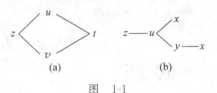

图 1-1

$$\frac{dz}{dt} = \frac{\partial z}{\partial u} \frac{du}{dt} + \frac{\partial z}{\partial v} \frac{dv}{dt}$$

$$= \cos(2u + v) \cdot 2 \cdot 3 + \cos(2u + v) \cdot 1 \cdot 12t^2$$

$$= 6\cos(2u + v)(1 + 2t^2)。$$

(2) 参照图 1-1(b),令 $u = xy$,则 $z = \arcsin u$,$u = xy$,$y = e^x$,于是

$$\frac{dz}{dx} = \frac{dz}{du} \frac{du}{dx} = \frac{dz}{du}\left(\frac{\partial u}{\partial x} + \frac{\partial u}{\partial y} \cdot \frac{dy}{dx}\right)$$

$$= \frac{1}{\sqrt{1 - u^2}}(y + xe^x) = \frac{1}{\sqrt{1 - (xy)^2}}(y + xe^x)$$

$$= \frac{x + 1}{\sqrt{1 - (xe^x)^2}}e^x。$$

例 1.17 设函数 $f(u)$ 可导,$z = yf\left(\dfrac{y^2}{x}\right)$,求 $2x\dfrac{\partial z}{\partial x} + y\dfrac{\partial z}{\partial y}$。(2019 数二 11)

解 设 $u = \dfrac{y^2}{x}$,则 $z = yf(u)$,于是

$$\frac{\partial z}{\partial x} = yf'(u) \cdot \frac{\partial u}{\partial x} = yf'(u) \cdot \left(-\frac{y^2}{x^2}\right),$$

$$\frac{\partial z}{\partial y} = f(u) + yf'(u) \cdot \frac{\partial u}{\partial y} = f(u) + yf'(u) \cdot \frac{2y}{x},$$

故 $\quad 2x\dfrac{\partial z}{\partial x} + y\dfrac{\partial z}{\partial y} = 2x\left[yf'(u) \cdot \left(-\dfrac{y^2}{x^2}\right)\right] + y\left[f(u) + yf'(u) \cdot \dfrac{2y}{x}\right] = yf(u)。$

例 1.18 设函数 $f(u)$ 可导,$z = f(\sin y - \sin x) + xy$,求 $\dfrac{1}{\cos x}\dfrac{\partial z}{\partial x} + \dfrac{1}{\cos y}\dfrac{\partial z}{\partial y}$。(2019 数一 9)

解 设 $u = \sin y - \sin x$,则 $z = f(u) + xy$,于是

$$\frac{\partial z}{\partial x} = f'(u) \cdot \frac{\partial u}{\partial x} + y = f'(u) \cdot (-\cos x) + y,$$

$$\frac{\partial z}{\partial y} = f'(u) \cdot \frac{\partial u}{\partial y} + x = f'(u) \cdot \cos y + x,$$

故 $\quad \dfrac{1}{\cos x}\dfrac{\partial z}{\partial x} + \dfrac{1}{\cos y}\dfrac{\partial z}{\partial y} = \dfrac{1}{\cos x}[f'(u) \cdot (-\cos x) + y] + \dfrac{1}{\cos y}[f'(u) \cdot \cos y + x]$

$$= \frac{y}{\cos x} + \frac{x}{\cos y}。$$

例 1.19 设 $f(u, v)$ 具有二阶连续偏导数,函数 $g(x, y) = xy - f(x + y, x - y)$,求 $\dfrac{\partial^2 g}{\partial x^2} + \dfrac{\partial^2 g}{\partial x \partial y} + \dfrac{\partial^2 g}{\partial y^2}$。(2019 数三 16)

解 $\dfrac{\partial g}{\partial x}=y-f_1'-f_2',\dfrac{\partial g}{\partial y}=x-f_1'+f_2',$

$$\dfrac{\partial^2 g}{\partial x^2}=-f_{11}''-f_{12}''-f_{21}''-f_{22}''=-f_{11}''-2f_{12}''-f_{22}'',$$

$$\dfrac{\partial^2 g}{\partial x\partial y}=1-f_{11}''+f_{12}''-f_{21}''+f_{22}''=1-f_{11}''+f_{22}'',$$

$$\dfrac{\partial^2 g}{\partial y^2}=-f_{11}''+f_{12}''+f_{21}''-f_{22}''=-f_{11}''+2f_{12}''-f_{22}'',$$

故
$$\dfrac{\partial^2 g}{\partial x^2}+\dfrac{\partial^2 g}{\partial x\partial y}+\dfrac{\partial^2 g}{\partial y^2}=1-3f_{11}''-f_{22}''。$$

例 1.20 求下列函数的偏导数：

(1) $z=u^2v+uv^2$，其中 $u=x^2\mathrm{e}^{\sin y}$，$v=y^2\mathrm{e}^{\cos x}$；

(2) $z=f(xy,x^2+y^2)$；

(3) $z=\sin(x+y+u)$，其中 $u=\mathrm{e}^{xy}$；

(4) $z=f\left(u\left(\dfrac{y}{x}\right),y-v(x-y)\right)$。

解 (1) $\dfrac{\partial z}{\partial x}=\dfrac{\partial z}{\partial u}\dfrac{\partial u}{\partial x}+\dfrac{\partial z}{\partial v}\dfrac{\partial v}{\partial x}$

$=(2uv+v^2)\cdot 2x\mathrm{e}^{\sin y}+(u^2+2uv)\cdot(-y^2\mathrm{e}^{\cos x}\sin x)$，

$\dfrac{\partial z}{\partial y}=\dfrac{\partial z}{\partial u}\dfrac{\partial u}{\partial y}+\dfrac{\partial z}{\partial v}\dfrac{\partial v}{\partial y}$

$=(2uv+v^2)\cdot x^2\mathrm{e}^{\sin y}\cos y+(u^2+2uv)\cdot(2y\mathrm{e}^{\cos x})$；

(2) 令 $u=xy,v=x^2-y^2$，则

$$\dfrac{\partial z}{\partial x}=\dfrac{\partial z}{\partial u}\dfrac{\partial u}{\partial x}+\dfrac{\partial z}{\partial v}\dfrac{\partial v}{\partial x}=f_1'\cdot y+f_2'\cdot 2x,$$

$$\dfrac{\partial z}{\partial y}=\dfrac{\partial z}{\partial u}\dfrac{\partial u}{\partial y}+\dfrac{\partial z}{\partial v}\dfrac{\partial v}{\partial y}=f_1'\cdot x+f_2'\cdot(-2y);$$

(3) $\dfrac{\partial z}{\partial x}=\dfrac{\partial f}{\partial x}+\dfrac{\partial f}{\partial u}\dfrac{\partial u}{\partial x}=\cos(x+y+u)+\cos(x+y+u)\cdot\mathrm{e}^{xy}\cdot y,$

$\dfrac{\partial z}{\partial y}=\dfrac{\partial f}{\partial y}+\dfrac{\partial f}{\partial u}\dfrac{\partial u}{\partial y}=\cos(x+y+u)+\cos(x+y+u)\cdot\mathrm{e}^{xy}\cdot x;$

(4) 令 $w=y-v(x-y)$，则

$$\dfrac{\partial z}{\partial x}=\dfrac{\partial f}{\partial u}\dfrac{\partial u}{\partial x}+\dfrac{\partial f}{\partial w}\dfrac{\partial w}{\partial x}=f_1'\cdot u'\cdot\left(-\dfrac{y}{x^2}\right)+f_2'\cdot(-v'),$$

$$\dfrac{\partial z}{\partial y}=\dfrac{\partial f}{\partial u}\dfrac{\partial u}{\partial y}+\dfrac{\partial f}{\partial w}\dfrac{\partial w}{\partial y}=f_1'\cdot u'\cdot\left(\dfrac{1}{x}\right)+f_2'\cdot(1+v')。$$

例 1.21 设函数 $f(t)$ 具有二阶连续导数，$r=\sqrt{x^2+y^2}$，$g(x,y)=f\left(\dfrac{1}{r}\right)$，求 $\dfrac{\partial^2 g}{\partial x^2}+\dfrac{\partial^2 g}{\partial y^2}$。

解 $\dfrac{\partial g}{\partial x}=f'\left(\dfrac{1}{r}\right)\cdot\left(-\dfrac{1}{r^2}\right)\cdot\dfrac{\partial r}{\partial x}=-\dfrac{x}{r^3}f'\left(\dfrac{1}{r}\right),$

$\dfrac{\partial^2 g}{\partial x^2}=\dfrac{x^2}{r^6}f''\left(\dfrac{1}{r}\right)+\dfrac{2x^2-y^2}{r^5}f'\left(\dfrac{1}{r}\right)。$

由对称性可得

$$\frac{\partial^2 g}{\partial y^2}=\frac{y^2}{r^6}f''\left(\frac{1}{r}\right)+\frac{2y^2-x^2}{r^5}f'\left(\frac{1}{r}\right),\quad \frac{\partial^2 g}{\partial x^2}+\frac{\partial^2 g}{\partial y^2}=\frac{1}{r^4}f''\left(\frac{1}{r}\right)+\frac{1}{r^3}f'\left(\frac{1}{r}\right)_\circ$$

例 1.22　通过 $\begin{cases}x=\mathrm{e}^u,\\ y=\mathrm{e}^v\end{cases}$ 用 u,v 表示下列方程

$$2x^2\frac{\partial^2 z}{\partial x^2}+xy\frac{\partial^2 z}{\partial x\partial y}+y^2\frac{\partial^2 z}{\partial y^2}=0_\circ$$

解　显然，$u=\ln x,v=\ln y$，于是

$$\frac{\partial z}{\partial x}=\frac{\partial z}{\partial u}\cdot\frac{\partial u}{\partial x}+\frac{\partial z}{\partial v}\cdot\frac{\partial v}{\partial x}=\frac{\partial z}{\partial u}\cdot\frac{1}{x},$$

$$\frac{\partial z}{\partial y}=\frac{\partial z}{\partial u}\cdot\frac{\partial u}{\partial y}+\frac{\partial z}{\partial v}\cdot\frac{\partial v}{\partial y}=\frac{\partial z}{\partial u}\cdot\frac{1}{y},$$

$$\frac{\partial^2 z}{\partial x^2}=-\frac{1}{x^2}\frac{\partial z}{\partial u}+\frac{1}{x}\left(\frac{\partial^2 z}{\partial u^2}\cdot\frac{\partial u}{\partial x}+\frac{\partial^2 z}{\partial u\partial v}\cdot\frac{\partial v}{\partial x}\right)$$

$$=-\frac{1}{x^2}\frac{\partial z}{\partial u}+\frac{1}{x}\left(\frac{\partial^2 z}{\partial u^2}\cdot\frac{1}{x}\right)=\frac{1}{x^2}\left(\frac{\partial^2 z}{\partial u^2}-\frac{\partial z}{\partial u}\right)_\circ$$

同理可得，

$$\frac{\partial^2 z}{\partial y^2}=\frac{1}{y^2}\left(\frac{\partial^2 z}{\partial v^2}-\frac{\partial z}{\partial v}\right),$$

故

$$\frac{\partial^2 z}{\partial x\partial y}=\frac{1}{x}\left(\frac{\partial^2 z}{\partial u^2}\cdot\frac{\partial u}{\partial y}+\frac{\partial^2 z}{\partial u\partial v}\cdot\frac{\partial v}{\partial y}\right)=\frac{1}{xy}\frac{\partial^2 z}{\partial u\partial v}_\circ$$

故得

$$2\frac{\partial z^2}{\partial u^2}+\frac{\partial z^2}{\partial u\partial v}+\frac{\partial^2 z}{\partial v^2}-2\frac{\partial z}{\partial u}-\frac{\partial z}{\partial v}=0_\circ$$

例 1.23　设函数 $f(u,v)$ 由关系式 $f[xg(y),y]=x+g(y)$ 确定，其中函数 $g(y)$ 可微，且 $g(y)\neq 0$，求 $\dfrac{\partial^2 f}{\partial u\partial v}$。

【分析】　令 $u=xg(y),v=y$，可得到 $f(u,v)$ 的表达式，再求偏导数即可。

解　令 $u=xg(y),v=y$，则 $f(u,v)=\dfrac{u}{g(v)}+g(v)$，所以，

$$\frac{\partial f}{\partial u}=\frac{1}{g(v)},\quad \frac{\partial^2 f}{\partial u\partial v}=-\frac{g'(v)}{g^2(v)}_\circ$$

例 1.24　设 $z=f(xy,yg(x))$，其中函数 f 具有二阶连续偏导数，函数 $g(x)$ 可导，且在 $x=1$ 处取得极值 $g(1)=1$，求 $\dfrac{\partial^2 z}{\partial x\partial y}\bigg|_{x=1,y=1}$。

解　由 $g(x)$ 可导且在 $x=1$ 处取得极值 $g(1)=1$，所以 $g'(1)=0$。而

$$\frac{\partial z}{\partial x}=f_1'(xy,yg(x))y+f_2'(xy,yg(x))yg'(x),$$

$$\frac{\partial^2 z}{\partial x\partial y}=f_1'(xy,yg(x))+y[xf_{11}''(xy,yg(x))+g(x)f_{12}''(xy,yg(x))]+$$

$$f_2'(xy,yg(x))g'(x)+yg'(x)[xf_{21}''(xy,yg(x))+g(x)f_{22}''(xy,yg(x))],$$

故
$$\frac{\partial^2 z}{\partial x \partial y}\bigg|_{x=1,y=1} = f_1'(1,1) + f_{11}''(1,1) + f_{12}''(1,1)。$$

例 1.25 设 $z = \dfrac{1}{x}f(xy) + yf(x+y)$，其中 f 具有二阶连续导数，求 $\dfrac{\partial^2 z}{\partial x^2}$。

解 $\dfrac{\partial z}{\partial x} = -\dfrac{1}{x^2}f(xy) + \dfrac{1}{x}f'(xy)y + yf'(x+y)$，

$\dfrac{\partial^2 z}{\partial x^2} = \dfrac{\partial}{\partial x}\left(\dfrac{\partial z}{\partial x}\right) = \dfrac{2}{x^3}f(xy) - \dfrac{1}{x^2}f'(xy)y - \dfrac{y}{x^2}f'(xy) + \dfrac{y}{x}f''(xy)y + yf''(x+y)$

$\qquad\qquad = \dfrac{2}{x^3}f(xy) - \dfrac{2y}{x^2}f'(xy) + \dfrac{y^2}{x}f''(xy) + yf''(x+y)。$

例 1.26 设函数 $f(u,v)$ 具有二阶连续偏导数，$y = f(e^x, \cos x)$，求 $\dfrac{\mathrm{d}y}{\mathrm{d}x}\bigg|_{x=0}$，$\dfrac{\mathrm{d}^2 y}{\mathrm{d}x^2}\bigg|_{x=0}$。

解 $\dfrac{\mathrm{d}y}{\mathrm{d}x} = f_1'(e^x, \cos x)e^x + f_2'(e^x, \cos x)(-\sin x)$，$\quad \dfrac{\mathrm{d}y}{\mathrm{d}x}\bigg|_{x=0} = f_1'(1,1)$；

$\dfrac{\mathrm{d}^2 y}{\mathrm{d}x^2} = e^x f_1'(e^x, \cos x) + e^x(f_{11}''(e^x, \cos x)e^x - \sin x f_{12}''(e^x, \cos x)) -$

$\qquad\qquad \cos x f_2'(e^x, \cos x) - \sin x e^x f_{21}''(e^x, \cos x) + \sin^2 x f_{22}''(e^x, \cos x)$，

$\dfrac{\mathrm{d}^2 y}{\mathrm{d}x^2}\bigg|_{x=0} = f_1'(1,1) + f_{11}''(1,1) - f_2'(1,1)。$

例 1.27 设 $z = y^x \ln(xy)$，求 $\dfrac{\partial z}{\partial x}$，$\dfrac{\partial z}{\partial y}$，$\dfrac{\partial^2 z}{\partial x^2}$，$\dfrac{\partial^2 z}{\partial x \partial y}$ 及 $\mathrm{d}z$。

解 $\dfrac{\partial z}{\partial x} = y^x \ln y \ln(xy) + y^x \dfrac{1}{xy} \cdot y = y^x \ln y \ln(xy) + y^x \dfrac{1}{x}$，

$\dfrac{\partial z}{\partial y} = xy^{x-1}\ln(xy) + y^x \dfrac{1}{y}$，

$\dfrac{\partial^2 z}{\partial x^2} = \ln y\left(y^x \ln y \ln(xy) + y^x \dfrac{1}{x}\right) + \dfrac{1}{x}y^x \ln y - \dfrac{1}{x^2}y^x$

$\qquad\quad = y^x \ln y\left[\ln y \ln(xy) + \dfrac{2}{x}\right] - \dfrac{y^x}{x^2}$，

$\dfrac{\partial^2 z}{\partial x \partial y} = xy^{x-1}\ln y \ln(xy) + y^{x-1}\ln(xy) + y^{x-1}\ln y + y^{x-1}$

$\qquad\quad = y^{x-1}\left[x \ln y \ln(xy) + \ln(xy) + \ln y + 1\right]$，

$\mathrm{d}z = \dfrac{\partial z}{\partial x}\mathrm{d}x + \dfrac{\partial z}{\partial y}\mathrm{d}y = \left[y^x \ln y \ln(xy) + y^x \dfrac{1}{x}\right]\mathrm{d}x + \left[xy^{x-1}\ln(xy) + y^x \dfrac{1}{y}\right]\mathrm{d}y。$

例 1.28 设函数 $u(x,y)$ 的所有二阶偏导数都连续，$\dfrac{\partial^2 u}{\partial x^2} = \dfrac{\partial^2 u}{\partial y^2}$ 且 $u(x,2x) = x$，$u_1'(x,2x) = x^2$，求 $u_{11}''(x,2x)$。

解 $u(x,2x) = x$ 两边对 x 求导，得到
$$u_1'(x,2x) + 2u_2'(x,2x) = 1。$$

代入 $u_1'(x,2x) = x^2$，求得

$$u'_2(x,2x)=\frac{1-x^2}{2}。$$

$u'_1(x,2x)=x^2$ 两边对 x 求导,得到

$$u''_{11}(x,2x)+2u''_{12}(x,2x)=2x,$$

$u'_2(x,2x)=\dfrac{1-x^2}{2}$ 两边对 x 求导,得到

$$u''_{21}(x,2x)+2u''_{22}(x,2x)=-x。$$

以上两式与已知 $\dfrac{\partial^2 u}{\partial x^2}=\dfrac{\partial^2 u}{\partial y^2}$ 联立,又二阶导数连续,所以 $u''_{12}=u''_{21}$,故

$$u''_{11}(x,2x)=-\frac{4}{3}x。$$

例 1.29 设 $u=f(x,y,z)$ 有连续的一阶偏导数,而函数 $y=y(x)$ 及 $z=z(x)$ 分别由下列两式确定:$\mathrm{e}^{xy}-xy=2$ 和 $\mathrm{e}^x=\displaystyle\int_0^{x-z}\frac{\sin t}{t}\mathrm{d}t$,求 $\dfrac{\mathrm{d}u}{\mathrm{d}x}$。

解 $\dfrac{\mathrm{d}u}{\mathrm{d}x}=\dfrac{\partial f}{\partial x}+\dfrac{\partial f}{\partial y}\cdot\dfrac{\mathrm{d}y}{\mathrm{d}x}+\dfrac{\partial f}{\partial z}\cdot\dfrac{\mathrm{d}z}{\mathrm{d}x}。$

由 $\mathrm{e}^{xy}-xy=2$ 两边对 x 求导,得

$$\mathrm{e}^{xy}\left(y+x\frac{\mathrm{d}y}{\mathrm{d}x}\right)-\left(y+x\frac{\mathrm{d}y}{\mathrm{d}x}\right)=0,\quad 即 \quad \frac{\mathrm{d}y}{\mathrm{d}x}=-\frac{y}{x}。$$

又由 $\mathrm{e}^x=\displaystyle\int_0^{x-z}\frac{\sin t}{t}\mathrm{d}t$ 两边对 x 求导,得

$$\mathrm{e}^x=\frac{\sin(x-z)}{x-z}\cdot\left(1-\frac{\mathrm{d}z}{\mathrm{d}x}\right),\quad 即 \quad \frac{\mathrm{d}z}{\mathrm{d}x}=1-\frac{\mathrm{e}^x(x-z)}{\sin(x-z)}。$$

将其代入前式,得

$$\frac{\mathrm{d}u}{\mathrm{d}x}=\frac{\partial f}{\partial x}-\frac{y}{x}\frac{\partial f}{\partial y}+\left[1-\frac{\mathrm{e}^x(x-z)}{\sin(x-z)}\right]\frac{\partial f}{\partial z}。$$

例 1.30 已知函数 $u(x,y)$ 满足 $2\dfrac{\partial^2 u}{\partial x^2}-2\dfrac{\partial^2 u}{\partial y^2}+3\dfrac{\partial u}{\partial x}+3\dfrac{\partial u}{\partial y}=0$,求 a,b 的值,使得在变换 $u(x,y)=v(x,y)\mathrm{e}^{ax+by}$ 下,上述等式可化为 $v(x,y)$ 不含一阶偏导数的等式。(2019 数二 20)

解 由 $u(x,y)=v(x,y)\mathrm{e}^{ax+by}$,故

$$\frac{\partial u}{\partial x}=\frac{\partial v}{\partial x}\mathrm{e}^{ax+by}+av\mathrm{e}^{ax+by},\qquad \frac{\partial u}{\partial y}=\frac{\partial v}{\partial y}\mathrm{e}^{ax+by}+bv\mathrm{e}^{ax+by},$$

$$\frac{\partial^2 u}{\partial x^2}=\frac{\partial^2 v}{\partial x^2}\mathrm{e}^{ax+by}+a\frac{\partial v}{\partial x}\mathrm{e}^{ax+by}+a\frac{\partial v}{\partial x}\mathrm{e}^{ax+by}+a^2 v\mathrm{e}^{ax+by},$$

$$\frac{\partial^2 u}{\partial y^2}=\frac{\partial^2 v}{\partial y^2}\mathrm{e}^{ax+by}+b\frac{\partial v}{\partial y}\mathrm{e}^{ax+by}+b\frac{\partial v}{\partial y}\mathrm{e}^{ax+by}+b^2 v\mathrm{e}^{ax+by}。$$

代入 $2\dfrac{\partial^2 u}{\partial x^2}-2\dfrac{\partial^2 u}{\partial y^2}+3\dfrac{\partial u}{\partial x}+3\dfrac{\partial u}{\partial y}=0$,得

$$2\left(\frac{\partial^2 v}{\partial x^2}\mathrm{e}^{ax+by}+2a\frac{\partial v}{\partial x}\mathrm{e}^{ax+by}+a^2 v\mathrm{e}^{ax+by}\right)-2\left(\frac{\partial^2 v}{\partial y^2}\mathrm{e}^{ax+by}+2b\frac{\partial v}{\partial y}\mathrm{e}^{ax+by}+b^2 v\mathrm{e}^{ax+by}\right)+$$

$$3\left(\frac{\partial v}{\partial x}\mathrm{e}^{ax+by}+av\mathrm{e}^{ax+by}\right)+3\left(\frac{\partial v}{\partial x}\mathrm{e}^{ax+by}+bv\mathrm{e}^{ax+by}\right)=0,$$

化简为

$$2\left(\frac{\partial^2 v}{\partial x^2}-\frac{\partial^2 v}{\partial y^2}\right)+(4a+3)\frac{\partial v}{\partial x}+(3-4b)\frac{\partial v}{\partial y}+(2a^2-2b^2+3a+3b)v=0。$$

因为不含 $v(x,y)$ 的一阶偏导数,则有

$$\begin{cases}4a+3=0,\\ 3-4b=0,\end{cases}\quad 解得\quad\begin{cases}a=-\dfrac{3}{4},\\ b=\dfrac{3}{4}。\end{cases}$$

题型 1-8 求偏导的反问题：已知偏导数求原函数

【解题思路】 若已知 $\dfrac{\partial u}{\partial x},\dfrac{\partial u}{\partial y}$,求 $u(x,y)$。

第一步 $u=\displaystyle\int\frac{\partial u}{\partial x}\mathrm{d}x+C_1(y)$; $\qquad\qquad\qquad\qquad\qquad\qquad\qquad\quad$ (1)

第二步   对(1)式两边关于 y 求导,得到 u 对 y 的偏导数,与已知的 $\dfrac{\partial u}{\partial y}$ 比较,得 $C_1'(y)$;

第三步 $C_1(y)=\displaystyle\int C_1'(y)\mathrm{d}y$,从而能得到 $u(x,y)$。

先对 $\dfrac{\partial u}{\partial y}$ 积分也可类似得到 $u(x,y)$。

例 1.31 设函数 $f(x,y)$ 具有一阶连续的偏导数,且已知 $\mathrm{d}f(x,y)=y\mathrm{e}^y\mathrm{d}x+x(1+y)\mathrm{e}^y\mathrm{d}y$, $f(0,0)=0$,求 $f(x,y)$。

解 **解法一** 由题设得 $\dfrac{\partial f}{\partial x}=y\mathrm{e}^y,\dfrac{\partial f}{\partial y}=x(1+y)\mathrm{e}^y$,于是

$$f(x,y)=\int\frac{\partial f}{\partial x}\mathrm{d}x+C_1(y)=\int y\mathrm{e}^y\mathrm{d}x+C_1(y)=xy\mathrm{e}^y+C_1(y),$$

$$\frac{\partial f}{\partial y}=x(1+y)\mathrm{e}^y+C_1'(y)=x(1+y)\mathrm{e}^y,$$

故得 $C_1'(y)=0$,即 $C_1(y)=C$,从而

$$f(x,y)=xy\mathrm{e}^y+C。$$

由 $f(0,0)=0$,得 $C=0$,所以 $f(x,y)=xy\mathrm{e}^y$。

解法二 $\mathrm{d}f(x,y)=y\mathrm{e}^y\mathrm{d}x+x(1+y)\mathrm{e}^y\mathrm{d}y=\mathrm{d}(xy\mathrm{e}^y)$,所以 $f(x,y)=xy\mathrm{e}^y+C$。由 $f(0,0)=0$,得 $C=0$,所以 $f(x,y)=xy\mathrm{e}^y$。

例 1.32 若 $\dfrac{\partial^2 u}{\partial x\partial y}=1$,且当 $x=0$ 时,$u=\sin y$;当 $y=0$ 时,$u=\sin x$,求 $u(x,y)$。

解 $\dfrac{\partial^2 u}{\partial x\partial y}=1$,故 $\dfrac{\partial u}{\partial x}=\displaystyle\int\frac{\partial^2 u}{\partial x\partial y}\mathrm{d}y=y+C_1(x)$,

$$u=\int\frac{\partial u}{\partial x}\mathrm{d}x=\int[y+C_1(x)]\mathrm{d}x=xy+\int C_1(x)\mathrm{d}x+C_2(y)。$$

由 $x=0$ 时,$u=\sin y$ 得

$$0 \cdot y + \int C_1(x)\mathrm{d}x \mid_{x=0} + C_2(y) = \sin y。$$

令 $\int C_1(x)\mathrm{d}x \mid_{x=0} = a$，则得 $C_2(y) = \sin y - a$。

又因为当 $y=0$ 时，$u = \sin x$，则

$$x \cdot 0 + \int C_1(x)\mathrm{d}x + \sin 0 - a = \sin x，\qquad 即 \qquad \int C_1(x)\mathrm{d}x = \sin x + a。$$

故 $u(x,y) = xy + \sin x + a + \sin y - a = xy + \sin x + \sin y$。

例 1.33 设 $f(x)$ 有连续导数，且 $f(1)=2$，记 $z = f(\mathrm{e}^x y^2)$，若 $\dfrac{\partial z}{\partial x} = z$，求 $f(x)$ 在 $x > 0$ 时的表达式。

解 由已知得

$$\frac{\partial z}{\partial x} = f'(\mathrm{e}^x y^2)\mathrm{e}^x y^2 = f(\mathrm{e}^x y^2)。$$

令 $u = \mathrm{e}^x y^2$，得当 $u > 0$ 有

$$f'(u)u = f(u)，\qquad 即 \qquad \frac{f'(u)}{f(u)} = \frac{1}{u}，$$

$$\int \frac{f'(u)}{f(u)}\mathrm{d}u = \int \frac{1}{u}\mathrm{d}u，$$

$$\ln f(u) = \ln u + \ln c，\qquad 即 \qquad f(u) = cu。$$

由 $f(1)=2$ 得 $c=2$，即 $f(u) = 2u$。故当 $x > 0$ 时有 $f(x) = 2x$。

例 1.34 设二元函数 $u(x,y)$ 具有二阶偏导数，且 $u(x,y) \neq 0$，证明 $u(x,y) = f(x)g(y)$ 的充要条件为

$$u\frac{\partial^2 u}{\partial x \partial y} = \frac{\partial u}{\partial x} \cdot \frac{\partial u}{\partial y}。$$

证明 必要性 若 $u(x,y) = f(x)g(y)$，则 $\dfrac{\partial u}{\partial x} = f'(x)g(y)$，$\dfrac{\partial u}{\partial y} = f(x)g'(y)$，$\dfrac{\partial^2 u}{\partial x \partial y} = f'(x)g'(y)$，显然有

$$u\frac{\partial^2 u}{\partial x \partial y} = \frac{\partial u}{\partial x} \cdot \frac{\partial u}{\partial y}。$$

充分性 若 $u\dfrac{\partial^2 u}{\partial x \partial y} = \dfrac{\partial u}{\partial x} \cdot \dfrac{\partial u}{\partial y}$，则 $u\dfrac{\partial u}{\partial y}\left(\dfrac{\partial u}{\partial x}\right) - \dfrac{\partial u}{\partial x} \cdot \dfrac{\partial u}{\partial y} = 0$。由于 $u(x,y) \neq 0$，所以

$$\frac{\partial}{\partial y}\left(\frac{\frac{\partial u}{\partial x}}{u}\right) = \frac{u\frac{\partial u}{\partial y}\left(\frac{\partial u}{\partial x}\right) - \frac{\partial u}{\partial x} \cdot \frac{\partial u}{\partial y}}{u^2} = 0，$$

即 $\dfrac{\partial}{\partial y}\left(\dfrac{\partial \ln u}{\partial x}\right) = 0$，因此 $\dfrac{\partial \ln u}{\partial x}$ 不含 y，故可设 $\dfrac{\partial \ln u}{\partial x} = \varphi(x)$。从而有

$$\ln u = \int \varphi(x)\mathrm{d}x + \psi(y)，\qquad 即 \qquad u = \mathrm{e}^{\int \varphi(x)\mathrm{d}x + \psi(y)} = \mathrm{e}^{\int \varphi(x)\mathrm{d}x} \cdot \mathrm{e}^{\psi(y)}，$$

从而 $u(x,y) = f(x)g(y)$。

题型 1-9   隐函数求导法

【解题思路】 由 $F(x,y)=0$ 确定的函数 $y=f(x)$，$\dfrac{\mathrm{d}y}{\mathrm{d}x}=-\dfrac{F_x}{F_y}$；

由 $F(x,y,z)=0$ 确定的函数 $z=f(x,y)$，$\dfrac{\partial z}{\partial x}=-\dfrac{F_x}{F_z}$，$\dfrac{\partial z}{\partial y}=-\dfrac{F_y}{F_z}$。

例 1.35   设可导函数 $y=y(x)$ 由方程 $\displaystyle\int_0^{x+y}\mathrm{e}^{-t^2}\mathrm{d}t=\int_0^x x\sin^2 t\,\mathrm{d}t$ 确定，求 $\dfrac{\mathrm{d}y}{\mathrm{d}x}\Big|_{x=0}$。

解   方程移项为 $\displaystyle\int_0^{x+y}\mathrm{e}^{-t^2}\mathrm{d}t-\int_0^x x\sin^2 t\,\mathrm{d}t=0$。

令 $F(x,y)=\displaystyle\int_0^{x+y}\mathrm{e}^{-t^2}\mathrm{d}t-\int_0^x x\sin^2 t\,\mathrm{d}t$，则

$$F_x=\mathrm{e}^{-(x+y)^2}-\int_0^x \sin^2 t\,\mathrm{d}t-x\sin^2 x,\quad F_y=\mathrm{e}^{-(x+y)^2};$$

$$\frac{\mathrm{d}y}{\mathrm{d}x}=-\frac{F_x}{F_y}=-\frac{\mathrm{e}^{-(x+y)^2}-\displaystyle\int_0^x \sin^2 t\,\mathrm{d}t-x\sin^2 x}{\mathrm{e}^{-(x+y)^2}}。$$

将 $x=0$ 代入 $\displaystyle\int_0^{x+y}\mathrm{e}^{-t^2}\mathrm{d}t=\int_0^x x\sin^2 t\,\mathrm{d}t$ 得 $y=0$，故 $\dfrac{\mathrm{d}y}{\mathrm{d}x}\Big|_{x=0}=\dfrac{\mathrm{d}y}{\mathrm{d}x}\Big|_{\substack{x=0\\y=0}}=-1$。

例 1.36   设函数 $z=z(x,y)$ 由方程 $(z+y)^x=xy$ 确定，求 $\dfrac{\partial z}{\partial x}\Big|_{(1,2)}$。

解   设 $F(x,y,z)=(z+y)^x-xy$，则

$$F_x(x,y,z)=(z+y)^x\ln(z+y)-y,\quad F_z(x,y,z)=x(z+y)^{x-1},$$

故

$$\frac{\partial z}{\partial x}=-\frac{F_x}{F_z}=-\frac{(z+y)^x\ln(z+y)-y}{x(z+y)^{x-1}}。$$

将 $x=1,y=2$ 代入 $(z+y)^x=xy$，得 $z=0$，所以 $\dfrac{\partial z}{\partial x}\Big|_{(1,2)}=\dfrac{\partial z}{\partial x}\Big|_{\substack{x=1\\y=2\\z=0}}=2-2\ln 2$。

例 1.37   设函数 $z=z(x,y)$ 由方程 $F\left(x+\dfrac{z}{y},y+\dfrac{z}{x}\right)=0$ 确定，其中 $F(u,v)$ 具有连续偏导数，且 $xF_u+yF_v\neq 0$，求 $x\dfrac{\partial z}{\partial x}+y\dfrac{\partial z}{\partial y}$。

解   令 $u=x+\dfrac{z}{y},v=y+\dfrac{z}{x}$，则得 $F(u,v)=0$，于是

$$F_x=F_u\cdot\frac{\partial u}{\partial x}+F_v\cdot\frac{\partial v}{\partial x}=F_u-F_v\cdot\frac{z}{x^2},$$

$$F_y=F_u\cdot\frac{\partial u}{\partial y}+F_v\cdot\frac{\partial v}{\partial y}=F_u\cdot\left(-\frac{z}{y^2}\right)+F_v,$$

$$F_z=F_u\cdot\frac{\partial u}{\partial z}+F_v\cdot\frac{\partial v}{\partial z}=F_u\cdot\frac{1}{y}+F_v\cdot\frac{1}{x}。$$

故

$$\frac{\partial z}{\partial x}=-\frac{F_x}{F_z},\frac{\partial z}{\partial y}=-\frac{F_y}{F_z},$$

$$x\frac{\partial z}{\partial x}=-x\frac{F_x}{F_z}=\frac{y(zF_v-x^2F_u)}{xF_u+yF_v},\quad y\frac{\partial z}{\partial y}=-y\frac{F_x}{F_z}=\frac{x(zF_u-y^2F_v)}{xF_u+yF_v},$$

$$x\frac{\partial z}{\partial x}+y\frac{\partial z}{\partial y}=\frac{z(xF_u+yF_v)-xy(xF_u+yF_v)}{xF_u+yF_v}=z-xy。$$

例 1.38　设 $u=\sin(xy+3z)$，其中 $z=z(x,y)$ 由方程 $yz^2-xz^3=1$ 确定，求 $\dfrac{\partial u}{\partial x}$。

解　设 $F(x,y,z)=yz^2-xz^3-1$，则

$$\frac{\partial z}{\partial x}=-\frac{F_x}{F_z}=-\frac{-z^3}{2yz-3xz^2}=\frac{z^3}{2yz-3xz^2},$$

故

$$\frac{\partial u}{\partial x}=\frac{\partial f}{\partial x}+\frac{\partial f}{\partial z}\frac{\partial z}{\partial x}=y\cos(xy+3z)+3\cos(xy+3z)\frac{z^3}{2yz-3xz^2}$$

$$=\cos(xy+3z)\left(y+\frac{3z^3}{2yz-3xz^2}\right)。$$

例 1.39　设函数 $f(u,v)$ 可微，$z=z(x,y)$ 由方程 $(x+1)z-y^2=x^2f(x-z,y)$ 确定，求 $\mathrm{d}z\,|_{(0,1)}$。

【分析】 $\mathrm{d}z=\dfrac{\partial z}{\partial x}\mathrm{d}x+\dfrac{\partial z}{\partial y}\mathrm{d}y$，$\quad\mathrm{d}z\,|_{(x_0,y_0)}=\dfrac{\partial z}{\partial x}\Big|_{(x_0,y_0)}\mathrm{d}x+\dfrac{\partial z}{\partial y}\Big|_{(x_0,y_0)}\mathrm{d}y$，

所以本题的关键是计算偏导数和偏导数值，而本题是隐函数求导问题，所以用隐函数求导公式。

解　当 $x=0,y=1$ 时，由 $(x+1)z-y^2=x^2f(x-z,y)$ 得 $z=1$。

令 $F(x,y,z)=(x+1)z-y^2+x^2f(x-z,y)$，则

$$F_x=z+2xf(x-z,y)+x^2f_1',\quad F_x\Big|_{\substack{x=0\\y=1\\z=1}}=1;$$

$$F_y=-2y+x^2f_2',\quad F_y\Big|_{\substack{x=0\\y=1\\z=1}}=-2;$$

$$F_z=(x+1)-x^2f_1',\quad F_z\Big|_{\substack{x=0\\y=1\\z=1}}=1。$$

故 $\dfrac{\partial z}{\partial x}\Big|_{\substack{x=0\\y=1\\z=1}}=-\dfrac{F_x}{F_z}\Big|_{\substack{x=0\\y=1\\z=1}}=-1$，$\dfrac{\partial z}{\partial y}\Big|_{\substack{x=0\\y=1\\z=1}}=-\dfrac{F_y}{F_z}\Big|_{\substack{x=0\\y=1\\z=1}}=2$，于是 $\mathrm{d}z\,\Big|_{\substack{x=0\\y=1\\z=1}}=-\mathrm{d}x+2\mathrm{d}y$。

例 1.40　若函数 $z=z(x,y)$ 由方程 $\mathrm{e}^z+xyz+x+\cos x=2$ 确定，求 $\mathrm{d}z\,|_{(0,1)}$。

【分析】 此题考查隐函数求导。

解　$\mathrm{d}z=\dfrac{\partial z}{\partial x}\mathrm{d}x+\dfrac{\partial z}{\partial y}\mathrm{d}y$。

令 $F(x,y,z)=\mathrm{e}^z+xyz+x+\cos x-2$，则

$$F_x(x,y,z)=yz+1-\sin x,\quad F_y=xz,\quad F_z(x,y,z)=\mathrm{e}^z+xy。$$

又当 $x=0,y=1$ 时 $\mathrm{e}^z=1$，即 $z=0$，所以

$$\frac{\partial z}{\partial x}\Big|_{(0,1)}=-\frac{F_x(0,1,0)}{F_z(0,1,0)}=-1,\quad\frac{\partial z}{\partial y}\Big|_{(0,1)}=-\frac{F_y(0,1,0)}{F_z(0,1,0)}=0,$$

因而

$$\mathrm{d}z\,|_{(0,1)}=-\mathrm{d}x。$$

例 1.41　若函数 $z=z(x,y)$ 由方程 $\mathrm{e}^{x+2y+3z}+xyz=1$ 确定，求 $\mathrm{d}z\,|_{(0,0)}$。

解　将 $x=0,y=0$ 代入方程 $\mathrm{e}^{x+2y+3z}+xyz=1$，得 $z=0$。

令 $F(x,y,z)=\mathrm{e}^{x+2y+3z}+xyz-1$，则

$$F_x = yz + \mathrm{e}^{x+2y+3z}, \quad F_x \Big|_{\substack{x=0\\y=0\\z=0}} = 1;$$

$$F_y = 2\mathrm{e}^{x+2y+3z} + xz, \quad F_y \Big|_{\substack{x=0\\y=0\\z=0}} = 2;$$

$$F_z = 3\mathrm{e}^{x+2y+3z} + xy, \quad F_z \Big|_{\substack{x=0\\y=0\\z=0}} = 3。$$

$\dfrac{\partial z}{\partial x} = -\dfrac{F_x}{F_z}, \dfrac{\partial z}{\partial y} = -\dfrac{F_y}{F_z}$,故$\dfrac{\partial z}{\partial x}\Big|_{(0,0)} = -\dfrac{1}{3}, \dfrac{\partial z}{\partial y}\Big|_{(0,0)} = -\dfrac{2}{3}$,则可得

$$\mathrm{d}z\big|_{(0,0)} = -\frac{1}{3}\mathrm{d}x - \frac{2}{3}\mathrm{d}y = -\frac{1}{3}(\mathrm{d}x + 2\mathrm{d}y)。$$

例 1.42　设 $z = z(x,y)$ 由方程 $z^3 - 3xyz = a^3$ 确定,求 $\dfrac{\partial^2 z}{\partial x \partial y}$。

解　设 $F(x,y,z) = z^3 - 3xyz - a^3$,则 $F_x = 3yz, F_y = 3xz, F_z = 3z^2 - 3xy$,

$$\frac{\partial z}{\partial x} = -\frac{F_x}{F_z} = \frac{yz}{xy - z^2}, \quad \frac{\partial z}{\partial y} = -\frac{F_y}{F_z} = \frac{xz}{xy - z^2},$$

$$\frac{\partial^2 z}{\partial x \partial y} = \frac{\partial}{\partial y}\left(\frac{yz}{xy - z^2}\right) = \frac{\left(z + y\dfrac{\partial z}{\partial y}\right)(xy - z^2) - yz\left(x - 2z\dfrac{\partial z}{\partial y}\right)}{(xy - z^2)^2} = \frac{x^2 y^2 z - z^5}{(xy - z^2)^3}。$$

例 1.43　已知函数 $f(x,y)$ 满足 $\dfrac{\partial f}{\partial y} = 2(y+1)$,且 $f(y,y) = (y+1)^2 - (2-y)\ln y$,求曲线 $f(x,y) = 0$ 绕直线 $y = -1$ 旋转所成的旋转体的体积。

解　由于函数 $f(x,y)$ 满足 $\dfrac{\partial f}{\partial y} = 2(y+1)$,所以 $f(x,y) = y^2 + 2y + C(x)$,其中 $C(x)$ 为待定的连续函数。

又因为 $f(y,y) = (y+1)^2 - (2-y)\ln y$,所以 $C(y) = 1 - (2-y)\ln y$,从而得到

$$f(x,y) = y^2 + 2y + C(x) = y^2 + 2y + 1 - (2-x)\ln x。$$

令 $f(x,y) = 0$,可得 $(y+1)^2 = (2-x)\ln x$,且当 $y = -1$ 时,$x_1 = 1, x_2 = 2$。

曲线 $f(x,y) = 0$ 绕直线 $y = -1$ 旋转所成的旋转体的体积为

$$V = \pi\int_1^2 (y+1)^2 \mathrm{d}x = \pi\int_1^2 (2-x)\ln x\,\mathrm{d}x = \left(2\ln 2 - \frac{5}{4}\right)\pi。$$

例 1.44　设 $u = f(x,y,z), \varphi(x^2,y,z) = 0, y = \sin x$,其中 f, φ 具有连续的一阶偏导数,且 $\dfrac{\partial \varphi}{\partial z} \neq 0$,求 $\dfrac{\mathrm{d}u}{\mathrm{d}x}$。

解　将 $y = \sin x$ 代入 $u = f(x,y,z), \varphi(x^2,y,z) = 0$,得到 $u = f(x, \sin x, z)$, $\varphi(x^2, \sin x, z) = 0$,显然方程 $\varphi(x^2, \sin x, z) = 0$ 确定了 z 是 x 的隐函数 $z = z(x)$,所以

$$\frac{\mathrm{d}u}{\mathrm{d}x} = \left[f(x, \sin x, z)\right]'_x = f'_1 + f'_2 \cos x + f'_3 z'_x。$$

又由

$$\left[\varphi(x^2, \sin x, z)\right]'_x = \varphi'_1 2x + \varphi'_2 \cos x + \varphi'_3 z'_x = 0,$$

得到

$$\frac{\mathrm{d}u}{\mathrm{d}x} = f'_1 + f'_2 \cos x - \frac{2x\varphi'_1 + \varphi'_2 \cos x}{\varphi'_3} f'_3。$$

题型 1-10　无条件极值问题

【解题思路】　可用两种方法：(1)利用二阶偏导数之间的关系和符号判断取不取极值及极值的类型。(2)配方法：适用于多项式或类似于多项式的函数类型。

例 1.45　求由方程 $x^2+y^2+z^2-2x+2y-4z-10=0$ 确定的函数 $z=f(x,y)$ 的极值。

解　解法一　令 $F(x,y,z)=x^2+y^2+z^2-2x+2y-4z-10$，则

$$\frac{\partial z}{\partial x}=-\frac{F_x}{F_z}=-\frac{2x-2}{2z-4}=0, \qquad \frac{\partial z}{\partial y}=-\frac{F_y}{F_z}=-\frac{2y+2}{2z-4}=0。$$

求驻点得 $x=1,y=-1$，即驻点 $P(1,-1)$，而

$$A=\frac{\partial^2 z}{\partial x^2}\bigg|_{(1,-1)}=\frac{(2-z)^2+(1-x)^2}{(2-z)^3}\bigg|_{(1,-1)}=\frac{1}{2-z},$$

$$B=\frac{\partial^2 z}{\partial x\partial y}\bigg|_{(1,-1)}=\frac{(1-x)(y+1)}{(z-2)^3}\bigg|_{(1,-1)}=0,$$

$$C=\frac{\partial^2 z}{\partial x^2}\bigg|_{(1,-1)}=\frac{(2-z)^2+(1+y)^2}{(2-z)^3}\bigg|_{(1,-1)}=\frac{1}{2-z},$$

故 $AC-B^2=\dfrac{1}{(2-z)^2}>0$，$z=f(x,y)$ 在 $P(1,-1)$ 处取得极值。

将 $x=1,y=-1$ 代入 $x^2+y^2+z^2-2x+2y-4z-10=0$ 中得 $z_1=-2,z_2=6$。

当 $z_1=-2$ 时，$A=\dfrac{1}{4}>0$，故 $z=f(1,-1)=-2$ 为极小值，

当 $z_2=6$ 时，$A=-\dfrac{1}{4}<0$，故 $z=f(1,-1)=6$ 为极大值。

解法二　配方法　原方程可变形为 $(x-1)^2+(y+1)^2+(z-2)^2=16$，故

$$z=2\pm\sqrt{16-(x-1)^2-(y+1)^2}。$$

当 $x=1,y=-1$ 时，$z=-2$ 为极小值；

当 $x=1,y=-1$ 时，$z=6$ 为极大值。

例 1.46　设函数 $f(x)$ 具有二阶连续导数，且 $f(x)>0,f'(0)=0$，则函数 $z=f(x)\ln f(y)$ 在点 $(0,0)$ 处取得极小值的一个充分条件是(　　)。

A. $f(0)>1,f''(0)>0$　　　　　　　B. $f(0)>1,f''(0)<0$

C. $f(0)<1,f''(0)>0$　　　　　　　D. $f(0)<1,f''(0)<0$

【分析】　本题考查二元函数取极值的条件，直接套用二元函数取极值的充分条件即可。

解　由 $z=f(x)\ln f(y)$ 知，$z_x=f'(x)\ln f(y),z_y=\dfrac{f(x)}{f(y)}f'(y),z_{xy}=\dfrac{f'(x)}{f(y)}f'(y)$，

$$z_{xx}=f''(x)\ln f(y), \qquad z_{yy}=f(x)\frac{f''(y)f(y)-(f'(y))^2}{f^2(y)}。$$

所以

$$z_{xy}\bigg|_{\substack{x=0\\y=0}}=\frac{f'(0)}{f(0)}f'(0)=0,\quad z_{xx}\bigg|_{\substack{x=0\\y=0}}=f''(0)\ln f(0),$$

$$z_{yy}\bigg|_{\substack{x=0\\y=0}}=f(0)\frac{f''(0)f(0)-(f'(0))^2}{f^2(0)}=f''(0)。$$

要使得函数 $z=f(x)\ln f(y)$ 在点 $(0,0)$ 处取得极小值，仅需

$$f''(0)\ln f(0)>0,\quad f''(0)\ln f(0)\cdot f''(0)>0,$$

所以有 $f(0)>1, f''(0)>0$，故选 A。

例 1.47　求 $f(x,y)=x\mathrm{e}^{-\frac{x^2+y^2}{2}}$ 的极值。（2012 考研数学）

解　先求函数的驻点，令

$$\begin{cases} f_x(x,y)=(1-x^2)\mathrm{e}^{-\frac{x^2+y^2}{2}}=0,\\ f_y(x,y)=-xy\mathrm{e}^{-\frac{x^2+y^2}{2}}=0, \end{cases}$$

解得驻点为 $(1,0),(-1,0)$。又

$$f_{xx}=x(x^2-3)\mathrm{e}^{-\frac{x^2+y^2}{2}},\quad f_{xy}=-y(1-x^2)\mathrm{e}^{-\frac{x^2+y^2}{2}},\quad f_{yy}=-x(1-y^2)\mathrm{e}^{-\frac{x^2+y^2}{2}}。$$

对点 $(1,0)$，有 $A_1=f_{xx}(1,0)=-2\mathrm{e}^{-\frac12}, B_1=f_{xy}(1,0)=0, C_1=f_{yy}(1,0)=-\mathrm{e}^{-\frac12}$，

所以，$A_1C_1-B_1^2>0, A_1<0$，故 $f(x,y)$ 在点 $(1,0)$ 处取得极大值 $f(1,0)=\mathrm{e}^{\frac12}$。

对点 $(-1,0)$，有 $A_2=f_{xx}(-1,0)=2\mathrm{e}^{-\frac12}, B_2=f_{xy}(-1,0)=0, C_2=f_{yy}(-1,0)=\mathrm{e}^{-\frac12}$，

所以，$A_2C_2-B_2^2>0, A_2>0$，故 $f(x,y)$ 在点 $(1,0)$ 处取得极小值 $f(-1,0)=-\mathrm{e}^{\frac12}$。

例 1.48　已知函数 $f(x,y)$ 满足 $f_{xy}(x,y)=2(y+1)\mathrm{e}^x, f_x(x,0)=(x+1)\mathrm{e}^x$，$f(0,y)=y^2+2y$，求 $f(x,y)$ 的极值。

解　$f_{xy}(x,y)=2(y+1)\mathrm{e}^x$ 两边对 y 积分，得

$$f_x(x,y)=2\left(\frac12 y^2+y\right)\mathrm{e}^x+\varphi(x)=(y^2+2y)\mathrm{e}^x+\varphi(x),$$

故 $f_x(x,0)=\varphi(x)=(x+1)\mathrm{e}^x$，于是 $f_x(x,y)=(y^2+2y)\mathrm{e}^x+\mathrm{e}^x(1+x)$，两边关于 x 积分，得

$$\begin{aligned} f(x,y)&=(y^2+2y)\mathrm{e}^x+\int \mathrm{e}^x(1+x)\mathrm{d}x\\ &=(y^2+2y)\mathrm{e}^x+\int(1+x)\mathrm{d}\mathrm{e}^x=(y^2+2y)\mathrm{e}^x+(1+x)\mathrm{e}^x-\int \mathrm{e}^x\mathrm{d}x\\ &=(y^2+2y)\mathrm{e}^x+(1+x)\mathrm{e}^x-\mathrm{e}^x+C=(y^2+2y)\mathrm{e}^x+x\mathrm{e}^x+C。 \end{aligned}$$

由 $f(0,y)=y^2+2y+C=y^2+2y$，求得 $C=0$。所以 $f(x,y)=(y^2+2y)\mathrm{e}^x+x\mathrm{e}^x$。

令 $\begin{cases} f_x=(y^2+2y)\mathrm{e}^x+\mathrm{e}^x+x\mathrm{e}^x=0,\\ f_y=(2y+2)\mathrm{e}^x=0, \end{cases}$ 求得 $\begin{cases} x=0,\\ y=-1。 \end{cases}$

又 $f_{xx}=(y^2+2y)\mathrm{e}^x+2\mathrm{e}^x+x\mathrm{e}^x, f_{xy}=2(y+1)\mathrm{e}^x, f_{yy}=2\mathrm{e}^x$。当 $x=0, y=-1$ 时，$A=f_{xx}(0,-1)=1, B=f_{xy}(0,-1)=0, C=f_{yy}(0,-1)=2, AC-B^2>0$，故 $f(0,-1)=-1$ 为极小值。

题型 1-11　条件极值问题

【解题思路】　两种解题方法：（1）化为无条件极值问题；（2）利用拉格朗日乘子法。

例 1.49　将给定的正数 a 分为三个正数之和，则这三个数各为多少时，它们的乘积最大？

解　解法一　设分成的三个正数为 $x, y, a-x-y$，则积为 $z=xy(a-x-y)$。

令 $z_x = ay - 2xy - y^2 = 0$，$z_y = ax - x^2 - 2xy = 0$，得驻点 $x = y = \dfrac{a}{3}$。而

$$z_{xx} = -2y, \quad z_{xy} = a - 2x - 2y, \quad z_{yy} = -2x,$$

在 $x = y = \dfrac{a}{3}$ 处，有

$$A = -\frac{2}{3}a, \quad B = -\frac{1}{3}a, \quad C = -\frac{2}{3}a,$$

$$AC - B^2 = \frac{1}{3}a^2 > 0, \quad A < 0,$$

故在 $x = y = \dfrac{a}{3}$ 处 $z = xy(a - x - y)$ 取得极大值 $\dfrac{1}{27}a^3$，即当 $x + y + z = a$ 时，分成的三个数相等时积最大。

解法二　用拉格朗日乘子法

令 $L = xyz + \lambda(x + y + z - a)$，并令

$$\begin{cases} L_x = yz + \lambda = 0, \\ L_y = xz + \lambda = 0, \\ L_z = xy + \lambda = 0, \\ L_\lambda = x + y + z - a = 0, \end{cases}$$

解得 $x = y = z = \dfrac{a}{3}$。因为最大乘积存在，且有唯一驻点，所以在唯一驻点 $x = y = z = \dfrac{a}{3}$ 处，取得最大乘积 $xyz = \dfrac{1}{27}a^3$。

例 1.50　求函数 $M = xy + 2yz$ 在约束条件 $x^2 + y^2 + z^2 = 10$ 下的最大值和最小值。

【分析】　化成无条件极值计算起来比较麻烦，因此用条件极值拉格朗日乘子法。

解　令 $u = f(x, y, z) = xy + 2yz$，$\varphi(x, y, z) = x^2 + y^2 + z^2 - 10$，构造辅助函数

$$F(x, y, z, \lambda) = xy + 2yz + \lambda(x^2 + y^2 + z^2 - 10)。$$

求解下列方程组：

$$\begin{cases} \dfrac{\partial F}{\partial x} = y + 2\lambda x = 0, \\[2mm] \dfrac{\partial F}{\partial y} = x + 2z + 2\lambda y = 0, \\[2mm] \dfrac{\partial F}{\partial z} = 2y + 2\lambda z = 0, \\[2mm] \dfrac{\partial F}{\partial \lambda} = x^2 + y^2 + z^2 - 10 = 0, \end{cases}$$

解得：$\lambda = \dfrac{\sqrt{5}}{2}$ 时点 $(-1, \sqrt{5}, -2)$ 和点 $(1, -\sqrt{5}, 2)$；$\lambda = -\dfrac{\sqrt{5}}{2}$ 时点 $(1, \sqrt{5}, 2)$ 和点 $(-1, -\sqrt{5}, -2)$。将得到的 4 个点代入 $u = f(x, y, z) = xy + 2yz$ 中，可得

$$u = f(-1, \sqrt{5}, -2) = 5\sqrt{5}, \quad u = f(1, -\sqrt{5}, 2) = -5\sqrt{5},$$

$$u = f(1, \sqrt{5}, 2) = 5\sqrt{5}, \quad u = f(-1, -\sqrt{5}, -2) = 5\sqrt{5}。$$

可知函数在条件 $x^2+y^2+z^2=10$ 下的最大值为 $5\sqrt{5}$，最小值为 $-5\sqrt{5}$。

例 1.51 求曲线 $x^3-xy+y^3=1(x\geqslant0,y\geqslant0)$ 上的点到坐标原点的最长距离和最短距离。

【分析】 考查的二元函数的条件极值的拉格朗日乘子法，点 (x,y) 到坐标原点的距离为 $d(x,y)=\sqrt{x^2+y^2}$，为了避免根号的运算，把问题转化为求 $d^2(x,y)=x^2+y^2$ 的最小值。

解 构造函数 $L(x,y)=x^2+y^2+\lambda(x^3-xy+y^3-1)$。

令
$$
\begin{cases}
\dfrac{\partial L}{\partial x}=2x+\lambda(3x^2-y)=0,\\
\dfrac{\partial L}{\partial y}=2y+\lambda(3y^2-x)=0,\\
x^3-xy+y^3=1,
\end{cases}
$$
得唯一驻点 $x=1,y=1$，即 $M_1(1,1)$。

考虑边界上的点 $M_2(0,1),M_3(1,0)$。距离函数 $f(x,y)=\sqrt{x^2+y^2}$ 在三点的取值分别为 $f(1,1)=\sqrt{2},f(0,1)=1,f(1,0)=1$，所以最长距离为 $\sqrt{2}$，最短距离为 1。

例 1.52 求 $\ln x+\ln y+3\ln z$ 在 $x^2+y^2+z^2=5r^2(x>0,y>0,z>0)$ 的极大值，并以此结果证明：对于任意的 $a,b,c>0$ 有 $abc^3\leqslant27\left(\dfrac{a+b+c}{5}\right)^5$。

解 设 $F(x,y,z)=\ln x+\ln y+3\ln z=\ln(xyz^3)$，构造辅助函数 $f(x,y,z,\lambda)=\ln(xyz^3)+\lambda(x^2+y^2+z^2-5r^2)$。令
$$
\begin{cases}
\dfrac{\partial f}{\partial x}=\dfrac{1}{x}+2\lambda x=0,\\
\dfrac{\partial f}{\partial y}=\dfrac{1}{y}+2\lambda y=0,\\
\dfrac{\partial f}{\partial x}=\dfrac{3}{z}+2\lambda z=0,\\
x^2+y^2+z^2=5r^2,
\end{cases}
$$
解得 $\lambda=-\dfrac{1}{2r^2},x=y=r,z=\sqrt{3}r$ 为唯一驻点，故 $F(x,y,z)$ 在 $(r,r,\sqrt{3}r)$ 处有极大值。

证明 $F(x,y,z)=\ln(x^2y^2z^6)^{\frac{1}{2}}\leqslant\ln(3\sqrt{3}r^5)$，即
$$
\sqrt{x^2y^2z^6}\leqslant3\sqrt{3}\left(\dfrac{x^2+y^2+z^2}{5}\right)^{\frac{5}{2}},
$$
$$
x^2y^2z^6\leqslant27\left(\dfrac{x^2+y^2+z^2}{5}\right)^5。
$$

取 $a=x^2,b=y^2,c=z^2$，则有 $abc^3\leqslant27\left(\dfrac{a+b+c}{5}\right)^5$。

题型 1-12 求最值

【解题思路】 有界闭域 D 上的连续函数可以在 D 上取得最大值和最小值。
① 若最大值或最小值在区域 D 的内部取得，则一定是极值；
② 若最大值或最小值在区域 D 的边界曲线上取得，则属于条件极值问题。

因此,求最大值、最小值的一般方法:

(1) 求函数 $z=f(x,y)$ 在 D 内的所有驻点;求函数 $z=f(x,y)$ 在 D 的边界曲线上的所有条件驻点;计算所有点的函数值,比较大小即可。

(2) 在应用问题中,若已知 $z=f(x,y)$ 在 D 内有最大值或最小值,且在 D 内有唯一的驻点,则该驻点一定就是最大值点或最小值点。

例 1.53 设 $u(x,y)$ 在平面有界闭区域 D 上连续,在 D 的内部具有二阶连续偏导数,且满足 $\dfrac{\partial^2 u}{\partial x \partial y} \neq 0$ 及 $\dfrac{\partial^2 u}{\partial x^2} + \dfrac{\partial^2 u}{\partial y^2} = 0$,则(   )。

A. $u(x,y)$ 的最大值点和最小值点必定都在区域 D 的边界上

B. $u(x,y)$ 的最大值点和最小值点必定都在区域 D 的内部

C. $u(x,y)$ 的最大值点在区域 D 的内部,最小值点在区域 D 的边界上

D. $u(x,y)$ 的最小值点在区域 D 的内部,最大值点在区域 D 的边界上

解 首先,$u(x,y)$ 在平面有界闭区域 D 上连续,所以 $u(x,y)$ 在 D 上必然有最大值和最小值。

其次,如果在内部存在驻点 (x_0, y_0),则在此点处 $\dfrac{\partial u}{\partial x} = \dfrac{\partial u}{\partial y} = 0$,在这个点处 $A = \dfrac{\partial^2 u}{\partial x^2}$,$C = \dfrac{\partial^2 u}{\partial y^2}$,$B = \dfrac{\partial^2 u}{\partial x \partial y} = \dfrac{\partial^2 u}{\partial y \partial x}$,由条件,显然 $AC - B^2 < 0$,故 (x_0, y_0) 不是 $u(x,y)$ 的极值点,当然也不是最值点,所以 $u(x,y)$ 在区域 D 内部没有最大值和最小值。

由前面分析知,$u(x,y)$ 的最大值点和最小值点必定都在区域 D 的边界上。所以应该选 A。

例 1.54 设二元函数 $u(x,y)$ 在有界闭区域 D 上可微,在 D 的边界曲线上 $u(x,y) = 0$,并满足 $\dfrac{\partial u}{\partial x} + \dfrac{\partial u}{\partial y} = u(x,y)$,求 $u(x,y)$ 的表达式。

解 显然 $u(x,y) \equiv 0$ 满足题目条件。下面证明只有 $u(x,y) \equiv 0$ 满足题目条件。

事实上,若 $u(x,y)$ 不恒等于 0,则至少存在一点 $(x_1, y_1) \in D$,使得 $u(x_1, y_1) \neq 0$,不妨假设 $u(x_1, y_1) > 0$,同时,也必在 D 内至少存在一点 (x_0, y_0),使 $u(x_0, y_0) = M > 0$ 为 $u(x,y)$ 在 D 上的最大值。因为 $u(x,y)$ 在 D 上可微,所以必有 $\dfrac{\partial u}{\partial x}\Big|_{(x_0, y_0)} = 0 = \dfrac{\partial u}{\partial y}\Big|_{(x_0, y_0)}$,于是得到

$$\frac{\partial u}{\partial x}\Big|_{(x_0, y_0)} + \frac{\partial u}{\partial y}\Big|_{(x_0, y_0)} = 0 \text{。}$$

然而,由题设知 $\dfrac{\partial u}{\partial x} + \dfrac{\partial u}{\partial y} = u(x,y)$,因此应有 $u(x_0, y_0) = 0$,这与 $u(x_0, y_0) = M > 0$ 的假设矛盾;同理可证:$u(x_1, y_1) < 0$ 的情况也不成立。

因此可知在 D 上 $u(x,y) \equiv 0$。

例 1.55 求 $f(x,y) = x^2 + 2x^2 y + y^2$ 在 $S = \{(x,y) \mid x^2 + y^2 = 1\}$ 上的最大值与最小值。

解 解法一 在 S 上有 $x^2 + y^2 = 1$,即 $x^2 = 1 - y^2$,代入 $f(x,y) = x^2 + 2x^2 y + y^2$,得到

$$f(x,y)=g(y)=1+2y-2y^3, \quad -1\leqslant y\leqslant 1。$$

因此 $g'(y)=2-6y^2$。

令 $g'(y)=0$，得到 $y=\pm\dfrac{1}{\sqrt{3}}$，$x=\pm\sqrt{\dfrac{2}{3}}$。

由于 $g\left(\dfrac{1}{\sqrt{3}}\right)=1+\dfrac{2}{\sqrt{3}}\dfrac{2}{3}=1+\dfrac{4\sqrt{3}}{9}$，$g\left(-\dfrac{1}{\sqrt{3}}\right)=1-\dfrac{2}{\sqrt{3}}\dfrac{2}{3}=1-\dfrac{4\sqrt{3}}{9}$，而 $g(\pm1)=1$，所以

$$\max_{(x,y)\in S}f(x,y)=\max_{y\in[-1,1]}g(y)=g\left(\dfrac{1}{\sqrt{3}}\right)=1+\dfrac{4\sqrt{3}}{9};$$

$$\min_{(x,y)\in S}f(x,y)=\min_{y\in[-1,1]}g(y)=g\left(-\dfrac{1}{\sqrt{3}}\right)=1-\dfrac{4\sqrt{3}}{9}。$$

解法二　构造 $F(x,y,\lambda)=x^2+2x^2y+y^2+\lambda(x^2+y^2-1)$。
解方程组

$$\begin{cases}F_x=2x+4xy+2x\lambda=0, & (1)\\ F_y=2x^2+2y+2y\lambda=0, & (2)\\ F_\lambda=x^2+y^2-1=0。 & (3)\end{cases}$$

$(1)\cdot y-(2)\cdot x$ 得到 $2xy+4xy^2-2x^3-2xy=0$，即 $x(2y^2-x^2)=0$，于是有 $x=0$ 或

$$x^2-2y^2=0。 \tag{4}$$

联合求解 $(3)(4)$，得到 6 个可能的极值点：

$$P_1(0,1),\quad P_2(0,-1),\quad P_3\left(\sqrt{\dfrac{2}{3}},\dfrac{1}{\sqrt{3}}\right),\quad P_4\left(\sqrt{\dfrac{2}{3}},-\dfrac{1}{\sqrt{3}}\right),$$

$$P_5\left(-\sqrt{\dfrac{2}{3}},\dfrac{1}{\sqrt{3}}\right),\quad P_6\left(-\sqrt{\dfrac{2}{3}},-\dfrac{1}{\sqrt{3}}\right)。$$

因为 $f(P_1)=f(P_2)=1$，$f(P_3)=f(P_5)=1+\dfrac{4\sqrt{3}}{9}$，$f(P_4)=f(P_6)=1-\dfrac{4\sqrt{3}}{9}$，所以

$$\max_{(x,y)\in S}f(x,y)=1+\dfrac{4\sqrt{3}}{9},\quad \min_{(x,y)\in S}f(x,y)=1-\dfrac{4\sqrt{3}}{9}。$$

例 1.56　求函数 $f(x,y)=x^2+2y^2-x^2y^2$ 在区域 $D=\{(x,y)\mid x^2+y^2\leqslant4,y\geqslant0\}$ 上的最大值和最小值。

解　(1) 求 $f(x,y)$ 在 D 内的驻点。由 $\begin{cases}f_x=2x-2xy^2=0,\\ f_y=4y-2x^2y=0,\end{cases}$ 得 $f(x,y)$ 在 D 内的驻点为 $(\pm\sqrt{2},1)$，$f(\pm\sqrt{2},1)=2$。

(2) 考查边界 $y=0(-2\leqslant x\leqslant2)$，这时 $f(x,0)=x^2$，$-2\leqslant x\leqslant2$，
最大值 $f(\pm2,0)=4$，最小值 $f(0,0)=0$。

(3) 考查边界 $x^2+y^2=4$，$y>0$。由 $x^2+y^2=4$，知 $y^2=4-x^2$，于是

$$f(x,y)=x^2+2y^2-x^2y^2=x^4-5x^2+8, \quad -2<x<2。$$

令 $\varphi(x)=x^4-5x^2+8$，令 $\varphi'(x)=4x^3-10x=0$，得

$$x=0,\quad x=\pm\sqrt{\dfrac{5}{2}}。\text{ 而 }\varphi(0)=8,\quad \varphi\left(\pm\sqrt{\dfrac{5}{2}}\right)=\dfrac{7}{4},$$

比较可知：$f(x,y)$ 在 D 上的最大值为 $f_{\max}(0,2)=8$，最小值为 $f_{\min}(0,0)=0$。

例 1.57 在椭球 $\dfrac{x^2}{a^2}+\dfrac{y^2}{b^2}+\dfrac{z^2}{c^2}=1$ 内嵌入有最大体积的长方体，求它的体积。

解 设长方体在第一卦限的顶点为 (x,y,z)，则该题为求 $V=8xyz$ 在条件 $\dfrac{x^2}{a^2}+\dfrac{y^2}{b^2}+\dfrac{z^2}{c^2}=1$ 下的最大值。

令 $F(x,y,z,\lambda)=xyz+\lambda\left(\dfrac{x^2}{a^2}+\dfrac{y^2}{b^2}+\dfrac{z^2}{c^2}-1\right)$。解方程组

$$\begin{cases} \dfrac{\partial F}{\partial x}=yz+2\lambda\cdot\dfrac{x}{a^2}=0, \\[2mm] \dfrac{\partial F}{\partial y}=xz+2\lambda\cdot\dfrac{y}{b^2}=0, \\[2mm] \dfrac{\partial F}{\partial z}=xy+2\lambda\cdot\dfrac{z}{c^2}=0, \end{cases} \quad 解得\quad x=\dfrac{a}{\sqrt{3}},\quad y=\dfrac{b}{\sqrt{3}},\quad z=\dfrac{c}{\sqrt{3}}。$$

由于最大体积的长方体一定存在，且驻点唯一，故当 $x=\dfrac{a}{\sqrt{3}}$，$y=\dfrac{b}{\sqrt{3}}$，$z=\dfrac{c}{\sqrt{3}}$ 时长方体体积最大，此时 $V=8xyz=\dfrac{8\sqrt{3}}{9}abc$。

例 1.58 将长为 2m 的铁丝分成三段，依次围成圆、正方形与正三角形，三个图形的面积之和是否存在最小值？若存在，求出最小值。

【分析】 本题属于条件极值问题，可化为无条件极值，也可用拉格朗日乘子法。

解 设分成的三段分别为 x,y,z，则有 $x+y+z=2$ 及 $x,y,z>0$。

圆的面积为 $S_1=\dfrac{1}{4\pi}x^2$，正方形的面积为 $S_2=\dfrac{1}{16}y^2$，正三角形的面积为 $S_3=\dfrac{\sqrt{3}}{36}z^2$，总面积 $S=\dfrac{1}{4\pi}x^2+\dfrac{1}{16}y^2+\dfrac{\sqrt{3}}{36}z^2$。于是问题转化为在 $x+y+z=2$ 及 $x,y,z>0$ 条件下，求函数 $S=\dfrac{1}{4\pi}x^2+\dfrac{1}{16}y^2+\dfrac{\sqrt{3}}{36}z^2$ 的最小值。

令 $L=\dfrac{1}{4\pi}x^2+\dfrac{1}{16}y^2+\dfrac{\sqrt{3}}{36}z^2+\lambda(x+y+z-2)$，则由

$$\begin{cases} \dfrac{\partial L}{\partial x}=\dfrac{1}{2\pi}x+\lambda=0, \\[2mm] \dfrac{\partial L}{\partial y}=\dfrac{1}{8}y+\lambda=0, \\[2mm] \dfrac{\partial L}{\partial z}=\dfrac{\sqrt{3}}{18}z+\lambda=0, \\[2mm] \dfrac{\partial L}{\partial \lambda}=x+y+z-2=0, \end{cases}$$

解得唯一条件驻点为

$$x = \frac{2\sqrt{3}\,\pi}{\sqrt{3}\,\pi + 4\sqrt{3} + 9}, \quad y = \frac{8\sqrt{3}\,\pi}{\sqrt{3}\,\pi + 4\sqrt{3} + 9}, \quad z = \frac{18}{\sqrt{3}\,\pi + 4\sqrt{3} + 9}.$$

在该点的函数值即为最小值,最小值为 $S = \dfrac{3\pi + 12 + 9\sqrt{3}}{\sqrt{3}\,\pi + 4\sqrt{3} + 9^2}$。

例 1.59 在具有已知周长 $2p$ 的三角形中,怎样的三角形的面积最大?

解 设三角形的三条边长分别为 x, y, z,由海伦公式知,三角形的面积 S 的平方为

$$S^2 = p(p - x)(p - y)(p - z)。$$

于是本题即为求在条件 $x + y + z = 2p$ 之下 S 达到的最大值,它等价于在相同的条件下 S^2 达到最大值。

设 $$f(x, y) = S^2 = p(p - x)(p - y)(x + y - p),$$

问题转化成求 $f(x, y)$ 在

$$D = \{(x, y) \mid 0 < x < p, 0 < y < p, p < x + y < 2p\}$$

上的最大值。其中 D 中的第 3 个条件是这样得到的,由于三角形的任意两边之和大于第三边,故有 $x + y > z$,而由假设 $x + y + z = 2p$,即 $z = 2p - (x + y)$,故有 $x + y > z = 2p - (x + y)$,所以有 $x + y > p$。由

$$\begin{cases} f_x = p(p - y)(2p - 2x - y) = 0, \\ f_y = p(p - x)(2p - x - 2y) = 0, \end{cases}$$

求出 $f(x, y)$ 在 D 内的唯一驻点 $M\left(\dfrac{2p}{3}, \dfrac{2p}{3}\right)$。因 $f(x, y)$ 在有界闭区域 $\overline{D}$ 上连续,故 $f(x, y)$ 在 $\overline{D}$ 上有最大值。注意到 $f(x, y)$ 在 $\overline{D}$ 的边界上的值为 0,而在 D 内的值大于 0,故 $f(x, y)$ 在 D 内取得它在 $\overline{D}$ 上的最大值。由于 $f(x, y)$ 在 D 内的偏导数存在且驻点唯一,因此最大值必在点 M 处取得。于是有 $\max\limits_{(x,y) \in D} f(x, y) = f\left(\dfrac{2p}{3}, \dfrac{2p}{3}\right) = \dfrac{p^4}{27}$,此时 $x = y = z = \dfrac{2p}{3}$,即三角形为等边三角形。

1.4 课后习题解答

习题 1.1

1. 在空间直角坐标系中,指出下列各点所在的卦限:

(1) $(1, -5, 3)$;　　(2) $(2, 4, -1)$;　　(3) $(1, -5, -6)$;　　(4) $(-1, -2, 1)$。

解 (1) 第 IV 卦限;　　(2) 第 V 卦限;　　(3) 第 VIII 卦限;　　(4) 第 III 卦限。

2. 求点 $M(3, -2, 1)$ 关于各坐标面及坐标原点的对称点。

解 M 关于 xOy 面的对称点为 $(3, -2, -1)$;M 关于 yOz 面的对称点为 $(-3, -2, 1)$;M 关于 zOx 面的对称点为 $(3, 2, 1)$;M 关于坐标原点的对称点为 $(-3, 2, -1)$。

3. 根据下列条件求点 B 的未知坐标:

(1) $A(4, -7, 1), B(6, 2, z), |AB| = 11$。

解 $|AB|^2 = (6 - 4)^2 + (2 + 7)^2 + (z - 1)^2 = 121$,即 $(z - 1)^2 = 36$,则 $z - 1 = 6$ 或 $z - 1 = -6$,即 $z = 7$ 或 $z = -5$。

(2) $A(2,3,4),B(x,-2,4),|AB|=5$。

解 $|AB|^2=(x-2)^2+(-2-3)^2+(4-4)^2=25$，即 $(x-2)^2=0$，则 $x=2$。

4. 在 z 轴上，求与点 $A(-4,1,7)$ 和点 $B(3,5,-2)$ 等距离的点。

解 设所求点为 M，因为 M 在 z 轴上，所以可设 M 的坐标为 $M(0,0,z)$，则有 $|AM|=|BM|$，即

$$(0+4)^2+(0-1)^2+(z-7)^2=(0-3)^2+(0-5)^2+(z+2)^2,$$

从而得 $z=\dfrac{14}{9}$。所求点 $M\left(0,0,\dfrac{14}{9}\right)$。

5. 试证以点 $A(4,1,9),B(10,-1,6),C(2,4,3)$ 为顶点的三角形是等腰直角三角形。

证明 $|AB|=\sqrt{(10-4)^2+(-1-1)^2+(6-9)^2}=7$，

$|BC|=\sqrt{(10-2)^2+(-1-4)^2+(6-3)^2}=\sqrt{98}$，

$|AC|=\sqrt{(2-4)^2+(4-1)^2+(3-9)^2}=7$，

则 $|AB|=|AC|$，且有 $|AB|^2+|AC|^2=|BC|^2$，所以 $\triangle ABC$ 为等腰直角三角形。

6. 指出下列方程在平面解析几何中和空间解析几何中分别表示什么图形：

(1) $x=2$；   (2) $y=x+1$；   (3) $x^2+y^2=4$。

解 (1) 在平面直角坐标系中 $x=2$ 表示平行于 y 轴的直线；在空间直角坐标系中 $x=2$ 表示过点 $(2,0,0)$ 且平行于 yOz 平面的平面。

(2) 在平面直角坐标系中 $y=x+1$ 表示直线；空间直角坐标系中 $y=x+1$ 表示平面，该平面平行于 z 轴，且经过 $(-1,0,0)$ 和 $(0,1,0)$。

(3) 在平面直角坐标系中 $x^2+y^2=4$ 表示圆；在空间直角坐标系中 $x^2+y^2=4$ 表示母线平行于 z 轴的圆柱面。

提高题

1. 求点 $M(4,-3,5)$ 到原点及各坐标轴的距离。

解 $M(4,-3,5)$ 到原点的距离为 $d=\sqrt{4^2+(-3)^2+5^2}=5\sqrt{2}$。$M(4,-3,5)$ 到 x 轴的距离为 $d_x=\sqrt{(-3)^2+5^2}=\sqrt{34}$；

$M(4,-3,5)$ 到 y 轴的距离为 $d_y=\sqrt{4^2+5^2}=\sqrt{41}$；

$M(4,-3,5)$ 到 z 轴的距离为 $d_z=\sqrt{4^2+(-3)^2}=5$。

2. 求点 $M(a,b,c)$ 分别关于各坐标面、坐标轴、坐标原点的对称点的坐标。

解 M 关于 xOy 面的对称点为 $(a,b,-c)$，M 关于 yOz 面的对称点为 $(-a,b,c)$，M 关于 zOx 面的对称点为 $(a,-b,c)$；M 关于 x 轴的对称点为 $(a,-b,-c)$，M 关于 y 轴的对称点为 $(-a,b,-c)$，M 关于 z 轴的对称点为 $(-a,-b,c)$，M 关于坐标原点的对称点为 $(-a,-b,-c)$。

3. 动点 $M(x,y,z)$ 到 xOy 面的距离与其到点 $(1,-1,2)$ 的距离相等，求点 M 的轨迹方程。

解 $M(x,y,z)$ 到 xOy 面的距离 $d_{xOy}=|z|$，$M(x,y,z)$ 到 $(1,-1,2)$ 的距离为

$$d=\sqrt{(x-1)^2+(-1-y)^2+(z-2)^2}。$$

于是有 $(x-1)^2+(-1-y)^2+(z-2)^2=z^2$，化简得

$$z=\frac{(x-1)^2}{4}+\frac{(y+1)^2}{4}+1,$$

为椭圆抛物面。

4. 画出由平面 $\dfrac{x}{2}+\dfrac{y}{3}+\dfrac{z}{4}=1,x=0,y=0,z=0$ 在第 I 卦限所围成的空间

区域的简图。

解 简图见题 4 图。

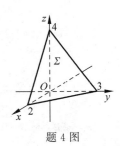

题 4 图

习题 1.2

1. 求下列函数的定义域：

(1) $z=\sqrt{1-\dfrac{x^2}{a^2}-\dfrac{y^2}{b^2}}$；

(2) $z=\ln(y^2-2x+1)$；

(3) $z=\arcsin\dfrac{y}{x}$；

(4) $z=\dfrac{\arctan\dfrac{y}{x}}{\sqrt{4-x^2-y^2}}$；

(5) $z=\dfrac{\sqrt{4x-y^2}}{\ln(1-x^2-y^2)}$；

(6) $z=\sqrt{x-\sqrt{y}}$。

解　(1) $D=\left\{(x,y)\left|\dfrac{x^2}{a^2}+\dfrac{y^2}{b^2}\leqslant1\right.\right\}$；

(2) $D=\{(x,y)\,|\,y^2-2x+1>0\}$；

(3) $D=\{(x,y)\,|\,|y|\leqslant|x|,x\neq0\}$；

(4) $\begin{cases}x\neq0,\\4-x^2-y^2>0,\end{cases}$ 即 $D=\{(x,y)\,|\,x^2+y^2<4,x\neq0\}$；

(5) $\begin{cases}4x-y^2\geqslant0,\\x^2+y^2<1,\end{cases}$ 即 $D=\{(x,y)\,|\,x^2+y^2<1,4x\geqslant y^2\}$；

(6) $D=\{(x,y)\,|\,x\geqslant\sqrt{y},y\geqslant0\}$。

2. 求下列函数的极限：

(1) $\lim\limits_{\substack{x\to0\\y\to1}}\dfrac{1-2xy}{x^2+y^2}$；

(2) $\lim\limits_{\substack{x\to\infty\\y\to\infty}}\dfrac{1}{x^2+y^2}$；

(3) $\lim\limits_{\substack{x\to0\\y\to0}}\dfrac{\sin[3(x^2+y^2)]}{x^2+y^2}$；

(4) $\lim\limits_{\substack{x\to0\\y\to0}}xy\sin\dfrac{1}{x^2+y^2}$；

(5) $\lim\limits_{\substack{x\to0\\y\to0}}\dfrac{2-\sqrt{xy+4}}{xy}$；

(6) $\lim\limits_{\substack{x\to0\\y\to0}}\dfrac{xy}{\sqrt{xy+1}-1}$。

解　(1) $\lim\limits_{(x,y)\to(0,1)}\dfrac{1-2xy}{x^2+y^2}=\dfrac{1-0}{0+1^2}=1$；

(2) $\lim\limits_{\substack{x\to\infty\\y\to\infty}}\dfrac{1}{x^2+y^2}=0$；

(3) $\lim\limits_{\substack{x\to0\\y\to0}}\dfrac{\sin[3(x^2+y^2)]}{x^2+y^2}=\lim\limits_{\substack{x\to0\\y\to0}}\dfrac{3(x^2+y^2)}{x^2+y^2}=3$；

(4) $\lim\limits_{\substack{x\to0\\y\to0}}xy\sin\dfrac{1}{x^2+y^2}=0$；（无穷小量与有界函数的乘积仍为无穷小量）

(5) $\lim\limits_{\substack{x\to0\\y\to0}}\dfrac{2-\sqrt{xy+4}}{xy}=\lim\limits_{\substack{x\to0\\y\to0}}\dfrac{4-xy-4}{xy(2+\sqrt{xy+4})}=-\dfrac14$；

(6) $\lim\limits_{\substack{x\to0\\y\to0}}\dfrac{xy}{\sqrt{xy+1}-1}=\lim\limits_{\substack{x\to0\\y\to0}}\dfrac{xy(\sqrt{xy+1}+1)}{xy+1-1}=2$。

3. 证明下列极限不存在：

(1) $\lim\limits_{\substack{x\to0\\y\to0}}\dfrac{x^3y}{x^6+y^2}$；

(2) $\lim\limits_{\substack{x\to0\\y\to0}}\dfrac{x-y}{x+y}$。

证明　(1) 令 $y=kx^3$，则 $\lim\limits_{\substack{x\to0\\y\to0}}\dfrac{x^3y}{x^6+y^2}=\lim\limits_{\substack{x\to0\\y\to0}}\dfrac{kx^6}{x^6+k^2x^6}=\dfrac{k}{1+k^2}$，该函数的极限值随 k 的变化而变化，故极限不存在。

(2) 令 $x=ky$，则 $\lim\limits_{(x,y)\to(0,0)}\dfrac{x-y}{x+y}=\lim\limits_{(x,y)\to(0,0)}\dfrac{ky-y}{ky+y}=\dfrac{k-1}{k+1}$，该函数的极限值随 k 的变化而变化，因此极限不存在。

4. 证明函数 $f(x,y)=\begin{cases}\dfrac{xy}{\sqrt{x^2+y^2}}, & x^2+y^2\neq 0,\\ 0, & x^2+y^2=0\end{cases}$ 在点$(0,0)$处连续。

证明　$0\leqslant\left|\dfrac{y}{\sqrt{x^2+y^2}}\right|\leqslant\left|\dfrac{y}{\sqrt{y^2}}\right|=1$。

当$(x,y)\to(0,0)$时 x 为无穷小，$\dfrac{y}{\sqrt{x^2+y^2}}$有界，故

$$\lim_{\substack{x\to 0\\y\to 0}}f(x,y)=\lim_{\substack{x\to 0\\y\to 0}}\frac{xy}{\sqrt{x^2+y^2}}=\lim_{\substack{x\to 0\\y\to 0}}x\,\frac{y}{\sqrt{x^2+y^2}}=0,$$

而 $f(0,0)=0$，故$\lim\limits_{\substack{x\to 0\\y\to 0}}f(x,y)=f(0,0)$，即 $f(x,y)$在 $(0,0)$处连续。

提高题

1. 求下列函数的极限：

(1) $\lim\limits_{\substack{x\to 0\\y\to 0}}(1-xy)^{\frac{1}{x}}$；

(2) $\lim\limits_{\substack{x\to+\infty\\y\to+\infty}}\left(\dfrac{xy}{x^2+y^2}\right)^{x^2}$。

解　(1) $\lim\limits_{\substack{x\to 0\\y\to 0}}(1-xy)^{\frac{1}{x}}=\lim\limits_{\substack{x\to 0\\y\to 0}}\left[(1-xy)^{\frac{1}{-xy}}\right]^{-y}=1$；

(2) $0\leqslant\lim\limits_{\substack{x\to+\infty\\y\to+\infty}}\left(\dfrac{xy}{x^2+y^2}\right)^{x^2}\leqslant\lim\limits_{\substack{x\to+\infty\\y\to+\infty}}\left(\dfrac{xy}{2xy}\right)^{x^2}\leqslant\lim\limits_{\substack{x\to+\infty\\y\to+\infty}}\left(\dfrac{1}{2}\right)^{x^2}=0$，故 $\lim\limits_{\substack{x\to+\infty\\y\to+\infty}}\left(\dfrac{xy}{x^2+y^2}\right)^{x^2}=0$。

2. 讨论二元函数

$$f(x,y)=\begin{cases}\dfrac{x^2y^2}{x^2y^2+(x-y)^2}, & (x,y)\neq(0,0),\\ 0, & (x,y)=(0,0)\end{cases}$$

在$(0,0)$点处的连续性。

解　当(x,y)沿 $y=x$ 趋于$(0,0)$时，

$$\lim_{\substack{x\to 0\\y\to 0}}f(x,y)=\lim_{\substack{x\to 0\\y\to 0}}\frac{x^2y^2}{x^2y^2+(x-y)^2}=\lim_{x\to 0}\frac{x^4}{x^4}=1,$$

当(x,y)沿 $y=-x$ 趋于$(0,0)$时

$$\lim_{\substack{x\to 0\\y\to 0}}f(x,y)=\lim_{\substack{x\to 0\\y\to 0}}\frac{x^2y^2}{x^2y^2+(x-y)^2}=\lim_{x\to 0}\frac{x^4}{x^4+4x^2}=0,$$

则$\lim\limits_{\substack{x\to 0\\y\to 0}}f(x,y)$不存在，从而有 $f(x,y)$在$(0,0)$点处不连续。

习题 1.3

1. 求下列函数的一阶偏导数：

(1) $z=x^2+3xy+y^2$；

(2) $z=x^2\sin(2y)$；

(3) $z=\sin(xy)+\cos^2(xy)$；

(4) $z=\sqrt{\ln(xy)}$；

(5) $z=\mathrm{e}^{x^2}\sin(x+2y^2)$；

(6) $u=\sin(x+y^2-\mathrm{e}^z)$。

解　(1) $\dfrac{\partial z}{\partial x}=2x+3y$，$\dfrac{\partial z}{\partial y}=3x+2y$；

(2) $\dfrac{\partial z}{\partial x}=2x\sin(2y)$，$\dfrac{\partial z}{\partial y}=2x^2\cos(2y)$；

(3) $\dfrac{\partial z}{\partial x}=\cos(xy)\cdot y-2\cos(xy)\cdot\sin(xy)\cdot y=y[\cos(xy)-\sin(2xy)]$，

$\dfrac{\partial z}{\partial y}=\cos(xy)\cdot x-2\cos(xy)\cdot\sin(xy)\cdot x=x[\cos(xy)-\sin(2xy)]$；

(4) $\dfrac{\partial z}{\partial x}=\dfrac{1}{2\sqrt{\ln(xy)}}\cdot\dfrac{1}{xy}\cdot y=\dfrac{1}{2x\sqrt{\ln(xy)}}$, $\dfrac{\partial z}{\partial y}=\dfrac{1}{2\sqrt{\ln(xy)}}\cdot\dfrac{1}{xy}\cdot x=\dfrac{1}{2y\sqrt{\ln(xy)}}$;

(5) $\dfrac{\partial z}{\partial x}=e^{x^2}[2x\sin(x+2y^2)+\cos(x+2y^2)]$, $\dfrac{\partial z}{\partial y}=4ye^{x^2}\cos(x+2y^2)$;

(6) $\dfrac{\partial u}{\partial x}=\cos(x+y^2-e^z)$, $\dfrac{\partial u}{\partial y}=2y\cos(x+y^2-e^z)$, $\dfrac{\partial u}{\partial z}=-e^z\cos(x+y^2-e^z)$。

2. 设 $f(x,y)=\sqrt{25-x^2-y^2}$,求 $f_x(2\sqrt{2},3)$,$f_y(2\sqrt{2},3)$。

解 $f_x(x,y)=-\dfrac{x}{\sqrt{25-x^2-y^2}}$, $f_y(x,y)=-\dfrac{y}{\sqrt{25-x^2-y^2}}$;

故 $f_x(2\sqrt{2},3)=-\dfrac{2\sqrt{2}}{\sqrt{25-(2\sqrt{2})^2-3^2}}=-1$, $f_y(2\sqrt{2},3)=-\dfrac{3}{\sqrt{25-(2\sqrt{2})^2-3^2}}=-\dfrac{3\sqrt{2}}{4}$。

3. 求下列函数的高阶偏导数:

(1) 设 $z=4x^3+3x^2y-3xy^2-x+y$,求 $\dfrac{\partial^2 z}{\partial x^2}$,$\dfrac{\partial^2 z}{\partial y\partial x}$,$\dfrac{\partial^2 z}{\partial x\partial y}$,$\dfrac{\partial^2 z}{\partial y^2}$;

(2) 设 $z=x\ln(x+y)$,求 $\dfrac{\partial^2 z}{\partial x^2}$,$\dfrac{\partial^2 z}{\partial y\partial x}$,$\dfrac{\partial^2 z}{\partial x\partial y}$,$\dfrac{\partial^2 z}{\partial y^2}$;

(3) 设 $z=e^{xy}+\sin(x+y)$,求 $\dfrac{\partial^2 z}{\partial x^2}$,$\dfrac{\partial^2 z}{\partial y\partial x}$,$\dfrac{\partial^2 z}{\partial x\partial y}$,$\dfrac{\partial^2 z}{\partial y^2}$,$\dfrac{\partial^3 z}{\partial x^3}$;

(4) 设 $z=x\ln(xy)$,求 $\dfrac{\partial^3 z}{\partial x^2\partial y}$;

(5) 设 $z=x^3\sin y+y^3\sin x$,求 $\dfrac{\partial^2 z}{\partial x\partial y}$。

解 (1) $\dfrac{\partial z}{\partial x}=12x^2+6xy-3y^2-1$, $\dfrac{\partial z}{\partial y}=3x^2-6xy+1$,

$\dfrac{\partial^2 z}{\partial x^2}=24x+6y$, $\dfrac{\partial^2 z}{\partial y^2}=-6x$,

$\dfrac{\partial z^2}{\partial y\partial x}=\dfrac{\partial^2 z}{\partial x\partial y}=\dfrac{\partial}{\partial y}\left(\dfrac{\partial z}{\partial x}\right)=\dfrac{\partial}{\partial y}(12x^2+6xy-3y^2-1)=6x-6y$;

(2) $\dfrac{\partial z}{\partial x}=\ln(x+y)+\dfrac{x}{x+y}$, $\dfrac{\partial z}{\partial y}=\dfrac{x}{x+y}$,

$\dfrac{\partial^2 z}{\partial x^2}=\dfrac{1}{x+y}+\dfrac{y}{(x+y)^2}$, $\dfrac{\partial z^2}{\partial y\partial x}=\dfrac{\partial^2 z}{\partial x\partial y}=\dfrac{\partial}{\partial y}\left(\dfrac{\partial z}{\partial x}\right)=\dfrac{1}{x+y}-\dfrac{x}{(x+y)^2}$, $\dfrac{\partial^2 z}{\partial y^2}=-\dfrac{x}{(x+y)^2}$;

(3) $\dfrac{\partial z}{\partial x}=ye^{xy}+\cos(x+y)$, $\dfrac{\partial z}{\partial y}=xe^{xy}+\cos(x+y)$,

$\dfrac{\partial^2 z}{\partial x^2}=y^2e^{xy}-\sin(x+y)$, $\dfrac{\partial^2 z}{\partial y^2}=x^2e^{xy}-\sin(x+y)$,

$\dfrac{\partial^2 z}{\partial y\partial x}=\dfrac{\partial^2 z}{\partial x\partial y}=\dfrac{\partial}{\partial y}\left(\dfrac{\partial z}{\partial x}\right)=\dfrac{\partial}{\partial y}(ye^{xy}+\cos(x+y))=(xy+1)e^{xy}-\sin(x+y)$,

$\dfrac{\partial^3 z}{\partial x^3}=y^3e^{xy}-\cos(x+y)$;

(4) $\dfrac{\partial z}{\partial x}=\ln(xy)+\dfrac{xy}{xy}=\ln(xy)+1$, $\dfrac{\partial^2 z}{\partial x^2}=\dfrac{y}{xy}=\dfrac{1}{x}$, $\dfrac{\partial^3 z}{\partial x^2\partial y}=\dfrac{\partial}{\partial y}\left(\dfrac{\partial^2 z}{\partial x^2}\right)=0$;

(5) $\dfrac{\partial z}{\partial x}=3x^2\sin y+y^3\cos x$, $\dfrac{\partial^2 z}{\partial x\partial y}=3x^2\cos y+3y^2\cos x$。

4. 设 $f(x,y,z)=xy^2+yz^2+zx^2$，求 $f_{xx}(0,0,1)$，$f_{xx}(1,0,2)$，$f_{yz}(0,-1,0)$ 及 $f_{zzx}(2,0,1)$。

解 $f_x=y^2+2xz$，$f_{xx}=2z$，故 $f_{xx}(0,0,1)=2$，$f_{xx}(1,0,2)=4$；

$f_y=2xy+z^2$，$f_{yz}=2z$，故 $f_{yz}(0,-1,0)=0$；

$f_z=2yz+x^2$，$f_{zz}=2y$，$f_{zzx}=0$，故 $f_{zzx}(2,0,1)=0$。

5. 验证函数 $u(x,y)=\ln \sqrt{x^2+y^2}$ 满足方程 $\dfrac{\partial^2 u}{\partial x^2}+\dfrac{\partial^2 u}{\partial y^2}=0$。

证明 $u=\dfrac{1}{2}\ln(x^2+y^2)$，故

$$\frac{\partial u}{\partial x}=\frac{x}{x^2+y^2}, \quad \frac{\partial u}{\partial y}=\frac{y}{x^2+y^2}, \quad \frac{\partial^2 u}{\partial x^2}=\frac{y^2-x^2}{(x^2+y^2)^2}, \quad \frac{\partial^2 u}{\partial y^2}=\frac{x^2-y^2}{(x^2+y^2)^2},$$

于是 $\dfrac{\partial^2 u}{\partial x^2}+\dfrac{\partial^2 u}{\partial y^2}=0$。

提高题

1. 求下列函数的一阶偏导数：

(1) $z=\arcsin\left(\dfrac{y^2}{x}\right)$；

(2) $z=y^{\sin x}\ln(x^2+y^2)$；

(3) $z=\displaystyle\int_0^{\sqrt{xy}} e^{-t^2}\,dt\ (x>0,y>0)$；

(4) $u=x^{\frac{y}{z}}$。

解 (1) $\dfrac{\partial z}{\partial x}=\dfrac{1}{\sqrt{1-\left(\frac{y^2}{x}\right)^2}}\left(-\dfrac{y^2}{x^2}\right)$，$\dfrac{\partial z}{\partial y}=\dfrac{1}{\sqrt{1-\left(\frac{y^2}{x}\right)^2}}\left(\dfrac{2y}{x}\right)$；

(2) $\dfrac{\partial z}{\partial x}=y^{\sin x}\ln y\cdot\cos x\cdot\ln(x^2+y^2)+y^{\sin x}\cdot\dfrac{2x}{x^2+y^2}$，

$\dfrac{\partial z}{\partial y}=\sin x y^{\sin x-1}\cdot\ln(x^2+y^2)+y^{\sin x}\cdot\dfrac{2y}{x^2+y^2}$；

(3) $\dfrac{\partial z}{\partial x}=e^{-xy}\cdot\dfrac{1}{2\sqrt{xy}}\cdot y$，$\dfrac{\partial z}{\partial y}=e^{-xy}\cdot\dfrac{1}{2\sqrt{xy}}\cdot x$；

(4) $\dfrac{\partial u}{\partial x}=\dfrac{y}{z}x^{\frac{y}{z}-1}$，$\dfrac{\partial u}{\partial y}=x^{\frac{y}{z}}\ln x\cdot\dfrac{1}{z}$，$\dfrac{\partial u}{\partial z}=x^{\frac{y}{z}}\cdot\ln x\cdot\left(-\dfrac{y}{z^2}\right)$。

2. 设 $z=x^y y^x$，验证：$x\dfrac{\partial z}{\partial x}+y\dfrac{\partial z}{\partial y}=z(x+y+\ln z)$。

解 $\dfrac{\partial z}{\partial x}=yx^{y-1}y^x+x^y\cdot y^x\ln y=x^{y-1}y^{x+1}+x^y y^x\ln y=x^y y^x\left(\dfrac{y}{x}+\ln y\right)$，

$\dfrac{\partial z}{\partial y}=x^y\ln x\cdot y^x+x^y\cdot xy^{x-1}=x^y y^x\ln x+x^{y+1}y^{x-1}=x^y y^x\left(\dfrac{x}{y}+\ln x\right)$，

故 $x\dfrac{\partial z}{\partial x}+y\dfrac{\partial z}{\partial y}=x^y y^x(y+x\ln y+y\ln x+x)$， 即 $x\dfrac{\partial z}{\partial x}+y\dfrac{\partial z}{\partial y}=z(y+x+\ln z)$。

3. 设 $f(x,y)=\begin{cases} xy\dfrac{x^2-y^2}{x^2+y^2}, & (x,y)\neq(0,0), \\ 0, & (x,y)=(0,0), \end{cases}$ 试求 $f_{xy}(0,0)$ 及 $f_{yx}(0,0)$。

解 $f_x(0,0)=\lim\limits_{x\to 0}\dfrac{f(x,0)-f(0,0)}{x}=\lim\limits_{x\to 0}\dfrac{0}{x}=0$，

$f_y(0,0)=\lim\limits_{y\to 0}\dfrac{f(0,y)-f(0,0)}{y}=\lim\limits_{x\to 0}\dfrac{0}{y}=0$。

当 $(x,y) \neq (0,0)$ 时，有

$$f_x(x,y) = y\frac{x^2-y^2}{x^2+y^2} + xy\frac{4xy^2}{(x^2+y^2)^2}, \quad f_y(x,y) = x\frac{x^2-y^2}{x^2+y^2} + xy\frac{-4xy^2}{(x^2+y^2)^2},$$

于是 $f_{xy}(0,0) = \lim\limits_{y \to 0} \dfrac{f_x(0,y) - f_x(0,0)}{y} = \lim\limits_{y \to 0} \dfrac{-y-0}{y} = -1,$

$f_{yx}(0,0) = \lim\limits_{x \to 0} \dfrac{f_y(x,0) - f_y(0,0)}{x} = \lim\limits_{x \to 0} \dfrac{x-0}{x} = 1.$

习题 1.4

1. 求下列函数的全微分：

(1) $z = 4xy^3 + 5x^2y^6$；　　　　(2) $z = \sqrt{x^2+y^2}$；　　　　(3) $z = \ln(x^3+y^4)$；

(4) $z = \arcsin\left(\dfrac{x}{y}\right)$；　　　　(5) $z = \mathrm{e}^x \cos y$；　　　　(6) $z = \mathrm{e}^{\frac{y}{x}}$。

解 $\mathrm{d}z = \dfrac{\partial z}{\partial x}\mathrm{d}x + \dfrac{\partial z}{\partial y}\mathrm{d}y$。

(1) $\dfrac{\partial z}{\partial x} = 4y^3 + 10xy^6, \dfrac{\partial z}{\partial y} = 12xy^2 + 30x^2y^5$，则

$$\mathrm{d}z = (4y^3 + 10xy^6)\mathrm{d}x + (12xy^2 + 30x^2y^5)\mathrm{d}y;$$

(2) $\dfrac{\partial z}{\partial x} = \dfrac{x}{\sqrt{x^2+y^2}}, \dfrac{\partial z}{\partial y} = \dfrac{y}{\sqrt{x^2+y^2}}$，则 $\mathrm{d}z = \dfrac{x}{\sqrt{x^2+y^2}}\mathrm{d}x + \dfrac{y}{\sqrt{x^2+y^2}}\mathrm{d}y$；

(3) $\dfrac{\partial z}{\partial x} = \dfrac{3x^2}{x^3+y^4}, \dfrac{\partial z}{\partial y} = \dfrac{4y^3}{x^3+y^4}$，则 $\mathrm{d}z = \dfrac{3x^2}{x^3+y^4}\mathrm{d}x + \dfrac{4y^3}{x^3+y^4}\mathrm{d}y$；

(4) $\dfrac{\partial z}{\partial x} = \dfrac{1}{\sqrt{1-\left(\frac{x}{y}\right)^2}}\dfrac{1}{y} = \dfrac{\pm 1}{\sqrt{y^2-x^2}}, \dfrac{\partial z}{\partial y} = \dfrac{1}{\sqrt{1-\left(\frac{x}{y}\right)^2}}\left(-\dfrac{x}{y^2}\right) = \dfrac{\pm x}{y\sqrt{y^2-x^2}}$，则

$$\mathrm{d}z = \dfrac{\pm 1}{\sqrt{y^2-x^2}}\mathrm{d}x + \dfrac{\pm x}{y\sqrt{y^2-x^2}}\mathrm{d}x;$$

(5) $\dfrac{\partial z}{\partial x} = \mathrm{e}^x \cos y, \dfrac{\partial z}{\partial y} = -\mathrm{e}^x \sin y$，则 $\mathrm{d}z = \mathrm{e}^x \cos y\,\mathrm{d}x - \mathrm{e}^x \sin y\,\mathrm{d}y$。

(6) $\dfrac{\partial z}{\partial x} = -\dfrac{y}{x^2}\mathrm{e}^{\frac{y}{x}}, \dfrac{\partial z}{\partial y} = \dfrac{1}{x}\mathrm{e}^{\frac{y}{x}}$，则 $\mathrm{d}z = \left(-\dfrac{y}{x^2}\mathrm{e}^{\frac{y}{x}}\right)\mathrm{d}x + \dfrac{1}{x}\mathrm{e}^{\frac{y}{x}}\mathrm{d}y$。

2. 求函数 $z = \ln(1+x^2+y^2)$ 当 $x=1, y=2$ 时的全微分。

解 $\dfrac{\partial z}{\partial x} = \dfrac{2x}{1+x^2+y^2}, \dfrac{\partial z}{\partial y} = \dfrac{2y}{1+x^2+y^2}$，故

$$\left.\dfrac{\partial z}{\partial x}\right|_{\substack{x=1\\y=2}} = \dfrac{2\times 1}{1+1^2+2^2} = \dfrac{1}{3}, \quad \left.\dfrac{\partial z}{\partial y}\right|_{\substack{x=1\\y=2}} = \dfrac{2\times 2}{1+1^2+2^2} = \dfrac{2}{3}.$$

而 $\mathrm{d}z = \dfrac{\partial z}{\partial x}\mathrm{d}x + \dfrac{\partial z}{\partial y}\mathrm{d}y$，故 $\left.\mathrm{d}z\right|_{\substack{x=1\\y=2}} = \dfrac{1}{3}\mathrm{d}x + \dfrac{2}{3}\mathrm{d}y$。

3. 求函数 $z = 2x^2 + 3y^2$ 在点 $(10,8)$ 处当 $\Delta x = 0.2, \Delta y = 0.3$ 时的全增量及全微分。

解 $\Delta z = 2(x_0 + \Delta x)^2 + 3(y_0 + \Delta y)^2 - 2x_0^2 - 3y_0^2, x_0 = 10, y_0 = 8$，

$\Delta z = 2(10+0.2)^2 + 3(8+0.3)^2 - 2\times 10^2 - 3\times 8^2$

$\quad = 4\times 10\times 0.2 + 2\times 0.2^2 + 3(2\times 8\times 0.3 + 0.3^2) = 22.75$。

$\left.\mathrm{d}z\right|_{(x_0,y_0)} = \left.\dfrac{\partial z}{\partial x}\right|_{(x_0,y_0)} \Delta x + \left.\dfrac{\partial z}{\partial y}\right|_{(x_0,y_0)} \Delta y = 4x_0\Delta x + 6y_0\Delta y$，

$\mathrm{d}z = 4\times 10\times 0.2 + 6\times 8\times 0.3 = 22.4$。

4. 求函数 $z=\ln(\sqrt[3]{x}+\sqrt[4]{y}-1)$ 当 $\Delta x=0.03,\Delta y=-0.02$ 时在点$(1,1)$处的全微分。

解 $\dfrac{\partial z}{\partial x}=\dfrac{\dfrac{1}{3}x^{-\frac{2}{3}}}{\sqrt[3]{x}+\sqrt[4]{y}-1},\dfrac{\partial z}{\partial y}=\dfrac{\dfrac{1}{4}y^{-\frac{3}{4}}}{\sqrt[3]{x}+\sqrt[4]{y}-1}$，故 $\dfrac{\partial z}{\partial x}\Big|_{\substack{x=1\\y=1}}=\dfrac{1}{3},\quad\dfrac{\partial z}{\partial y}\Big|_{\substack{x=1\\y=1}}=\dfrac{1}{4}$。

而 $\mathrm{d}z=\dfrac{\partial z}{\partial x}\Delta x+\dfrac{\partial z}{\partial y}\Delta y$，故

$$\mathrm{d}z\Big|_{\substack{x=1\\y=1\\\Delta x=0.03\\\Delta y=-0.02}}=\dfrac{1}{3}\times0.03+\dfrac{1}{4}\times(-0.02)=0.005。$$

5. 求函数 $u=\dfrac{1}{x}+z^2\cos y$ 当 $x=2,y=0,z=1$ 时的全微分。

解 $\mathrm{d}u=\dfrac{\partial u}{\partial x}\mathrm{d}x+\dfrac{\partial u}{\partial y}\mathrm{d}y+\dfrac{\partial u}{\partial z}\mathrm{d}z=-\dfrac{1}{x^2}\mathrm{d}x-z^2\sin y\mathrm{d}y+2z\cos y\mathrm{d}z$，故 $\mathrm{d}u\big|_{(2,0,1)}=-\dfrac{1}{4}\mathrm{d}x+2\mathrm{d}z$。

6. 求下列各式的近似值：

(1) $\ln(1.01^3+0.99^4)$；　　　　　　　　(2) $\arcsin\left(\dfrac{0.99}{2.02}\right)$。

解 (1) 设 $z=\ln(x^3+y^4)$，则 $\dfrac{\partial z}{\partial x}=\dfrac{3x^2}{x^3+y^4},\dfrac{\partial z}{\partial y}=\dfrac{4y^3}{x^3+y^4}$，于是

$$\Delta z\approx\mathrm{d}z=\dfrac{3x^2}{x^3+y^4}\Delta x+\dfrac{4y^3}{x^3+y^4}\Delta y。$$

当 $x=1,\Delta x=0.01,y=1,\Delta y=-0.01$ 时，有

$$\Delta z\approx\mathrm{d}z=\dfrac{3}{1+1}\times0.01+\dfrac{4}{2}\times(-0.01)=-0.005，$$

故 $z\approx\ln(1+1)+\mathrm{d}z=\ln2-0.005$。

(2) 设 $z=\arcsin\left(\dfrac{x}{y}\right)$，则 $\mathrm{d}z=\dfrac{1}{\sqrt{y^2-x^2}}\mathrm{d}x-\dfrac{x}{y\sqrt{y^2-x^2}}\mathrm{d}y(x>0,y>0)$，

$$\Delta z\approx\mathrm{d}z=\dfrac{1}{\sqrt{y^2-x^2}}\Delta x-\dfrac{x}{y\sqrt{y^2-x^2}}\Delta y；$$

当 $x=1,\Delta x=-0.01,y=2,\Delta y=0.02$ 时，有

$$\Delta z\approx\mathrm{d}z=\dfrac{1}{\sqrt{4-1}}\times(-0.01)-\dfrac{1}{2\sqrt{4-1}}\times(0.02)=-\dfrac{\sqrt{3}}{150}，$$

故 $z\approx\arcsin\dfrac{1}{2}+\mathrm{d}z=\dfrac{\pi}{6}-\dfrac{\sqrt{3}}{150}$。

提高题

1. 求下列函数的全微分：

(1) $z=(xy)^y$；　　　　　　　　(2) $u=x^{yz}$。

解 (1) $\mathrm{d}z=\dfrac{\partial z}{\partial x}\mathrm{d}x+\dfrac{\partial z}{\partial y}\mathrm{d}y=y^2(xy)^{y-1}\mathrm{d}x+(xy)^y(\ln(xy)+1)\mathrm{d}y$；

(2) $\dfrac{\partial u}{\partial x}=yzx^{yz-1},\dfrac{\partial u}{\partial y}=zx^{yz}\ln x,\dfrac{\partial u}{\partial z}=yx^{yz}\ln x$，则 $\mathrm{d}u=yzx^{yz-1}\mathrm{d}x+zx^{yz}\ln x\mathrm{d}y+yx^{yz}\ln x\mathrm{d}z$。

2. 讨论函数 $f(x,y)=\begin{cases}\dfrac{xy}{x^2+y^2},&(x,y)\neq(0,0),\\0,&(x,y)=(0,0)\end{cases}$ 在点$(0,0)$处的可导性、连续性与可微性。

解 $f_x(0,0)=\lim\limits_{x\to0}\dfrac{f(x,0)-f(0,0)}{x}=0,f_y(0,0)=\lim\limits_{y\to0}\dfrac{f(0,y)-f(0,0)}{y}=0$。

$$\lim_{\substack{x \to 0 \\ y \to 0}} f(x,y) = \lim_{\substack{x \to 0 \\ y \to 0}} \frac{xy}{x^2 + y^2} \xlongequal{y=kx} \lim_{\substack{\Delta x \to 0 \\ \Delta y \to 0}} \frac{kx^2}{x^2 + k^2 x^2} = \frac{k}{1+k^2}.$$

因为其极限值随 k 的变化而变化,所以在 $(0,0)$ 处,函数的极限不存在,从而也不连续。

习题 1.5

1. 求下列函数的全导数:

(1) $z = \sin\dfrac{x}{y}$,其中 $x = e^t$,$y = t^2$,求 $\dfrac{\mathrm{d}z}{\mathrm{d}t}$;

(2) $z = \arcsin(u - v)$,其中 $u = 3t$,$v = 4t^3$,求 $\dfrac{\mathrm{d}z}{\mathrm{d}t}$;

(3) $z = \arctan(xy)$,其中 $y = e^x$,求 $\dfrac{\mathrm{d}z}{\mathrm{d}x}$。

解 (1) $\dfrac{\mathrm{d}z}{\mathrm{d}t} = \dfrac{\partial z}{\partial x} \cdot \dfrac{\mathrm{d}x}{\mathrm{d}t} + \dfrac{\partial z}{\partial y} \cdot \dfrac{\mathrm{d}y}{\mathrm{d}t} = \cos\dfrac{x}{y} \cdot \dfrac{1}{y} \cdot e^t + \cos\dfrac{x}{y} \cdot \left(-\dfrac{x}{y^2}\right) \cdot 2t$;

(2) $\dfrac{\mathrm{d}z}{\mathrm{d}t} = \dfrac{\partial z}{\partial u} \cdot \dfrac{\mathrm{d}u}{\mathrm{d}t} + \dfrac{\partial z}{\partial v} \cdot \dfrac{\mathrm{d}v}{\mathrm{d}t} = \dfrac{1}{\sqrt{1-(u-v)^2}} \cdot 3 - \dfrac{1}{\sqrt{1-(u-v)^2}} \cdot 12t^2$;

(3) $\dfrac{\mathrm{d}z}{\mathrm{d}x} = \dfrac{\partial z}{\partial x} + \dfrac{\partial z}{\partial y} \cdot \dfrac{\mathrm{d}y}{\mathrm{d}x} = \dfrac{y}{1+(xy)^2} + \dfrac{x}{1+(xy)^2} \cdot e^x$。

2. 用链式法则求下列函数的偏导数:

(1) 设 $z = e^u \sin v$,而 $u = xy$,$v = x+y$,求 $\dfrac{\partial z}{\partial x}$ 和 $\dfrac{\partial z}{\partial y}$;

(2) 设 $z = u^2 v - uv^2$,而 $u = x\cos y$,$v = x\sin y$,求 $\dfrac{\partial z}{\partial x}$ 和 $\dfrac{\partial z}{\partial y}$;

(3) 设 $z = uv + \sin xy$,而 $u = e^{x+y}$,$v = \cos(x-y)$,求 $\dfrac{\partial z}{\partial x}$ 和 $\dfrac{\partial z}{\partial y}$;

(4) 设 $z = \arcsin(x + y + u)$,其中 $u = x+y$,求 $\dfrac{\partial z}{\partial x}$ 和 $\dfrac{\partial z}{\partial y}$。

解 (1) $\dfrac{\partial z}{\partial x} = \dfrac{\partial z}{\partial u} \cdot \dfrac{\partial u}{\partial x} + \dfrac{\partial z}{\partial v} \cdot \dfrac{\partial v}{\partial x} = e^u \sin v \cdot y + e^u \cos v \cdot 1$,

$\dfrac{\partial z}{\partial y} = \dfrac{\partial z}{\partial u} \cdot \dfrac{\partial u}{\partial y} + \dfrac{\partial z}{\partial v} \cdot \dfrac{\partial v}{\partial y} = e^u \sin v \cdot x + e^u \cos v \cdot 1$;

(2) $\dfrac{\partial z}{\partial x} = \dfrac{\partial z}{\partial u} \cdot \dfrac{\partial u}{\partial x} + \dfrac{\partial z}{\partial v} \cdot \dfrac{\partial v}{\partial x} = (2uv - v^2)\cos y + (u^2 - 2uv)\sin y$,

$\dfrac{\partial z}{\partial y} = \dfrac{\partial z}{\partial u} \cdot \dfrac{\partial u}{\partial y} + \dfrac{\partial z}{\partial v} \cdot \dfrac{\partial v}{\partial y} = -(2uv - v^2)x\sin y + (u^2 - 2uv)x\cos y$;

(3) $\dfrac{\partial z}{\partial x} = \dfrac{\partial z}{\partial u} \cdot \dfrac{\partial u}{\partial x} + \dfrac{\partial z}{\partial v} \cdot \dfrac{\partial v}{\partial x} + \dfrac{\partial f}{\partial x} = v e^{x+y} - u\sin(x-y) + y\cos xy$,

$\dfrac{\partial z}{\partial y} = \dfrac{\partial z}{\partial u} \cdot \dfrac{\partial u}{\partial y} + \dfrac{\partial z}{\partial v} \cdot \dfrac{\partial v}{\partial y} + \dfrac{\partial f}{\partial y} = v e^{x+y} + u\sin(x-y) + x\cos xy$;

(4) 实际上 $z = \arcsin 2(x+y)$,故

$$\dfrac{\partial z}{\partial x} = \dfrac{2}{\sqrt{1-4(x+y)^2}}, \qquad \dfrac{\partial z}{\partial y} = \dfrac{2}{\sqrt{1-4(x+y)^2}}.$$

3. 求下列函数的偏导数:

(1) 设 $u = f\left(\sqrt{x^2 + y^2}\right)$,$f(t)$ 可导,求 $\dfrac{\partial u}{\partial x}$ 和 $\dfrac{\partial u}{\partial y}$;

(2) $z = f(u,v)$,其中 f 具有一阶连续偏导数,且 $u = \sqrt{xy}$,$v = x+y$,求 $\dfrac{\partial z}{\partial x}$ 和 $\dfrac{\partial z}{\partial y}$;

(3) $z = f(x^2 - y^2, \mathrm{e}^{xy})$，其中 f 具有一阶连续偏导数，求 $\dfrac{\partial z}{\partial x}$ 和 $\dfrac{\partial z}{\partial y}$。

解 （1）令 $\sqrt{x^2 + y^2} = t$，则

$$\frac{\partial u}{\partial x} = \frac{\mathrm{d}f}{\mathrm{d}t} \cdot \frac{\partial t}{\partial x} = f' \cdot \frac{x}{\sqrt{x^2 + y^2}}, \qquad \frac{\partial u}{\partial y} = \frac{\mathrm{d}f}{\mathrm{d}t} \cdot \frac{\partial t}{\partial y} = f' \cdot \frac{y}{\sqrt{x^2 + y^2}};$$

（2）$\dfrac{\partial z}{\partial x} = \dfrac{\partial z}{\partial u} \cdot \dfrac{\partial u}{\partial x} + \dfrac{\partial z}{\partial v} \cdot \dfrac{\partial v}{\partial x} = f'_1 \cdot \dfrac{1}{2\sqrt{xy}} \cdot y + f'_2$，

$\dfrac{\partial z}{\partial y} = \dfrac{\partial z}{\partial u} \cdot \dfrac{\partial u}{\partial y} + \dfrac{\partial z}{\partial v} \cdot \dfrac{\partial v}{\partial y} = f'_1 \cdot \dfrac{1}{2\sqrt{xy}} \cdot x + f'_2$；

（3）令 $u = x^2 - y^2$，$v = \mathrm{e}^{xy}$，则

$$\frac{\partial z}{\partial x} = \frac{\partial z}{\partial u} \cdot \frac{\partial u}{\partial x} + \frac{\partial z}{\partial v} \cdot \frac{\partial v}{\partial x} = f'_1 \cdot 2x + f'_2 \cdot \mathrm{e}^{xy} \cdot y,$$

$$\frac{\partial z}{\partial y} = \frac{\partial z}{\partial u} \cdot \frac{\partial u}{\partial y} + \frac{\partial z}{\partial v} \cdot \frac{\partial v}{\partial y} = f'_1 \cdot (-2y) + f'_2 \cdot \mathrm{e}^{xy} \cdot x_{\circ}$$

提高题

1. 求下列函数指定的一阶偏导数：

（1）$z = \displaystyle\int_{2u}^{v^2 + u} \mathrm{e}^{-t^2} \mathrm{d}t$，其中 $u = \sin x$，$v = \mathrm{e}^x$，求 $\dfrac{\mathrm{d}z}{\mathrm{d}x}$；

（2）设 $z = (3x^2 + y^2)^{4x + 2y}$，求 $\dfrac{\partial z}{\partial x}$ 和 $\dfrac{\partial z}{\partial y}$；

（3）设 $u = f(x, y, z) = \mathrm{e}^{x^2 + y^2 + z^2}$，其中 $z = x^2 \sin y$，求 $\dfrac{\partial u}{\partial x}$ 和 $\dfrac{\partial u}{\partial y}$；

（4）设 $z = (x + y)f(x + y, xy)$，其中 f 具有一阶连续偏导数，求 $\dfrac{\partial z}{\partial x}$ 和 $\dfrac{\partial z}{\partial y}$；

（5）设 $z = f(\sin x, \cos y, \mathrm{e}^{x + y})$，其中 f 具有一阶连续偏导数，求 $\dfrac{\partial z}{\partial x}$ 和 $\dfrac{\partial z}{\partial y}$。

解 （1）$\dfrac{\mathrm{d}z}{\mathrm{d}x} = \dfrac{\partial z}{\partial u} \cdot \dfrac{\mathrm{d}u}{\mathrm{d}x} + \dfrac{\partial z}{\partial v} \cdot \dfrac{\mathrm{d}v}{\mathrm{d}x} = (\mathrm{e}^{-(u + v^2)^2} - 2\mathrm{e}^{-4u^2})\cos x + \mathrm{e}^{-(u + v^2)^2} \cdot 2v\mathrm{e}^x$；

（2）令 $u = 3x^2 + y^2$，$v = 4x + 2y$，则 $z = u^v$，于是

$$\frac{\partial z}{\partial x} = \frac{\partial z}{\partial u} \cdot \frac{\partial u}{\partial x} + \frac{\partial z}{\partial v} \cdot \frac{\partial v}{\partial x} = vu^{v-1} \cdot 6x + u^v \ln u \cdot 4$$

$$= 6x(4x + 2y)(3x^2 + y^2)^{4x + 2y - 1} + 4(3x^2 + y^2)^{4x + 2y}\ln(3x^2 + y^2),$$

$$\frac{\partial z}{\partial y} = \frac{\partial z}{\partial u} \cdot \frac{\partial u}{\partial y} + \frac{\partial z}{\partial v} \cdot \frac{\partial v}{\partial y} = vu^{v-1} \cdot 2y + u^v \ln u \cdot 2$$

$$= 2y(4x + 2y)(3x^2 + y^2)^{4x + 2y - 1} + 2(3x^2 + y^2)^{4x + 2y}\ln(3x^2 + y^2);$$

（3）$\dfrac{\partial u}{\partial x} = \mathrm{e}^{x^2 + y^2 + z^2} \cdot \left(2x + 2z\dfrac{\partial z}{\partial x}\right) = \mathrm{e}^{x^2 + y^2 + z^2} \cdot (2x + 4x^3 \sin^2 y)$，

$\dfrac{\partial u}{\partial y} = \mathrm{e}^{x^2 + y^2 + z^2} \cdot \left(2y + 2z\dfrac{\partial z}{\partial y}\right) = \mathrm{e}^{x^2 + y^2 + z^2} \cdot (2y + 2x^4 \sin y \cos y)$；

（4）$\dfrac{\partial z}{\partial x} = f(x + y, xy) + (x + y)(f'_1 + yf'_2)$，$\dfrac{\partial z}{\partial y} = f(x + y, xy) + (x + y)(f'_1 + xf'_2)$；

（5）$\dfrac{\partial z}{\partial x} = f'_1 \cdot \cos x + f'_3 \cdot \mathrm{e}^{x + y}$，$\dfrac{\partial z}{\partial y} = -f'_2 \cdot \sin y + f'_3 \cdot \mathrm{e}^{x + y}$。

2. 求下列函数指定的二阶偏导数,假设所有的函数均有二阶连续的偏导数:

(1) 设 $z=f(\mathrm{e}^x\sin y,x^2+y^2)$,求 $\dfrac{\partial^2 z}{\partial x\partial y}$;

(2) 设 $z=f(u,x,y),u=x\mathrm{e}^y$,求 $\dfrac{\partial^2 z}{\partial x\partial y}$;

(3) 设 $z=\dfrac{1}{x}f(xy)+yf(x+y)$,求 $\dfrac{\partial^2 z}{\partial x^2}$。

解 (1) $\dfrac{\partial z}{\partial x}=f_1'(\mathrm{e}^x\sin y,x^2+y^2)\mathrm{e}^x\sin y+2xf_2'(\mathrm{e}^x\sin y,x^2+y^2)$,

$$\dfrac{\partial^2 z}{\partial x\partial y}=\mathrm{e}^x\sin y(f_{11}''\mathrm{e}^x\cos y+2yf_{12}'')+\mathrm{e}^x\cos yf_1'+2x(f_{12}''\mathrm{e}^x\cos y+2yf_{22}'')$$
$$=f_{11}''\mathrm{e}^{2x}\sin y\cos y+2\mathrm{e}^x(y\sin y+x\cos y)f_{12}''+4xyf_{22}''+f_1'\mathrm{e}^x\cos y;$$

(2) $\dfrac{\partial z}{\partial x}=f_1'\cdot\mathrm{e}^y+f_2'$, $\quad\dfrac{\partial^2 z}{\partial x\partial y}=x\mathrm{e}^{2y}f_{11}''+\mathrm{e}^yf_{13}''+\mathrm{e}^yf_1'+x\mathrm{e}^yf_{21}''+f_{23}''$.

(3) $\dfrac{\partial z}{\partial x}=-\dfrac{1}{x^2}f(xy)+\dfrac{1}{x}f'(xy)y+yf'(x+y)$,

$$\dfrac{\partial^2 z}{\partial x^2}=\dfrac{\partial}{\partial x}\left(\dfrac{\partial z}{\partial x}\right)=\dfrac{2}{x^3}f(xy)-\dfrac{1}{x^2}f'(xy)y-\dfrac{y}{x^2}f'(xy)+\dfrac{y}{x}f''(xy)y+yf''(x+y)$$
$$=\dfrac{2}{x^3}f(xy)-\dfrac{2y}{x^2}f'(xy)+\dfrac{y^2}{x}f''(xy)+yf''(x+y)。$$

3. 验证函数 $u=x^kf\left(\dfrac{z}{y},\dfrac{y}{x}\right)$ 满足方程 $x\dfrac{\partial u}{\partial x}+y\dfrac{\partial u}{\partial y}+z\dfrac{\partial u}{\partial z}=ku$。

证明 $\dfrac{\partial u}{\partial x}=kx^{k-1}f+x^kf_2'\cdot\left(-\dfrac{y}{x^2}\right),\quad\dfrac{\partial u}{\partial y}=x^kf_1'\cdot\left(-\dfrac{z}{y^2}\right)+x^kf_2'\cdot\dfrac{1}{x},\dfrac{\partial u}{\partial z}=x^kf_1'\cdot\dfrac{1}{y}$,

$x\dfrac{\partial u}{\partial x}=kx^kf-x^{k-1}yf_2'$, $\quad y\dfrac{\partial u}{\partial y}=x^kf_1'\cdot\left(-\dfrac{z}{y}\right)+x^{k-1}yf_2'$, $\quad z\dfrac{\partial u}{\partial z}=x^kf_1'\cdot\dfrac{z}{y}$,

故 $$x\dfrac{\partial u}{\partial x}+y\dfrac{\partial u}{\partial y}+z\dfrac{\partial u}{\partial z}=kx^kf=ku。$$

习题 1.6

1. 求由下列方程确定的隐函数 $y(x)$ 的导数:

(1) 设 $x^2+2xy-y^2=a^2$,求 $\dfrac{\mathrm{d}y}{\mathrm{d}x}$;

(2) 设 $\ln\sqrt{x^2+y^2}-\arctan\dfrac{y}{x}=0$,求 $\dfrac{\mathrm{d}y}{\mathrm{d}x}$;

(3) 设 $x^y=y^x$,求 $\dfrac{\mathrm{d}y}{\mathrm{d}x}$。

解 (1) 设 $F(x,y)=x^2+2xy-y^2-a^2$,则 $F_x=2x+2y,F_y=2x-2y$,从而 $\dfrac{\mathrm{d}y}{\mathrm{d}x}=-\dfrac{F_x}{F_y}=\dfrac{x+y}{y-x}$;

(2) $F(x,y)=\ln\sqrt{x^2+y^2}-\arctan\dfrac{y}{x}=\dfrac{1}{2}\ln(x^2+y^2)-\arctan\dfrac{y}{x}$,则

$$F_x(x,y)=\dfrac{x+y}{x^2+y^2},\quad F_y(x,y)=\dfrac{y-x}{x^2+y^2},$$
$$\dfrac{\mathrm{d}y}{\mathrm{d}x}=-\dfrac{F_x}{F_y}=-\dfrac{x+y}{y-x}。$$

(3) 设 $F(x,y)=x^y-y^x$,则 $F_x=yx^{y-1}-y^x\ln y,F_y=x^y\ln x-xy^{x-1}$,从而

$$\dfrac{\mathrm{d}y}{\mathrm{d}x}=-\dfrac{F_x}{F_y}=-\dfrac{yx^{y-1}-y^x\ln y}{x^y\ln x-xy^{x-1}}。$$

2. 求由下列方程确定的隐函数的偏导数：

(1) 设 $\dfrac{x^2}{a^2}+\dfrac{y^2}{b^2}+\dfrac{z^2}{c^2}=1$，求 $\dfrac{\partial z}{\partial x},\dfrac{\partial z}{\partial y}$；

(2) 设 $\cos^2 x+\cos^2 y+\cos^2 z=1$，求 $\dfrac{\partial z}{\partial x},\dfrac{\partial z}{\partial y}$；

(3) 设 $\dfrac{x}{z}=\ln\dfrac{z}{y}$，求 $\dfrac{\partial z}{\partial x},\dfrac{\partial z}{\partial y}$；

(4) 设 $x^2+y^2+z^2-4z=0$，求 $\dfrac{\partial z}{\partial x},\dfrac{\partial^2 z}{\partial x^2}$；

(5) 设 $x+y+z=\mathrm{e}^z$，求 $\dfrac{\partial^2 z}{\partial x^2},\dfrac{\partial^2 z}{\partial y^2},\dfrac{\partial^2 z}{\partial x\partial y}$。

解 (1) 设 $F(x,y,z)=\dfrac{x^2}{a^2}+\dfrac{y^2}{b^2}+\dfrac{z^2}{c^2}-1$，则 $F_x=\dfrac{2x}{a^2},F_y=\dfrac{2y}{b^2},F_z=\dfrac{2z}{c^2}$，从而

$$\frac{\partial z}{\partial x}=-\frac{F_x}{F_z}=-\frac{c^2 x}{a^2 z},\qquad \frac{\partial z}{\partial y}=-\frac{F_y}{F_z}=-\frac{c^2 y}{b^2 z}。$$

(2) 设 $F(x,y,z)=\cos^2 x+\cos^2 y+\cos^2 z-1$，则 $F_x=-2\cos x\sin x=-\sin 2x,F_y=-\sin 2y,F_z=-\sin 2z$，从而

$$\frac{\partial z}{\partial x}=-\frac{F_x}{F_z}=-\frac{\sin 2x}{\sin 2z},\qquad \frac{\partial z}{\partial y}=-\frac{F_y}{F_z}=-\frac{\sin 2y}{\sin 2z}。$$

(3) 设 $F(x,y,z)=\dfrac{x}{z}-\ln\dfrac{z}{y}$，则 $F(x,y,z)=0$，且

$$\frac{\partial F}{\partial x}=\frac{1}{z},\qquad \frac{\partial F}{\partial y}=-\frac{y}{z}\left(-\frac{z}{y^2}\right)=\frac{1}{y},\qquad \frac{\partial F}{\partial z}=-\frac{x}{z^2}-\frac{y}{z}\cdot\frac{1}{y}=-\frac{x+z}{z^2}.$$

利用隐函数求导公式，得 $\dfrac{\partial z}{\partial x}=-\dfrac{F_x}{F_z}=\dfrac{z}{x+z},\dfrac{\partial z}{\partial y}=-\dfrac{F_y}{F_z}=\dfrac{z^2}{y(x+z)}$。

(4) 令 $F(x,y,z)=x^2+y^2+z^2-4z$，则 $F_x=2x,F_z=2z-4,\dfrac{\partial z}{\partial x}=-\dfrac{F_x}{F_z}=\dfrac{x}{2-z}$，

$$\frac{\partial^2 z}{\partial x^2}=\frac{(2-z)+x\dfrac{\partial z}{\partial x}}{(2-z)^2}=\frac{(2-z)+x\cdot\dfrac{x}{2-z}}{(2-z)^2}=\frac{(2-z)^2+x^2}{(2-z)^3}。$$

(5) 令 $F(x,y,z)=x+y+z-\mathrm{e}^z$，则 $F_x=1,F_y=1,F_z=1-\mathrm{e}^z$，

$$\frac{\partial z}{\partial x}=-\frac{F_x}{F_z}=-\frac{1}{1-\mathrm{e}^z},\qquad \frac{\partial z}{\partial y}=-\frac{F_y}{F_z}=-\frac{1}{1-\mathrm{e}^z}$$

$$\frac{\partial^2 z}{\partial x^2}=-\frac{\mathrm{e}^z\cdot\dfrac{\partial z}{\partial x}}{(1-\mathrm{e}^z)^2}=\frac{\mathrm{e}^z}{(1-\mathrm{e}^z)^3},\qquad \frac{\partial^2 z}{\partial x\partial y}=-\frac{\mathrm{e}^z\cdot\dfrac{\partial z}{\partial y}}{(1-\mathrm{e}^z)^2}=\frac{\mathrm{e}^z}{(1-\mathrm{e}^z)^3},\qquad \frac{\partial^2 z}{\partial y^2}=-\frac{\mathrm{e}^z\cdot\dfrac{\partial z}{\partial y}}{(1-\mathrm{e}^z)^2}=\frac{\mathrm{e}^z}{(1-\mathrm{e}^z)^3}。$$

3. 设 $F(x-y,y-z,z-x)=0$，求 $\dfrac{\partial z}{\partial x},\dfrac{\partial z}{\partial y}$，其中 F 具有连续偏导数。

解 $\dfrac{\partial z}{\partial x}=-\dfrac{F_x}{F_z}=-\dfrac{F_1'-F_3'}{-F_2'+F_3'},\qquad \dfrac{\partial z}{\partial y}=-\dfrac{F_y}{F_z}=-\dfrac{-F_1'+F_2'}{-F_2'+F_3'}=\dfrac{F_1'-F_2'}{-F_2'+F_3'}$。

提高题

1. 设 $u=\sin(xy+3z)$，其中 $z=z(x,y)$ 由方程 $yz^2-xz^3=1$ 确定，求 $\dfrac{\partial u}{\partial x}$。

解 方程 $yz^2-xz^3=1$ 两边对 x 求导，得 $2yz\dfrac{\partial z}{\partial x}-z^3-3xz^2\dfrac{\partial z}{\partial x}=0$，从而解得 $\dfrac{\partial z}{\partial x}=\dfrac{z^3}{2yz-3xz^2}$，故

$$\frac{\partial u}{\partial x}=\frac{\partial f}{\partial x}+\frac{\partial f}{\partial z}\frac{\partial z}{\partial x}=y\cos(xy+3z)+3\cos(xy+3z)\frac{z^3}{2yz-3xz^2}=\cos(xy+3z)\left(y+\frac{3z^3}{2yz-3xz^2}\right)。$$

2. 设 $z=z(x,y)$ 由 $z+\ln z-\int_y^x e^{-t^2}dt=0$ 确定，求 $\frac{\partial^2 z}{\partial x\partial y}$。

解 令 $F(x,y,z)=z+\ln z-\int_y^x e^{-t^2}dt$，则 $F_x=-e^{-x^2}$，$F_y=e^{-y^2}$，$F_z=1+\frac{1}{z}$，于是

$$\frac{\partial z}{\partial x}=-\frac{F_x}{F_z}=-\frac{-e^{-x^2}}{1+\frac{1}{z}}=\frac{ze^{-x^2}}{z+1},\qquad \frac{\partial z}{\partial y}=-\frac{F_y}{F_z}=-\frac{e^{-y^2}}{1+\frac{1}{z}}=-\frac{ze^{-y^2}}{z+1},$$

$$\frac{\partial^2 z}{\partial x\partial y}=-\left(\frac{ze^{-x^2}}{z+1}\right)'_y=-\frac{e^{-x^2}\left(\frac{\partial z}{\partial y}(z+1)-z\frac{\partial z}{\partial y}\right)}{(z+1)^2}=-\frac{ze^{-(x^2+y^2)}}{(z+1)^3}。$$

3. 设 $z=z(x,y)$ 是由方程 $F\left(\frac{z}{y},\frac{z}{x}\right)=0$ 所确定的隐函数，且 $F_1'=F_2'\neq 0$，证明：

$$(x+y)(z_x+z_y)=\left(\frac{y}{x}+\frac{x}{y}\right)z。$$

证明 $F_x=F_2'\cdot\left(-\frac{z}{x^2}\right)$，$F_y=F_1'\cdot\left(-\frac{z}{y^2}\right)$，$F_z=F_1'\cdot\frac{1}{y}+F_2'\cdot\frac{1}{x}$；

$$\frac{\partial z}{\partial x}=-\frac{F_x}{F_z}=\frac{\frac{z}{x^2}F_2'}{\frac{F_1'}{y}+\frac{F_2'}{x}},\qquad \frac{\partial z}{\partial y}=-\frac{F_y}{F_z}=\frac{\frac{z}{y^2}F_2'}{\frac{F_1'}{y}+\frac{F_2'}{x}},$$

$$(x+y)\left(\frac{\partial z}{\partial x}+\frac{\partial z}{\partial y}\right)=(x+y)\frac{\frac{z}{x^2}F_2'+\frac{z}{y^2}F_2'}{\frac{F_1'}{y}+\frac{F_2'}{x}}\quad (因为\ F_1'=F_2')$$

$$=(x+y)\frac{\frac{z}{x^2}F_2'+\frac{z}{y^2}F_2'}{\frac{F_2'}{y}+\frac{F_2'}{x}}=(x+y)\frac{\frac{z}{x^2}+\frac{z}{y^2}}{\frac{1}{y}+\frac{1}{x}}=\left(\frac{x}{y}+\frac{y}{x}\right)z。$$

4. 设 $\begin{cases}u^2+v^2-x^2-y=0,\\-u+v-xy+1=0,\end{cases}$ 求 $\frac{\partial x}{\partial u},\frac{\partial y}{\partial u}$。

【分析】 方程组 $\begin{cases}F(x,y,u,v)=0,\\G(x,y,u,v)=0\end{cases}$ 确定了 $x=x(u,v)$，$y=y(u,v)$，求 $\frac{\partial x}{\partial u},\frac{\partial y}{\partial u}$，只需对 $\begin{cases}F(x,y,u,v)=0,\\G(x,y,u,v)=0\end{cases}$ 两端关于 u 求导，把 x,y 都看成 u,v 的函数，对 u 求偏导，v 当常数。

解 方程组两边对 u 求导，得

$$\begin{cases}2u-2x\dfrac{\partial x}{\partial u}-\dfrac{\partial y}{\partial u}=0,\\[2mm]-1-y\dfrac{\partial x}{\partial u}-x\dfrac{\partial y}{\partial u}=0,\end{cases}$$

解方程组得

$$\begin{cases}\dfrac{\partial x}{\partial u}=\dfrac{2ux+1}{2x^2-y},\\[3mm]\dfrac{\partial y}{\partial u}=-\dfrac{2x+2yu}{2x^2-y}。\end{cases}$$

习题 1.7

1. 求下列函数的极值:

(1) $z = x^2 + (y-1)^2$;

(2) $z = -x^2 + xy - y^2 + 2x - y$;

(3) $z = x^3 - y^3 + 3x^2 + 3y^2 - 9x$;

(4) $z = xy + \dfrac{50}{x} + \dfrac{20}{y}$ ($x > 0, y > 0$)。

解 (1) 令 $\begin{cases} z_x = 2x = 0, \\ z_y = 2(y-1) = 0, \end{cases}$ 解得驻点为 $(0,1)$。而 $z_{xx} = 2, z_{xy} = 0, z_{yy} = 2,$ 故

$A = z_{xx}(0,1) = 2 > 0$, $B = z_{xy}(0,1) = 0$, $C = z_{yy}(0,1) = 2$, $AC - B^2 = 4 > 0$,

故函数的极小值为 $z(0,1) = 0$。

(2) 令 $\begin{cases} z_x = -2x + y + 2 = 0, \\ z_y = x - 2y - 1 = 0, \end{cases}$ 解得驻点为 $(1,0)$。

$A = z_{xx}(1,0) = -2 < 0$, $B = z_{xy}(1,0) = 1$, $C = z_{yy}(1,0) = -2$,

$AC - B^2 = 3 > 0$, 故函数有极大值,为 $z(1,0) = 1$。

(3) 令 $\begin{cases} z_x = 3x^2 + 6x - 9 = 0, \\ z_y = -3y^2 + 6y = 0, \end{cases}$ 解方程组解得驻点为 $(1,0),(1,2)(-3,0),(-3,2)$。

再求出二阶偏导数 $z_{xx}(x,y) = 6x + 6, z_{xy}(x,y) = 0, z_{yy}(x,y) = -6y + 6$。

在点 $(1,0)$ 处,$AC - B^2 = 12 \times 6 > 0$,而 $A > 0$,故函数在该点处有极小值 $z(1,0) = -5$;

在点 $(1,2)$ 和 $(-3,0)$ 处,$AC - B^2 = -12 \times 6 < 0$,故函数在这两点处没有极值;

在点 $(-3,2)$ 处,$AC - B^2 = -12 \times (-6) > 0$,而 $A < 0$,故函数在该点处有极大值 $z(-3,2) = 31$。

(4) 令 $\begin{cases} z_x = y - \dfrac{50}{x^2} = 0, \\ z_y = x - \dfrac{20}{y^2} = 0, \end{cases}$ 解得 $x = 5, y = 2$。又 $z_{xx} = \dfrac{100}{x^3}, z_{xy} = 1, z_{yy} = \dfrac{40}{y^3}$,故在 $(5,2)$ 处,$A = \dfrac{4}{5} > 0$,

$B = 1, C = 5$,于是 $AC - B^2 = 3 > 0$,故函数 $z = xy + \dfrac{50}{x} + \dfrac{20}{y}$ $(x > 0, y > 0)$ 在 $(5,2)$ 处取得极小值 $z(5,2) = 30$。

2. 制作一个容积为 V 的无盖圆柱形容器,容器的高和底半径各为多少时,所用材料最省?

解 设容器的高为 h,底半径为 r,则体积 $V = \pi r^2 h$,所用材料的面积 $A = \pi r^2 + 2\pi r h = \pi r^2 + 2\dfrac{V}{r}$。

令 $A' = 2\pi r - 2\dfrac{V}{r^2} = 0$,得 $r = \sqrt[3]{\dfrac{V}{\pi}}$。又 $A'' = 2\pi + 4\dfrac{V}{r^3} > 0$,$r = \sqrt[3]{\dfrac{V}{\pi}}$ 为 A 的唯一极小值点,因此为最

小值点,$r = \sqrt[3]{\dfrac{V}{\pi}}$ 时 A 取得最小值,此时 $h = r = \sqrt[3]{\dfrac{V}{\pi}}$,当高和底半径相等时,所用材料最少。

3. 某工厂生产两种产品 A 与 B,出售单价分别为 10 元与 9 元,生产 x 单位的产品 A 与生产 y 单位的产品 B 的总费用是 $400 + 2x + 3y + 0.01(3x^2 + xy + 3y^2)$ 元,求取得最大利润时,两种产品的产量各是多少?

解 利润函数为 $f(x,y) = 10x + 9y - (400 + 2x + 3y + 0.01(3x^2 + xy + 3y^2))$ 取极值的条件为:

$$\begin{cases} \dfrac{\partial f}{\partial x} = 10 - 2 - 0.06x - 0.01y = 0, \\ \dfrac{\partial f}{\partial y} = 9 - 3 - 0.01x - 0.06y = 0, \end{cases} \quad \text{驻点为} (120, 80),$$

根据问题本身的意义及驻点的唯一性即知,生产 120 单位产品 A,80 单位产品 B 时取得最大利润。

4. 设销售收入 R 万元与花费在两种广告宣传的费用 x 万元和 y 万元之间的关系为

$$R = \dfrac{200x}{x+5} + \dfrac{100y}{10+y}$$

利润额相当于五分之一的销售收入，并要扣除广告费用. 已知广告费用总预算金是 25 万元，试问：如何分配两种广告费用能使利润最大？

解　设利润为 z 有 $z=\dfrac{1}{5}R-x-y=\dfrac{40x}{x+5}+\dfrac{20y}{10+y}-x-y$。限制条件为 $x+y=25$。这是条件极值问题。令

$$L(x,y,\lambda)=\dfrac{40x}{x+5}+\dfrac{20y}{10+y}-x-y+\lambda(x+y-25),$$

从

$$L_x=\dfrac{200}{(5+x)^2}-1+\lambda=0,\quad L_y=\dfrac{200}{(10+y)^2}-1+\lambda=0,$$

得 $(5+x)^2=(10+y)^2$。

又 $y=25-x$，解得 $x=15,y=10$。根据问题本身的意义及驻点的唯一性即知，当投入两种广告的费用分别为 15 万元和 10 万元时，可使利润最大。

注　本题可化为无条件极限，$y=25-x(0<x<25)$。

5. 求函数 $z=xy$ 在适合附加条件 $x+y=1$ 下的极值。

解　**解法一**　令 $F(x,y)=xy+\lambda(x+y-1)$，得驻点 $\left(\dfrac{1}{2},\dfrac{1}{2}\right)$，由于极大值一定存在，且驻点唯一，故函数有最大值 $z\left(\dfrac{1}{2},\dfrac{1}{2}\right)=\dfrac{1}{4}$。

解法二　$x+y=1$，则 $y=1-x$ 代入 $z=xy$ 中得 $z=x(1-x)$。

由 $z'=1-2x=0$ 得驻点 $x=\dfrac{1}{2}$。又 $z''=-2<0$，故取极大值。

当 $x=\dfrac{1}{2},y=\dfrac{1}{2}$ 时，$z=xy$ 在条件 $x+y=1$ 下取得极大值 $\dfrac{1}{4}$。

注　本题可化为无条件极值，$y=1-x(0\leqslant x\leqslant 1)$。

6. 分解已知正数 a 为三个正数之和，而使它们的倒数之和为最小。

解　**解法一**　设分成的三个正数为 $x,y,a-x-y$，则倒数之和 $z=\dfrac{1}{x}+\dfrac{1}{y}+\dfrac{1}{a-x-y}$。令

$$\begin{cases}z_x=-\dfrac{1}{x^2}+\dfrac{1}{(a-x-y)^2}=0,\\[2mm]z_y=-\dfrac{1}{y^2}+\dfrac{1}{(a-x-y)^2}=0,\end{cases}$$

得 $x=y=\dfrac{a}{3}$，即当分成的三个数相等时倒数之和最小。

解法二　拉格朗日乘子法　令 $L=\dfrac{1}{x}+\dfrac{1}{y}+\dfrac{1}{z}+\lambda(x+y+z-a)$，则

$$\begin{cases}L_x=-\dfrac{1}{x^2}+\lambda=0,\\[2mm]L_y=-\dfrac{1}{y^2}+\lambda=0,\\[2mm]L_z=-\dfrac{1}{z^2}+\lambda=0,\\[2mm]x+y+z-a=0,\end{cases}$$

得唯一条件驻点 $x=y=z=\dfrac{a}{3}$，因为倒数最小和存在，所以在 $x+y+z=a$ 条件下，当 $x=y=z=\dfrac{a}{3}$ 时，

$\dfrac{1}{x}+\dfrac{1}{y}+\dfrac{1}{z}$ 取得最小值 $\dfrac{9}{a}$。

7. 从斜边之长为 l 的一切直角三角形中，求有最大周长的直角三角形。

解 设直角三角形的两直角边分别为 x 和 y，则周长 $p=l+x+y$，但满足条件：$x^2+y^2=l^2,0<x<l,0<y<l$。

令 $F(x,y)=l+x+y+\lambda(x^2+y^2-l^2)$，则 $F_x=1+2\lambda x,F_y=1+2\lambda y$。由 $F_x=0,F_y=0$。可得 $x=-\dfrac{1}{2\lambda},y=-\dfrac{1}{2\lambda}$，进而 $\lambda^2=\dfrac{1}{2l^2}$，所以 $\lambda=\pm\dfrac{1}{\sqrt{2}l}$，但只能取 $\lambda=-\dfrac{1}{\sqrt{2}l}$，从而得唯一驻点 $\left(\dfrac{l}{\sqrt{2}},\dfrac{l}{\sqrt{2}}\right)$。由实际问题最大周长存在，且驻点唯一，故 $x=\dfrac{l}{\sqrt{2}},y=\dfrac{l}{\sqrt{2}}$，即为等腰直角三角形时有最大周长。

提高题

1. 证明函数 $z=(1+e^y)\cos x-ye^y$ 有无穷多个极大值而无一极小值。

解
$$\begin{cases}\dfrac{\partial z}{\partial x}=-(1+e^y)\sin x=0,\\ \dfrac{\partial z}{\partial y}=e^y\cos x-e^y-ye^y=0,\end{cases}$$

得驻点 $(2k\pi,0)((2k+1)\pi,-2)$，其中 k 为整数。

$$\dfrac{\partial^2 z}{\partial x^2}=-(1+e^y)\cos x,\quad \dfrac{\partial^2 z}{\partial x\partial y}=-e^y\sin x,\quad \dfrac{\partial^2 z}{\partial y^2}=e^y(\cos x-2-y).$$

在 $(2k\pi,0)$ 处，$A=-2<0,B=0,C=-1,AC-B^2=2>0$，故函数在 $(2k\pi,0)$ 处取得极大值。

在 $((2k+1)\pi,-2)$ 处，$A=1+e^{-2}>0,B=0,C=-e^{-2},AC-B^2=-e^{-2}(1+e^{-2})<0$，故函数在 $((2k+1)\pi,-2)$ 处不取得极值。

所以函数有无穷多极大值而没有极小值。

2. 求内接于半径为 a 的球且有最大体积的长方体。

解 以球心为坐标原点建立空间直角坐标系。设长方体在第一卦限的顶点坐标为 (x,y,z)，则 $x^2+y^2+z^2=a^2$，于是

$$V=xyz=xy\sqrt{a^2-x^2-y^2},$$
$$V_x=y\sqrt{a^2-x^2-y^2}+xy\dfrac{-x}{\sqrt{a^2-x^2-y^2}}=0,$$
$$V_y=x\sqrt{a^2-x^2-y^2}+xy\dfrac{-y}{\sqrt{a^2-x^2-y^2}}=0,$$

解联立方程得唯一驻点 $\left(\dfrac{a}{\sqrt{3}},\dfrac{a}{\sqrt{3}}\right)$，此时 $z=\dfrac{a}{\sqrt{3}}$，即边长均为 $\dfrac{2a}{\sqrt{3}}$ 的立方体体积最大。

3. 求函数 $z=x^3+y^3-3xy$ 在 $x^2+y^2\leq 4$ 上的最大值、最小值。

解 ① 求 $z=x^3+y^3-3xy$ 在 $x^2+y^2<4$ 内的驻点。

由 $\begin{cases}z_x=3x^2-3y=0,\\ z_y=3y^2-3x=0,\end{cases}$ 得 $\begin{cases}y=x^2,\\ x=y^2,\end{cases}$ 在 $x^2+y^2<4$ 内的驻点：$(0,0)$、$(1,1)$。

② $z=x^3+y^3-3xy$ 在 $x^2+y^2=4$ 上的条件驻点：

$$F=x^3+y^3-3xy+\lambda(x^2+y^2-4),\quad \begin{cases}F_x=3x^2-3y+2\lambda x=0,\\ F_y=3y^2-3x+2\lambda y=0,\\ x^2+y^2=4.\end{cases}$$

为了解上面方程组，令 $x=2\cos\theta,y=2\sin\theta$，得

$$\begin{cases} \sin\theta = \cos\theta, & (1) \\ \sin\theta + \cos\theta = \dfrac{-1\pm\sqrt{5}}{2}. & (2) \end{cases}$$

$$\sin\theta \cdot \cos\theta = -\frac{1}{2}(\sin\theta + \cos\theta) = -\frac{-1\pm\sqrt{5}}{4}. \qquad (3)$$

由(1)得 $x=y=\pm\sqrt{2}$；$(\pm\sqrt{2},\pm\sqrt{2})$ 为条件驻点；

由(2)得 x,y 比较复杂，我们直接对(2)(3)条件求函数的值。

③ 计算所得的驻点及条件驻点的函数值：

$$f(0,0)=0, \quad f(1,1)=-1, \quad f(\sqrt{2},\sqrt{2})=4\sqrt{2}-6, f(-\sqrt{2},-\sqrt{2})=-4\sqrt{2}-6,$$

$$\sin\theta + \cos\theta = \frac{-1\pm\sqrt{5}}{2}, \quad \sin\theta \cdot \cos\theta = -\frac{1}{2}(\sin\theta + \cos\theta).$$

$$\begin{aligned} f &= x^3 + y^3 - 3xy = 8(\sin^3\theta + \cos^3\theta) - 3\times 4\sin\theta\cos\theta \\ &= 8(\sin\theta + \cos\theta)(\sin^2\theta + \cos^2\theta - \sin\theta\cos\theta) + 6(\sin\theta + \cos\theta) \\ &= 8(\sin\theta + \cos\theta)\left(1 + \frac{1}{2}(\sin\theta + \cos\theta)\right) + 6(\sin\theta + \cos\theta) \\ &= 14(\sin\theta + \cos\theta) + 4(\sin\theta + \cos\theta)^2. \end{aligned}$$

当 $\sin\theta + \cos\theta = \dfrac{-1+\sqrt{5}}{2}$ 时，$f=-1+5\sqrt{5}$；当 $\sin\theta + \cos\theta = \dfrac{-1-\sqrt{5}}{2}$ 时，$f=-1-5\sqrt{5}$。故 $f_{\max}=-1+5\sqrt{5}$，$f_{\min}=-1-5\sqrt{5}$。

注 条件极值未必是无条件极值。

复习题 1

1. 填空题

(1) 函数 $u=\arccos\dfrac{z}{\sqrt{x^2+y^2}}$ 的定义域为_____。

(2) $\lim\limits_{(x,y)\to(1,0)}\dfrac{\ln(x+e^y)}{\sqrt{x^2+y^2}}=$_____。

(3) 设 $f(x,y)=(y-2)\sin x\cdot\ln(y+e^{x^2})+x^2$，则 $f_x(1,2)=$_____。

(4) 设 $z=\arctan\dfrac{x+y}{x-y}$，则 $dz=$_____。

(5) $f(x,y)$ 在点 (x,y) 可微分是 $f(x,y)$ 在该点连续的_____条件，$f(x,y)$ 在点 (x,y) 连续是 $f(x,y)$ 在该点可微分的_____条件。

(6) $z=f(x,y)$ 的两个二阶混合偏导数 $\dfrac{\partial^2 z}{\partial x\partial y}$ 及 $\dfrac{\partial^2 z}{\partial y\partial x}$ 在区域 D 内连续是这两个二阶混合偏导数相等的_____条件。

(7) 函数 $z=f(x,y)$ 在点 (x,y) 的偏导数 $\dfrac{\partial z}{\partial x}$ 及 $\dfrac{\partial z}{\partial y}$ 存在是 $f(x,y)$ 在该点可微分的_____条件。

(8) 设函数 $f(x,y)=\begin{cases} \dfrac{x^3y}{x^6+y^2}, & (x,y)\neq(0,0) \\ 0, & (x,y)=(0,0), \end{cases}$ 则它在点 $(0,0)$ 处的极限_____。

解 (1) $\{(x,y,z)\mid z^2\leqslant x^2+y^2, x^2+y^2\neq 0\}$；

(2) $\ln 2$；

(3) $f(x,2)=x^2, f_x(x,2)=2x, f_x(1,2)=2$；

(4) $\dfrac{1}{x^2+y^2}(-y\,\mathrm{d}x+x\,\mathrm{d}y)$;

(5) 充分,必要;

(6) 充分;

(7) 必要;

(8) 不存在。

2. 求下列各函数的极限:

(1) $\lim\limits_{\substack{x\to\infty\\y\to\infty}}\left(1-\dfrac{2}{x^2+y^2}\right)^{2(x^2+y^2)}$;　　　　(2) $\lim\limits_{\substack{x\to\infty\\y\to\infty}}\dfrac{x+y}{x^2+y^2}$。

解　(1) $\lim\limits_{\substack{x\to\infty\\y\to\infty}}\left(1-\dfrac{2}{x^2+y^2}\right)^{2(x^2+y^2)}=\lim\limits_{\substack{x\to\infty\\y\to\infty}}\left(\left(1-\dfrac{2}{x^2+y^2}\right)^{\frac{x^2+y^2}{2}}\right)^4=\mathrm{e}^{-4}$。

(2) $\lim\limits_{\substack{x\to\infty\\y\to\infty}}\dfrac{x+y}{x^2+y^2}=\lim\limits_{\substack{x\to\infty\\y\to\infty}}\dfrac{x}{x^2+y^2}+\lim\limits_{\substack{x\to\infty\\y\to\infty}}\dfrac{y}{x^2+y^2}=0$。

3. 讨论函数 $f(x,y)=\begin{cases}\dfrac{xy^2}{x^2+y^4},&x^2+y^2\neq0\\0,&x^2+y^2=0\end{cases}$ 的连续性。

解　令 $x=ky^2$,则 $\lim\limits_{\substack{x\to0\\y\to0}}\dfrac{xy^2}{x^2+y^4}=\lim\limits_{y\to0}\dfrac{ky^4}{y^4+k^2y^4}=\dfrac{k}{1+k^2}$,该函数的极限值和 k 有关,极限不存在,从而不连续。

4. 计算下列各题:

(1) 设 $z=\ln(x+y^2)$,求 $\dfrac{\partial^2 z}{\partial x^2},\dfrac{\partial^2 z}{\partial x\partial y}$;

(2) 设 $u=\mathrm{e}^{xyz}$,求 $\dfrac{\partial^3 u}{\partial x\partial y\partial z}$;

(3) 设 $z=\arctan\left(\dfrac{x}{1+y^2}\right)$,求 $\mathrm{d}z|_{(1,1)}$;

(4) 设 $z=uv^2+t\cos u,u=\mathrm{e}^t,v=\ln t$,求 $\dfrac{\mathrm{d}z}{\mathrm{d}t}$;

(5) 已知 $f(x+y,x-y)=x^2-y^2$,求 $\dfrac{\partial f(x,y)}{\partial x}+\dfrac{\partial f(x,y)}{\partial y}$。

解　(1) $\dfrac{\partial z}{\partial x}=\dfrac{1}{x+y^2}$,　$\dfrac{\partial^2 z}{\partial x^2}=-\dfrac{1}{(x+y^2)^2}$,　$\dfrac{\partial^2 z}{\partial x\partial y}=\dfrac{-2y}{(x+y^2)^2}$。

(2) $\dfrac{\partial u}{\partial x}=yz\mathrm{e}^{xyz}$,　$\dfrac{\partial^2 u}{\partial x\partial y}=z\dfrac{\partial}{\partial y}(y\mathrm{e}^{xyz})=z(\mathrm{e}^{xyz}+xyz\mathrm{e}^{xyz})=z(1+xyz)\mathrm{e}^{xyz}$,

$\dfrac{\partial^3 u}{\partial x\partial u\partial z}=(1+xyz)\mathrm{e}^{xyz}+zxy\mathrm{e}^{xyz}+z(1+xyz)\mathrm{e}^{xyz}xy=(1+3xyz+x^2y^2z^2)\mathrm{e}^{xyz}$。

(3) $\dfrac{\partial z}{\partial x}=\dfrac{1}{1+\left(\frac{x}{1+y^2}\right)^2}\cdot\dfrac{1}{1+y^2}$, $\dfrac{\partial z}{\partial x}\Big|_{\substack{x=1\\y=1}}=\dfrac{2}{5}$,　$\dfrac{\partial z}{\partial y}=\dfrac{1}{1+\left(\frac{x}{1+y^2}\right)^2}\cdot\dfrac{-x\cdot2y}{(1+y^2)^2}$, $\dfrac{\partial z}{\partial y}\Big|_{\substack{x=1\\y=1}}=-\dfrac{2}{5}$,

$\mathrm{d}z|_{(1,1)}=\dfrac{2}{5}\mathrm{d}x-\dfrac{2}{5}\mathrm{d}y$。

(4) $\dfrac{\mathrm{d}z}{\mathrm{d}t}=\dfrac{\partial z}{\partial u}\dfrac{\mathrm{d}u}{\mathrm{d}t}+\dfrac{\partial z}{\partial v}\dfrac{\mathrm{d}v}{\mathrm{d}t}+\dfrac{\partial z}{\partial t}=(v^2-t\sin u)\mathrm{e}^t+\dfrac{2uv}{t}+\cos u$。

(5) 令 $u=x+y,v=x-y$,则 $f(u,v)=uv,\dfrac{\partial f}{\partial u}=v,\dfrac{\partial f}{\partial v}=u,\dfrac{\partial f}{\partial u}+\dfrac{\partial f}{\partial v}=u+v$,从而 $\dfrac{\partial f}{\partial x}+\dfrac{\partial f}{\partial y}=x+y$。

5. 设 $z=f(x,y)$ 是由方程 $e^z-z+xy^3=0$ 确定的隐函数，求 $\dfrac{\partial z}{\partial x},\dfrac{\partial z}{\partial y},\dfrac{\partial^2 z}{\partial x \partial y}$。

解 设 $F(x,y,z)=e^z-z+xy^3$，则

$$\frac{\partial z}{\partial x}=-\frac{F_x}{F_z}=-\frac{y^3}{e^z-1},\qquad \frac{\partial z}{\partial y}=-\frac{F_y}{F_z}=-\frac{3xy^2}{e^z-1},$$

$$\frac{\partial^2 z}{\partial x \partial y}=\frac{\partial}{\partial y}\left(\frac{\partial z}{\partial x}\right)=\frac{\partial}{\partial y}\left(-\frac{y^3}{e^z-1}\right)=-\frac{3y^2(e^z-1)-y^3\cdot e^z\cdot \dfrac{\partial z}{\partial y}}{(e^z-1)^2}$$

$$=-\frac{3y^2\left[(e^z-1)^2+xy^3 e^z\right]}{(e^z-1)^3}。$$

6. 某公司通过报纸和电视传媒做某种产品的促销广告，根据统计资料，销售收入 R 与报纸广告费 x 及电视广告费 y（单位：万元）之间的关系有如下经验公式：$R=15+13x+31y-8xy-2x^2-10y^2$，在限定广告费为 1.5 万元的情况下，求相应的最优广告策略。

解 利润为

$$f(x,y,z)=15+13x+31y-8xy-2x^2-10y^2-x-y$$
$$=15+12x+30y-8xy-2x^2-10y^2。$$

作辅助函数：$L(x,y,z)=15+12x+30y-8xy-2x^2-10y^2+\lambda(x+y-1.5)$。

令 $\begin{cases}L_x=12-8y-4x+\lambda=0,\\ L_y=30-8x-20y+\lambda=0,\\ L_\lambda=x+y-1.5=0,\end{cases}$

得 $\begin{cases}2x+6y=9,\\ x+y=1.5,\end{cases}$ 解得唯一解 $x=0,y=1.5$。又由题意，存在最优策略，所以将 1.5 万全部投到电视广告的方案最好。

7. 设 $z=f(e^x\sin y,x^2+y^2)$，其中 f 具有二阶连续偏导数，求 $\dfrac{\partial^2 z}{\partial x \partial y}$。

解 $\dfrac{\partial z}{\partial x}=f_1'(e^x\sin y,x^2+y^2)e^x\sin y+2xf_2'(e^x\sin y,x^2+y^2)$，

$$\frac{\partial^2 z}{\partial x \partial y}=e^x\sin y(f_{11}''e^x\cos y+2yf_{12}'')+e^x\cos yf_1'+2x(f_{12}''e^x\cos y+2yf_{22}'')$$
$$=f_{11}''e^{2x}\sin x\cos x+2e^x(y\sin y+x\cos y)f_{12}''+4xyf_{22}''+f_1'e^x\cos y。$$

自测题 1 答案

1. **答** (1) ×，(2) ×，(3) ×，(4) ×。

2. **答** (1) $\{(x,y)\mid 1<x^2+y^2<4\}$；

(2) 4；

(3) $z_x=yx^{y-1},z_y=x^y\ln x,z_x(1,0)=0,z_y(1,0)=0,dz=yx^{y-1}dx+x^y\ln x dy$；

(4) 连续；

(5) 充分。

3. **解** 无穷小与有界函数的乘积为无穷小。

(1) $\lim\limits_{\substack{x\to 0\\y\to 0}}(\sqrt[3]{x}+y)\sin\dfrac{1}{x}\cos\dfrac{1}{y}=0$， (2) $\lim\limits_{\substack{x\to 0\\y\to 0}}e^{\frac{1}{x^2+y^2}}\sin(e^{\frac{-1}{x^2+y^2}})=1$。

4. **解** (1) $\dfrac{\partial u}{\partial x}=y^2z^3e^{xy^2z^3},\dfrac{\partial u}{\partial y}=2xyz^3e^{xy^2z^3},\dfrac{\partial u}{\partial z}=3xy^2z^2e^{xy^2z^3}$。

(2) $\dfrac{\partial z}{\partial x}=\dfrac{1}{\sqrt{1-\dfrac{x^2}{x^2+y^2}}}\dfrac{\sqrt{x^2+y^2}-x\dfrac{x}{\sqrt{x^2+y^2}}}{x^2+y^2}=\dfrac{|y|}{x^2+y^2}$,

$\dfrac{\partial z}{\partial y}=\dfrac{1}{\sqrt{1-\dfrac{x^2}{x^2+y^2}}}\dfrac{-x\dfrac{y}{\sqrt{x^2+y^2}}}{x^2+y^2}=\pm\dfrac{-x}{x^2+y^2}$。

5. 解　$\dfrac{\partial z}{\partial x}=\ln(xy)+x\dfrac{1}{xy}y=\ln(xy)+1$,　$\dfrac{\partial^2 z}{\partial x\partial y}=\dfrac{1}{y}$。

6. 解　$\dfrac{du}{dt}=\dfrac{\partial u}{\partial x}\dfrac{dx}{dt}+\dfrac{\partial u}{\partial y}\dfrac{dy}{dt}+\dfrac{\partial u}{\partial z}\dfrac{dz}{dt}=e^x(y-z)+e^x\cos t+e^x\sin t=2e^x\sin t$。

7. 解　$\dfrac{\partial z}{\partial x}=\dfrac{\partial f}{\partial u}\dfrac{\partial u}{\partial x}+\dfrac{\partial f}{\partial v}\dfrac{\partial v}{\partial x}=2x\dfrac{\partial f}{\partial u}-\dfrac{y}{x^2}\dfrac{\partial f}{\partial v}$,　$\dfrac{\partial z}{\partial y}=\dfrac{\partial f}{\partial u}\dfrac{\partial u}{\partial y}+\dfrac{\partial f}{\partial v}\dfrac{\partial v}{\partial y}=2y\dfrac{\partial f}{\partial u}+\dfrac{1}{x}\dfrac{\partial f}{\partial v}$。

8. 解　$dz=\dfrac{\partial z}{\partial x}dx+\dfrac{\partial z}{\partial y}dy=2xye^{x^2}dx+(e^{x^2}-\sin y)dy$。

9. 解　设 $F(x,y)=xy+e^y-e^x$, 则
$$\dfrac{dy}{dx}=-\dfrac{F_x}{F_y}=-\dfrac{y-e^x}{x+e^y}。$$

10. 解　由 $\begin{cases}f_x=4-2x=0,\\ f_y=-4-2y=0\end{cases}$ 得驻点 $(2,-2)$。而
$$f_{xx}=-2=A,\quad f_{xy}=0=B,\quad f_{yy}=-2=C,$$
则 $AC-B^2=4>0$, 且 $A<0$, 故函数在 $(2,-2)$ 处取得极大值 8。

11. 解　设长方体长、宽、高分别为 x,y,z, 则 $xyz=10$。材料费 $f(x,y,z)=8(2xz+2yz)+10xy$。
设 $L(x,y,z)=8(2xz+2yz)+10xy+\lambda(xyz-10)$, 令
$$\begin{cases}L_x=16z+10y+\lambda yz=0,\\ L_y=16z+10x+\lambda xz=0,\\ L_z=16x+16y+\lambda xy=0,\\ L_\lambda=xyz-10=0,\end{cases}$$
解得 $x=2,y=2,z=\dfrac{5}{2}$。

因为驻点唯一, 且最小费用存在, 所以 $x=2,y=2,z=\dfrac{5}{2}$ 时费用最省。

第 **2** 章

重积分

2.1　大纲要求及重点内容

1. 大纲要求

（1）理解二重积分的概念，了解并会应用重积分的性质。

（2）熟练掌握利用直角坐标和极坐标计算二重积分的方法。

（3）会用重积分求立体体积。

2. 重点内容

二重积分的计算。

2.2　内容精要

1. 基本概念

（1）**定义**：设 $f(x,y)$ 在有界闭区域 D 内有界。将 D 任意分成 n 个小闭区域 $\Delta\sigma_i(i=1,2,\cdots,n)$，任取 $(\xi_i,\eta_i)\in\Delta\sigma_i(i=1,2,\cdots,n)$，作 $\sum\limits_{i=1}^{n}f(\xi_i,\eta_i)\Delta\sigma_i$，记 $\lambda=\max\limits_{1\leqslant i\leqslant n}\{\Delta\sigma_i\ \text{直径}\}$。

若 $\lim\limits_{\lambda\to 0}\sum\limits_{i=1}^{n}f(\xi_i,\eta_i)\Delta\sigma_i$ 有确定的值，则称该值为 $f(x,y)$ 在区域 D 上的二重积分，记为 $\iint\limits_{D}f(x,y)\mathrm{d}\sigma$，即 $\iint\limits_{D}f(x,y)\mathrm{d}\sigma=\lim\limits_{\lambda\to 0}\sum\limits_{i=1}^{n}f(\xi_i,\eta_i)\Delta\sigma_i$。

（2）**几何意义**

① 当 $f(x,y)\geqslant 0$ 时，$\iint\limits_{D}f(x,y)\mathrm{d}\sigma$ 表示以区域 D 为底，曲面 $z=f(x,y)$ 为顶的曲顶柱体的体积；当 $f(x,y)\leqslant 0$ 时，$\iint\limits_{D}f(x,y)\mathrm{d}\sigma$ 表示以区域 D 为底，曲面 $z=f(x,y)$ 为顶的曲顶柱体体积的负值。

② 当 $f(x,y)=1$ 时，$\iint\limits_{D}f(x,y)\mathrm{d}\sigma=$ 区域 D 的面积。

存在性：若 $f(x,y)$ 在有界区域 D 上连续，则 $\iint\limits_D f(x,y)\mathrm{d}\sigma$ 存在。

(3) 性质

① $\iint\limits_D [f(x,y) \pm g(x,y)]\mathrm{d}\sigma = \iint\limits_D f(x,y)\mathrm{d}\sigma \pm \iint\limits_D g(x,y)\mathrm{d}\sigma$；

② $\iint\limits_D kf(x,y)\mathrm{d}\sigma = k\iint\limits_D f(x,y)\mathrm{d}\sigma$；

③ 设 $D = D_1 \bigcup D_2$，则 $\iint\limits_D f(x,y)\mathrm{d}\sigma = \iint\limits_{D_1} f(x,y)\mathrm{d}\sigma + \iint\limits_{D_2} f(x,y)\mathrm{d}\sigma$；

④ 若在区域 D 上，$f(x,y) \leqslant g(x,y)$，则 $\iint\limits_D f(x,y)\mathrm{d}\sigma \leqslant \iint\limits_D g(x,y)\mathrm{d}\sigma$；

⑤ 若在区域 D 上，$m \leqslant f(x,y) \leqslant M$，$S$ 是 D 的面积，则 $Sm \leqslant \iint\limits_D f(x,y)\mathrm{d}\sigma \leqslant SM$。

⑥ 若 $f(x,y)$ 在有界闭区域 D 上连续，S 是 D 的面积，则存在 $(\xi,\eta) \in D$，使

$$\iint\limits_D f(x,y)\mathrm{d}\sigma = f(\xi,\eta)S。（积分中值定理）$$

2. 二重积分的计算

(1) 直角坐标系下，把二重积分化为二次积分

① 设 D 为 X 型区域：$\{(x,y) \mid a \leqslant x \leqslant b, y_1(x) \leqslant y \leqslant y_2(x)\}$，

$$I = \iint\limits_D f(x,y)\mathrm{d}\sigma = \int_a^b \mathrm{d}x \int_{y_1(x)}^{y_2(x)} f(x,y)\mathrm{d}y。$$

② 设 D 为 Y 型区域：$\{(x,y) \mid c \leqslant y \leqslant d, x_1(y) \leqslant x \leqslant x_2(y)\}$，

$$I = \iint\limits_D f(x,y)\mathrm{d}\sigma = \int_c^d \mathrm{d}y \int_{x_1(y)}^{x_2(y)} f(x,y)\mathrm{d}x。$$

(2) 二重积分的对称性质

利用积分区域的对称性与被积函数关于单个变量的奇偶性，有时可以简化积分甚至可以直接得到结果。

对称性 1 如果积分区域 D 关于 x 轴对称，设 $D_1 = \{(x,y) \mid (x,y) \in D, y \geqslant 0\}$，则

$$\iint\limits_D f(x,y)\mathrm{d}\sigma = \begin{cases} 0, & f(x,y) \text{ 关于 } y \text{ 为奇函数}, \\ 2\iint\limits_{D_1} f(x,y)\mathrm{d}\sigma, & f(x,y) \text{ 关于 } y \text{ 为偶函数}。 \end{cases}$$

对称性 2 如果积分区域 D 关于 y 轴对称，设 $D_1 = \{(x,y) \mid (x,y) \in D, x \geqslant 0\}$，则

$$\iint\limits_D f(x,y)\mathrm{d}\sigma = \begin{cases} 0, & f(x,y) \text{ 关于 } x \text{ 为奇函数}, \\ 2\iint\limits_{D_1} f(x,y)\mathrm{d}\sigma, & f(x,y) \text{ 关于 } x \text{ 为偶函数}。 \end{cases}$$

对称性 3 如果积分区域 D 关于坐标原点对称，设 $D_1 = \{(x,y) \mid (x,y) \in D, x \geqslant 0\}$，则

$$\iint\limits_D f(x,y)\mathrm{d}\sigma = \begin{cases} 0, & f(-x,-y) = -f(x,y) \\ 2\iint\limits_{D_1} f(x,y)\mathrm{d}\sigma, & f(-x,-y) = f(x,y)。 \end{cases}$$

对称性 4 如果积分区域 D 关于直线 $y=x$ 对称，则 $\iint\limits_{D} f(x,y)\mathrm{d}\sigma = \iint\limits_{D} f(y,x)\mathrm{d}\sigma$。

(3) 在极坐标系下，如果被积函数中含有 x^2+y^2；区域 D 中是圆或者是圆的一部分时，计算二重积分时，用极坐标计算，被积函数中含有 x^2+y^2 用 r^2 代换，$\mathrm{d}\sigma$ 用 $r\mathrm{d}r\mathrm{d}\theta$ 代换，则

$$I = \iint\limits_{D} f(x,y)\mathrm{d}\sigma = \iint\limits_{D} f(r\cos\theta,r\sin\theta)r\mathrm{d}r\mathrm{d}\theta。$$

2.3 题型总结与典型例题

题型 2-1 二重积分的几何意义

【解题思路】 根据二重积分的几何意义，(1) 当 $f(x,y)\geqslant 0$ 时，$\iint\limits_{D} f(x,y)\mathrm{d}\sigma$ 表示以区域 D 为底，曲面 $z=f(x,y)$ 为顶的曲顶柱体的体积；(2) 当 $f(x,y)\leqslant 0$ 时，$\iint\limits_{D} f(x,y)\mathrm{d}\sigma$ 表示以区域 D 为底，曲面 $z=f(x,y)$ 为顶的曲顶柱体体积的负值。因此，利用几何意义求二重积分，首先找出构成曲顶柱体顶的曲面，然后再看底是怎么成的，即找出二重积分的被积函数和积分区域。

例 2.1 求 $\iint\limits_{D}(R-\sqrt{x^2+y^2})\mathrm{d}\sigma$，其中 $D: x^2+y^2\leqslant R^2$。

解 曲顶柱体的底为圆盘 $x^2+y^2\leqslant R^2$，顶是下半圆锥面 $z=R-\sqrt{x^2+y^2}$，故曲顶柱体为一底面半径及高均为 R 的圆锥体，所以 $\iint\limits_{D}(R-\sqrt{x^2+y^2})\mathrm{d}\sigma = \dfrac{1}{3}\pi R^3$。

题型 2-2 比较积分值的大小

【解题思路】 如果积分区域相同，可用被积函数的大小确定对应的二重积分的大小；如果被积函数相同，可用积分区域的大小确定对应的二重积分的大小。

例 2.2 利用二重积分的性质，比较积分值的大小：

$$I_1 = \iint\limits_{D}\frac{x+y}{4}\mathrm{d}\sigma, \quad I_2 = \iint\limits_{D}\sqrt{\frac{x+y}{4}}\mathrm{d}\sigma, \quad I_3 = \iint\limits_{D}\sqrt[3]{\frac{x+y}{4}}\mathrm{d}\sigma。$$

其中 $D=\{(x,y)\,|\,(x-1)^2+(y-1)^2\leqslant 2\}$，则下述结论正确的是（　　）。

A. $I_1<I_2<I_3$ 　　 B. $I_2<I_3<I_1$ 　　 C. $I_1<I_3<I_2$ 　　 D. $I_3<I_2<I_1$

解 本题属于积分区域相同，可用被积函数的大小确定对应的二重积分的大小。

在区域 D 上，$0<x+y<4$，即 $0<\dfrac{x+y}{4}<1$，所以 $\dfrac{x+y}{4}<\sqrt{\dfrac{x+y}{4}}<\sqrt[3]{\dfrac{x+y}{4}}$，于是

$$\iint\limits_{D}\frac{x+y}{4}\mathrm{d}\sigma < \iint\limits_{D}\sqrt{\frac{x+y}{4}}\mathrm{d}\sigma < \iint\limits_{D}\sqrt[3]{\frac{x+y}{4}}\mathrm{d}\sigma，故选 A。$$

例 2.3 设 $I_1=\iint\limits_{D}\cos\sqrt{x^2+y^2}\,\mathrm{d}\sigma$，$I_2=\iint\limits_{D}\cos(x^2+y^2)\mathrm{d}\sigma$，$I_3=\iint\limits_{D}\cos(x^2+y^2)^2\mathrm{d}\sigma$，其中 $D=\{(x,y)\,|\,x^2+y^2\leqslant 1\}$，则（　　）。

A. $I_3>I_2>I_1$　　　　B. $I_1>I_2>I_3$　　　　C. $I_2>I_1>I_3$　　　　D. $I_3>I_1>I_2$

解　二重积分 I_1,I_2,I_3 的积分区域都相同,它们的大小完全由在区域上的被积函数的大小所确定,函数值越大,积分值就越大,由于在区域 D 上,$x^2+y^2\leqslant1$,故 $0\leqslant(x^2+y^2)^2\leqslant(x^2+y^2)\leqslant\sqrt{x^2+y^2}\leqslant1$ 且等号仅在区域 D 的边界 $L=\{(x,y)\,|\,x^2+y^2=1\}$ 上成立。

又由于 $\cos u$ 在第一象限内单调减少,故有 $\cos(x^2+y^2)^2\geqslant\cos(x^2+y^2)\geqslant\cos\sqrt{x^2+y^2}$,且等号仅在区域 D 的边界 L 上成立。又因为在 D 内 $\cos(x^2+y^2)^2,\cos(x^2+y^2),\cos\sqrt{x^2+y^2}$ 连续,且至少在 D 内有一点使得这三个函数在该点的值两两不等,由比较定理知

$$\iint\limits_{D}\cos(x^2+y^2)^2\mathrm{d}\sigma\geqslant\iint\limits_{D}\cos(x^2+y^2)\mathrm{d}\sigma\geqslant\iint\limits_{D}\cos\sqrt{x^2+y^2}\mathrm{d}\sigma,\text{即 }I_3>I_2>I_1,\text{仅 A 入选。}$$

题型 2-3　直角坐标系下的二重积分计算

【解题思路】　当选用直角坐标系时,要考虑积分次序,先对哪个变量积分较好。

(1) 函数原则:内层积分能够求出的原则。

例如 $f(x,y)=g(x)\mathrm{e}^{y^2}$ 一定应先对 x 积分,后对 y 积分;$f(x,y)=\cos\dfrac{y}{x}g(y)$ 一定应先对 y 积分,后对 x 积分。

(2) 区域原则

若积分区域为 Y 型(即用平行于 x 轴的直线穿过区域 D,它与 D 的边界曲线相交最多为两个点),应先对 x 积分,后对 y 积分。

若积分区域为 X 型(即用平行于 y 轴的直线穿过区域 D,它与 D 的边界曲线相交最多为两个点),应先对 y 积分,后对 x 积分。

若积分区域既为 X 型区域,又为 Y 型区域,这时在函数原则满足的前提下,先对 x 积分或先对 y 积分均可以;在这种情况下,先对哪个变量积分简单,就先采用该积分顺序。

如果积分区域既不是 X 型、又不是 Y 型时,可对区域进行剖分,化归为 X 型(或 Y 型)区域的并集。

例 2.4　求 $\iint\limits_{D}(x-1)\mathrm{d}\sigma$,其中 D 是由 $y=x,y=x^3$ 所围成的区域。

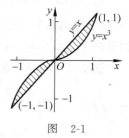

图　2-1

解　积分区域 D 如图 2-1 所示,直线 $y=x$ 与曲线 $y=x^3$ 的交点为 $(-1,-1),(0,0),(1,1)$,因此将 D 分成 D_1,D_2 两部分,

$$\iint\limits_{D}(x-1)\mathrm{d}x\mathrm{d}y=\iint\limits_{D_1}(x-1)\mathrm{d}x\mathrm{d}y+\iint\limits_{D_2}(x-1)\mathrm{d}x\mathrm{d}y$$

$$=\int_{-1}^{0}(x-1)\mathrm{d}x\int_{x}^{x^3}\mathrm{d}y+\int_{0}^{1}(x-1)\mathrm{d}x\int_{x^3}^{x}\mathrm{d}y$$

$$=\int_{-1}^{0}(x-1)(x^3-x)\mathrm{d}x+\int_{0}^{1}(x-1)(x-x^3)\mathrm{d}x=-\frac{1}{2}.$$

注　积分区域由多个子区域构成时,要将重积分化成几个子区域上的积分。

例 2.5　$\iint\limits_{D}y\sqrt{1+x^2-y^2}\mathrm{d}\sigma$,其中 D 是由直线 $y=x$、$x=-1$ 和 $y=1$ 所围成的闭区域。

解　积分区域 D 如图 2-2 所示。

D 既是 X 型区域,又是 Y 型区域。若视为 X 型区域,则

$$\text{原积分} = \int_{-1}^{1} \left(\int_{x}^{1} y \sqrt{1 + x^2 - y^2} \, dy \right) dx$$

$$= -\frac{1}{3} \int_{-1}^{1} (1 + x^2 - y^2)^{3/2} \Big|_{x}^{1} \, dx$$

$$= -\frac{1}{3} \int_{-1}^{1} (|x|^3 - 1) \, dx = -\frac{2}{3} \int_{0}^{1} (x^3 - 1) \, dx = \frac{1}{2}.$$

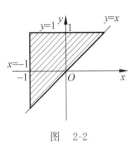

图　2-2

若视为 Y 型区域,则

$$\iint_{D} y \sqrt{1 + x^2 - y^2} \, d\sigma = \int_{-1}^{1} y \left(\int_{-1}^{y} \sqrt{1 + x^2 - y^2} \, dx \right) dy,$$

上式先对 x 积分不容易,所以不采用此种积分次序。

注　二重积分化为二次积分,先积分的要采取容易积分的原则。

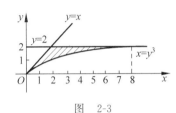

图　2-3

例 2.6　求 $I = \iint_{D} \sin \dfrac{x}{y} \, dx \, dy$,其中 D 是由直线 $y = x$,$y = 2$ 及曲线 $x = y^3$ 所围成的闭区域。

解　注意到被积函数 $\sin \dfrac{x}{y}$ 关于 y 的函数的原函数不是初等函数,应先对 x 积分,易求 $y = x$,$y^3 = x$ 在第一象限内的交点为 $(1,1)$,$(0,0)$。积分区域 D 如图 2-3 所示。

$$I = \int_{1}^{2} dy \int_{y}^{y^3} \sin \frac{x}{y} \, dx = \int_{1}^{2} dy \int_{y}^{y^3} y \sin \frac{x}{y} \, d\left(\frac{x}{y} \right)$$

$$= -\int_{1}^{2} y \left(\cos \frac{x}{y} \right) \Big|_{y}^{y^3} \, dy = -\int_{1}^{2} y (\cos y^2 - \cos 1) \, dy$$

$$= \frac{3}{2} \cos 1 - \frac{1}{2} \int_{1}^{2} \cos y^2 \, dy^2 = \frac{1}{2} (3 \cos 1 + \sin 1 - \sin 4).$$

例 2.7　求 $\iint_{D} x^2 e^{-y^2} \, dx \, dy$,其中 D 是以 $(0,0)$,$(1,1)$,$(0,1)$ 为顶点的三角形。

解　因为 $\int e^{-y^2} \, dy$ 无法用初等函数表示,所以积分是必须考虑次序,积分区域如图 2-4 所示。

$$\iint_{D} x^2 e^{-y^2} \, dx \, dy = \int_{0}^{1} dy \int_{0}^{y} x^2 e^{-y^2} \, dx = \int_{0}^{1} e^{-y^2} \cdot \frac{y^3}{3} \, dy$$

$$= \int_{0}^{1} e^{-y^2} \cdot \frac{y^2}{6} \, dy^2 = \frac{1}{6} \left(1 - \frac{2}{e} \right).$$

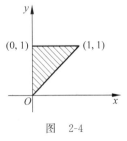

图　2-4

题型 2-4　交换二重积分的积分次序

【解题思路】　交换二重积分的积分次序的一般方法和步骤如下:

(1) 由给定的二次积分的积分上下限写出满足 x,y 的不等式,

(2) 由 x,y 所满足的不等式进一步画出积分区域 D 的图形,

或由 $\int_a^b \mathrm{d}x \int_{\varphi_1(x)}^{\varphi_2(x)} f(x,y)\mathrm{d}y$ 的积分上下限画出四条曲线 $x=a,x=b,y=\varphi_1(x),y=$
$\varphi_2(x)$ 所围成的区域 D 的示意图,

(3) 再由 D 的示意图写出另一积分的二次积分。

例 2.8　交换积分次序:

$$\int_0^1 \mathrm{d}x \int_0^{\sqrt{2x-x^2}} f(x,y)\mathrm{d}y + \int_1^2 \mathrm{d}x \int_0^{2-x} f(x,y)\mathrm{d}y。$$

解　题设二次积分的积分限为

$$\begin{cases} 0 \leqslant x \leqslant 1,\quad 0 \leqslant y \leqslant \sqrt{2x-x^2}, \\ 1 \leqslant x \leqslant 2,\quad 0 \leqslant y \leqslant 2-x, \end{cases}$$

积分区域如图 2-5 所示,可改写为 $0 \leqslant y \leqslant 1, 1-\sqrt{1-y^2} \leqslant x \leqslant 2-y$,所以

$$\int_0^1 \mathrm{d}x \int_0^{\sqrt{2x-x^2}} f(x,y)\mathrm{d}y + \int_1^2 \mathrm{d}x \int_0^{2-x} f(x,y)\mathrm{d}y = \int_0^1 \mathrm{d}y \int_{1-\sqrt{1-y^2}}^{2-y} f(x,y)\mathrm{d}x。$$

例 2.9　设函数 $f(x,y)$ 连续,则二次积分 $\int_{\frac{\pi}{2}}^{\pi} \mathrm{d}x \int_{\sin x}^1 f(x,y)\mathrm{d}y$ 等于(　　)。

A. $\int_0^1 \mathrm{d}y \int_{\pi+\arcsin y}^{\pi} f(x,y)\mathrm{d}x$ 　　　　 B. $\int_0^1 \mathrm{d}y \int_{\pi-\arcsin y}^{\pi} f(x,y)\mathrm{d}x$

C. $\int_0^1 \mathrm{d}y \int_{\pi/2}^{\pi+\arcsin y} f(x,y)\mathrm{d}x$ 　　　　 D. $\int_0^1 \mathrm{d}y \int_{\pi/2}^{\pi-\arcsin y} f(x,y)\mathrm{d}x$

解　所给二次积分的积分区域 D,如图 2-6 所示,即 $D=\{(x,y) \mid \pi/2 \leqslant x \leqslant \pi, \sin x \leqslant y \leqslant 1\}$,也可表示为

$$D=\{(x,y) \mid 0 \leqslant y \leqslant 1,\quad \pi-\arcsin y \leqslant x \leqslant \pi\}。$$

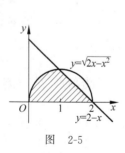

图　2-5

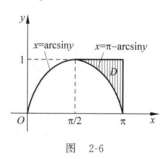

图　2-6

这是因为当 $\pi/2 \leqslant x \leqslant \pi$ 时,有

$$-\pi/2 \leqslant x-\pi \leqslant 0 \leqslant \pi/2,$$
$$\sin(x-\pi)=-\sin(\pi-x)=-\sin x=-y,$$

得到 $x-\pi=\arcsin(-y)=-\arcsin y$,即 $x=\pi-\arcsin y$,故

$\int_{\pi/2}^{\pi} \mathrm{d}x \int_{\sin x}^1 f(x,y)\mathrm{d}y = \int_0^1 \mathrm{d}y \int_{\pi-\arcsin y}^{\pi} f(x,y)\mathrm{d}x$,仅 B 入选。

例 2.10　交换积分次序:

$$\int_0^{\frac{1}{4}} \mathrm{d}y \int_y^{\sqrt{y}} f(x,y)\mathrm{d}x + \int_{\frac{1}{4}}^{\frac{1}{2}} \mathrm{d}y \int_y^{\frac{1}{2}} f(x,y)\mathrm{d}x = \underline{\quad\quad\quad}。$$

解　所给二次积分的积分区域 $D=D_1+D_2$,其中

$$D_1 = \begin{cases} 0 \leqslant y \leqslant \dfrac{1}{4}, \\ y \leqslant x \leqslant \sqrt{y}, \end{cases} \qquad D_2 = \begin{cases} \dfrac{1}{4} \leqslant y \leqslant \dfrac{1}{2}, \\ y \leqslant x \leqslant \dfrac{1}{2}, \end{cases}$$

积分区域如图 2-7 所示。此区域可改写为

$$D = D_1 + D_2 = \left\{ (x,y) \,\middle|\, 0 \leqslant x \leqslant 1/2, x^2 \leqslant y \leqslant x \right\},$$

交换积分次序,得到

$$\int_0^{\frac{1}{4}} \mathrm{d}y \int_y^{\sqrt{y}} f(x,y)\mathrm{d}x + \int_{\frac{1}{4}}^{\frac{1}{2}} \mathrm{d}y \int_y^{\frac{1}{2}} f(x,y)\mathrm{d}x = \int_0^{\frac{1}{2}} \mathrm{d}x \int_{x^2}^{x} f(x,y)\mathrm{d}y。$$

例 2.11 改变积分次序,设 $f(x,y)$ 连续,已知 $I = \int_0^{\frac{1}{2}} \mathrm{d}y \int_y^{2y} f(x,y)\mathrm{d}x + \int_{\frac{1}{2}}^{1} \mathrm{d}y \int_y^{\frac{1}{y}} f(x,y)\mathrm{d}x$。

解 所给二次积分的积分区域 $D = D_1 + D_2$,其中

$$D_1 = \begin{cases} 0 \leqslant y \leqslant \dfrac{1}{2}, \\ y \leqslant x \leqslant 2y, \end{cases} \qquad D_2 = \begin{cases} \dfrac{1}{2} \leqslant y \leqslant 1, \\ y \leqslant x \leqslant \dfrac{1}{y}, \end{cases}$$

积分域如图 2-8 所示,此区域改写为 $D = D_1' + D_2'$,其中

$$D_1' = \begin{cases} 0 \leqslant x \leqslant 1, \\ \dfrac{x}{2} \leqslant y \leqslant x, \end{cases} \qquad D_2' = \begin{cases} 1 \leqslant x \leqslant 2, \\ \dfrac{x}{2} \leqslant y \leqslant \dfrac{1}{x}, \end{cases}$$

因此,改变积分次序得 $I = \int_0^1 \mathrm{d}x \int_{\frac{x}{2}}^{x} f(x,y)\mathrm{d}y + \int_1^2 \mathrm{d}x \int_{\frac{x}{2}}^{\frac{1}{x}} f(x,y)\mathrm{d}y$。

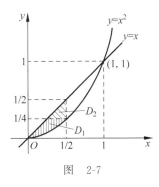

图 2-7

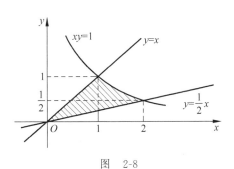

图 2-8

例 2.12 求 $\int_0^1 \mathrm{d}x \int_x^1 \mathrm{e}^{-y^2} \mathrm{d}y$。

解 此题不能先对 y 积分,因为 $\int \mathrm{e}^{-y^2} \mathrm{d}y$ 不是初等函数,应先对 x 积分。

所给二次积分的积分区域 $D = \{ (x,y) \,|\, 0 \leqslant x \leqslant 1, x \leqslant y \leqslant 1 \}$,此区域可改写为 $D = \{ (x,y) \,|\, 0 \leqslant y \leqslant 1, 0 \leqslant x \leqslant y \}$,则

$$原式 = \int_0^1 \mathrm{d}y \int_0^y \mathrm{e}^{-y^2} \mathrm{d}x = \int_0^1 y \mathrm{e}^{-y^2} \mathrm{d}y = -\frac{1}{2} \mathrm{e}^{-y^2} \Big|_0^1 = \frac{1}{2} \left(1 - \frac{1}{\mathrm{e}} \right)。$$

例 2.13　计算积分 $I = \int_{1/4}^{1/2} \mathrm{d}y \int_{1/2}^{\sqrt{y}} \mathrm{e}^{\frac{y}{x}} \mathrm{d}x + \int_{1/2}^{1} \mathrm{d}y \int_{y}^{\sqrt{y}} \mathrm{e}^{\frac{y}{x}} \mathrm{d}x$。

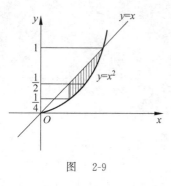

图　2-9

解　因为 $\int \mathrm{e}^{\frac{y}{x}} \mathrm{d}x$ 不能用初等函数表示，所以先改变积分次序。

题设二次积分的积分限，积分区域如图 2-9 所示：

$$\begin{cases} \dfrac{1}{4} \leqslant y \leqslant \dfrac{1}{2}, \\ \dfrac{1}{2} \leqslant x \leqslant \sqrt{y}, \end{cases} \quad 与 \quad \begin{cases} \dfrac{1}{2} \leqslant y \leqslant 1, \\ y \leqslant x \leqslant \sqrt{y}, \end{cases} \quad 可改写为 \begin{cases} \dfrac{1}{2} \leqslant x \leqslant 1, \\ x^2 \leqslant y \leqslant x, \end{cases}$$

所以　$I = \int_{\frac{1}{2}}^{1} \mathrm{d}x \int_{x^2}^{x} \mathrm{e}^{\frac{y}{x}} \mathrm{d}y = \int_{\frac{1}{2}}^{1} x(\mathrm{e} - \mathrm{e}^x) \mathrm{d}x = \dfrac{3}{8}\mathrm{e} - \dfrac{1}{2}\sqrt{\mathrm{e}}$。

题型 2-5　分块计算二重积分

【解题思路】　这类二重积分的被积函数常常带有绝对值号的函数，最值符号的函数及取整函数或被积函数本身就是分区域函数，或积分区域形状需分块积分，计算它们的二重积分应根据它们分区域定义的情况，将积分区域划分为若干个小块，进而将原积分化为若干个小块上的积分之和，利用对积分区域的可加性而求之。

例 2.14　计算 $\iint\limits_{D} \max\{xy, 1\} \mathrm{d}x\mathrm{d}y$，其中 $D = \{(x,y) \mid 0 \leqslant x \leqslant 2, 0 \leqslant y \leqslant 2\}$。

解　由于被积函数是 $\max\{xy, 1\}$，首先必须要分段写出其表示式。为此必须将积分区域 D 分块，然后利用二重积分关于区域的可加性分别计算。

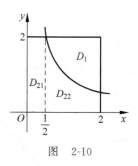

图　2-10

解法一　如图 2-10 所示，用 $xy = 1$ 将 D 分为两块 D_1, D_2，且

$D_1 = D \bigcap \{(x,y) \mid xy \geqslant 1\}$，

$D_2 = D \bigcap \{(x,y) \mid xy \leqslant 1\} = D_{21} \bigcup D_{22}$，则

$$\max\{xy, 1\} = \begin{cases} xy, & (x,y) \in D_1, \\ 1, & (x,y) \in D_2 = D_{21} + D_{22}。 \end{cases}$$

而　$\iint\limits_{D} \max\{xy, 1\} \mathrm{d}x\mathrm{d}y = \iint\limits_{D_1} xy\mathrm{d}x\mathrm{d}y + \iint\limits_{D_{21}} \mathrm{d}x\mathrm{d}y + \iint\limits_{D_{22}} \mathrm{d}x\mathrm{d}y$，

$$\begin{aligned} \iint\limits_{D_1} xy\mathrm{d}x\mathrm{d}y &= \int_{\frac{1}{2}}^{2} x\mathrm{d}x \int_{\frac{1}{x}}^{2} y\mathrm{d}y = \frac{1}{2}\int_{\frac{1}{2}}^{2} x\left(4 - \frac{1}{x^2}\right)\mathrm{d}x \\ &= 2\int_{\frac{1}{2}}^{2} x\mathrm{d}x - \frac{1}{2}\int_{\frac{1}{2}}^{2} \frac{1}{x}\mathrm{d}x = 4 - \frac{1}{4} - \frac{1}{2}\left[\ln 2 - \ln\frac{1}{2}\right] = \frac{15}{4} - \ln 2。 \end{aligned}$$

$$\iint\limits_{D_{21}} \mathrm{d}x\mathrm{d}y = S_{D_{21}} = 2 \times \frac{1}{2} = 1 \left(或 \iint\limits_{D_{21}} \mathrm{d}x\mathrm{d}y = \int_{0}^{\frac{1}{2}} \mathrm{d}x \int_{0}^{2} \mathrm{d}y = 1\right),$$

$$\iint\limits_{D_{22}} \mathrm{d}x\mathrm{d}y = \int_{\frac{1}{2}}^{2} \mathrm{d}x \int_{0}^{\frac{1}{x}} \mathrm{d}y = 2\ln 2,$$

故　$\iint\limits_{D} \max\{xy, 1\} \mathrm{d}x\mathrm{d}y = \dfrac{15}{4} - \ln 2 + 1 + 2\ln 2 = \dfrac{19}{4} + \ln 2$。

解法二 $\displaystyle\iint_{D_1} xy\,dx\,dy$ 的计算同解法一,而

$$\iint_{D_2} dx\,dy = D_2\ 的面积 = D\ 的面积 - D_1\ 的面积,即 \iint_{D_2} dx\,dy = S_{D_2} = S_D - S_{D_1}。$$

$$S_{D_1} = D_1\ 的面积 = \iint_{D_1} dx\,dy = \int_{\frac{1}{2}}^{2} dx \int_{\frac{1}{x}}^{2} dy = \int_{\frac{1}{2}}^{2}\left(2 - \frac{1}{x}\right) dx = 3 - 2\ln2,$$

故 $\displaystyle\iint_{D_2} dx\,dy = S_{D_2} = S_D - S_{D_1} = 4 - 3 + 2\ln2 = 1 + 2\ln2$,所以

$$\iint_{D} \max\{xy,1\}\,dx\,dy = \iint_{D_1} xy\,dx\,dy + \iint_{D_2} dx\,dy = \frac{15}{4} - \ln2 + 1 + 2\ln2 = \frac{19}{4} + \ln2。$$

例 2.15 求 $\displaystyle\iint_{D}(\sqrt{x^2 + y^2 - 2xy} + 2)\,d\sigma$,其中 D 为 $x^2 + y^2 \leqslant 1$ 在第一象限部分。

解 积分区域如图 2-11 所示,则有

$$\iint_{D}(\sqrt{x^2 + y^2 - 2xy} + 2)\,d\sigma = \iint_{D}(|x - y| + 2)\,d\sigma$$

$$= \frac{\pi}{2} + \iint_{D_1}(x - y)\,d\sigma + \iint_{D_2}(y - x)\,d\sigma$$

$$= \frac{\pi}{2} + \int_{0}^{\frac{1}{\sqrt{2}}} dy \int_{y}^{\sqrt{1 - y^2}}(x - y)\,dx + \int_{0}^{\frac{1}{\sqrt{2}}} dx \int_{x}^{\sqrt{1 - x^2}}(y - x)\,dy$$

$$= \frac{\pi}{2} + \frac{2}{3}(\sqrt{2} - 1)。$$

题型 2-6 二重积分的对称性

【解题思路】 利用积分区域的对称性和被积函数的奇偶性简化二重积分的计算是常用的有效方法,在运用对称性时,必须兼顾被积函数和积分区域两个方面,两者的对称性要相互匹配。

例 2.16 计算 $\displaystyle\iint_{D} x(1 + ye^{x^4 y^6})\,dx\,dy$ 其中 D 是由曲线 $y = \sin x$,$x = -\dfrac{\pi}{2}$ 及 $y = 1$ 围成。

解 由于 $xye^{x^4 y^6}$ 关于 x 及 y 都是奇函数,所以将区域 D 分成 D_1 及 D_2,如图 2-12 所示。

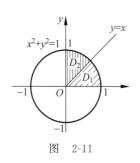

图 2-11

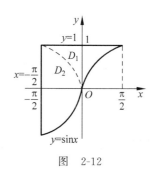

图 2-12

D_2 关于 x 轴对称，D_1 关于 y 轴对称，则

$$\iint\limits_{D} xy \mathrm{e}^{x^4 y^6} \mathrm{d}x \mathrm{d}y = \iint\limits_{D_1} + \iint\limits_{D_2} = 0,$$

$$原式 = \iint\limits_{D_1} x \mathrm{d}x \mathrm{d}y + \iint\limits_{D_2} x \mathrm{d}x \mathrm{d}y = 0 + \iint\limits_{D_2} x \mathrm{d}x \mathrm{d}y$$

$$= 2 \int_{-\frac{\pi}{2}}^{0} \mathrm{d}x \int_{0}^{-\sin x} x \mathrm{d}y = -2。$$

例 2.17 计算 $\iint\limits_{D}(3x^3 + y)\mathrm{d}x \mathrm{d}y$，其中 D 是两条抛物线 $y = x^2$，$y = 4x^2$ 之间、直线 $y = 1$ 以下的闭区域。

解 积分区域 D 如图 2-13 所示，从图中看出 D 关于 y 轴对称，而 $3x^3$ 关于 x 是奇函数，则 $\iint\limits_{D} 3x^3 \mathrm{d}x \mathrm{d}y = 0$；而 y 关于 x 是偶函数，于是

$$原式 = \iint\limits_{D} y \mathrm{d}x \mathrm{d}y = 2 \iint\limits_{D_1} y \mathrm{d}x \mathrm{d}y = 2 \int_{0}^{1} y \mathrm{d}y \int_{\frac{\sqrt{y}}{2}}^{\sqrt{y}} \mathrm{d}x = \frac{2}{5}。$$

例 2.18 计算 $\iint\limits_{D}(|x| + |y|)\mathrm{d}x \mathrm{d}y$，其中区域 D：$x^2 + y^2 \leqslant 1$。

解 积分区域如图 2-14 所示，区域 D：$x^2 + y^2 \leqslant 1$。

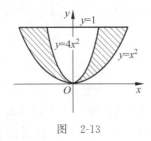

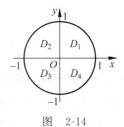

图 2-13   图 2-14

设在第 i 象限中的部分区域为 $D_i (i = 1,2,3,4)$，因为区域 D：$x^2 + y^2 \leqslant 1$ 分别关于两坐标轴对称，而被积函数关于两变量都是偶函数，则

$$\iint\limits_{D}(|x| + |y|)\mathrm{d}x \mathrm{d}y = 4 \iint\limits_{D_1}(x + y)\mathrm{d}x \mathrm{d}y = 4 \times \frac{2}{3} = \frac{8}{3}。$$

例 2.19 计算二重积分 $\iint\limits_{D}(x + y)^3 \mathrm{d}x \mathrm{d}y$，其中 D 是由 $x = \sqrt{1 + y^2}$ 与直线 $x + \sqrt{2} y = 0$ 及 $x - \sqrt{2} y = 0$ 围成。

解 积分区域 D 如图 2-15 所示，$D = D_1 \bigcup D_2$，其中

$$D_1 = \begin{cases} 0 \leqslant y \leqslant 1, \\ \sqrt{2} y \leqslant x \leqslant \sqrt{1 + y^2}, \end{cases} \qquad D_2 = \begin{cases} -1 \leqslant y \leqslant 0, \\ -\sqrt{2} y \leqslant x \leqslant \sqrt{1 + y^2}。 \end{cases}$$

注意到区域 D 关于 x 轴对称，$3x^2 y + y^3$ 是 y 的奇函数，故 $\iint\limits_{D}(3x^2 y + y^3)\mathrm{d}x \mathrm{d}y = 0$，因而

$$\iint\limits_{D}(x+y)^3 \mathrm{d}x\mathrm{d}y = \iint\limits_{D}(x^3+3x^2y+3xy^2+y^3)\mathrm{d}x\mathrm{d}y$$

$$= \iint\limits_{D}(x^3+3xy^2)\mathrm{d}x\mathrm{d}y + \iint\limits_{D}(3x^2y+y^3)\mathrm{d}x\mathrm{d}y = \iint\limits_{D}(x^3+3xy^2)\mathrm{d}x\mathrm{d}y$$

$$= 2\iint\limits_{D_1}(x^3+3xy^2)\mathrm{d}x\mathrm{d}y = 2\int_0^1 \mathrm{d}y \int_{\sqrt{2}y}^{\sqrt{1+y^2}}(x^3+3xy^2)\mathrm{d}x$$

$$= 2\int_0^1 \left(\frac{1}{4}x^4 + \frac{3}{2}x^2y^2 \right) \Bigg|_{x=\sqrt{2}y}^{x=\sqrt{1+y^2}} \mathrm{d}y = 2\int_0^1 \left(-\frac{9}{4}y^4 + 2y^2 + \frac{1}{4} \right) \mathrm{d}y = \frac{14}{15}.$$

例 2.20 设区域 $D: x^2+y^2 \leqslant 4, x \geqslant 0, y \geqslant 0, f(x)$ 为 D 上的正值连续函数,a,b 为常数,则 $\iint\limits_{D} \dfrac{a\sqrt{f(x)}+b\sqrt{f(y)}}{\sqrt{f(x)}+\sqrt{f(y)}} \mathrm{d}\sigma = ($ $)$。

A. πab B. $\dfrac{ab\pi}{2}$ C. $(a+b)\pi$ D. $\dfrac{\pi(a+b)}{2}$

解 因 $f(x)$ 的具体形式未知,直接计算很困难的。注意到区域 D 关于 $y=x$ 对称如图 2-16,可用对称性求出正确选项。

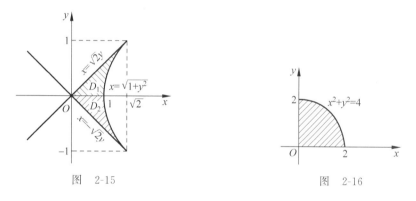

图 2-15   图 2-16

解法一 因 D 关于直线 $y=x$ 对称,则

$$I = \iint\limits_{D} \frac{a\sqrt{f(x)}+b\sqrt{f(y)}}{\sqrt{f(x)}+\sqrt{f(y)}} \mathrm{d}x\mathrm{d}y = \iint\limits_{D} \frac{b\sqrt{f(x)}+a\sqrt{f(y)}}{\sqrt{f(x)}+\sqrt{f(y)}} \mathrm{d}x\mathrm{d}y,$$

$$2I = \iint\limits_{D} \frac{a\sqrt{f(x)}+b\sqrt{f(y)}}{\sqrt{f(x)}+\sqrt{f(y)}} \mathrm{d}x\mathrm{d}y + \iint\limits_{D} \frac{b\sqrt{f(x)}+a\sqrt{f(y)}}{\sqrt{f(x)}+\sqrt{f(y)}} \mathrm{d}x\mathrm{d}y$$

$$= \iint\limits_{D}a\,\mathrm{d}x\mathrm{d}y + \iint\limits_{D}b\,\mathrm{d}x\mathrm{d}y = (a+b)\iint\limits_{D}\mathrm{d}x\mathrm{d}y = \pi(a+b),$$

故 $I = \pi(a+b)/2$,仅 D 入选。

解法二 由所给的四个选项都与 $f(x)$ 无关,为方便计,取特例 $f(x)=1$,则

$$I = \iint\limits_{D} \frac{a+b}{2} \mathrm{d}x\mathrm{d}y = \frac{a+b}{2}\iint\limits_{D}\mathrm{d}x\mathrm{d}y = \frac{a+b}{2} \cdot \frac{\pi \cdot 2^2}{4} = \frac{\pi(a+b)}{2},$$ 仅 D 入选。

题型 2-7 极坐标系下二重积分的计算

【解题思路】 当二重积分的积分域 D 为圆域、扇形域或圆环域,被积函数具有 x^2+y^2

的函数形式,即 $g(x,y) = f(x^2 + y^2)$ 时,可考虑用极坐标计算该二重积分。用极坐标计算二重积分一般均采用先 r 后 θ 的积分次序。

例 2.21 计算二重积分 $\iint\limits_D y\,\mathrm{d}x\,\mathrm{d}y$,其中 D 是由直线 $x = -2, y = 0, y = 2$ 及曲线 $x = -\sqrt{2y - y^2}$ 所围成的平面区域。

解 区域 D 和 D_1 如图 2-17 所示,则 $\iint\limits_D y\,\mathrm{d}x\,\mathrm{d}y = \iint\limits_{D \cup D_1} y\,\mathrm{d}x\,\mathrm{d}y - \iint\limits_{D_1} y\,\mathrm{d}x\,\mathrm{d}y$,而

$$\iint\limits_{D \cup D_1} y\,\mathrm{d}x\,\mathrm{d}y = \int_{-2}^{0} \mathrm{d}x \int_{0}^{2} y\,\mathrm{d}y = 4,$$

$$\iint\limits_{D_1} y\,\mathrm{d}x\,\mathrm{d}y = \int_{\frac{\pi}{2}}^{\pi} \mathrm{d}\theta \int_{0}^{2\sin\theta} r\sin\theta\, r\,\mathrm{d}r = \frac{8}{3}\int_{\frac{\pi}{2}}^{\pi} \sin^4\theta\,\mathrm{d}\theta = \frac{8}{3}\int_{0}^{\frac{\pi}{2}} \sin^4\theta\,\mathrm{d}\theta = \frac{8}{3} \times \frac{3}{4} \times \frac{1}{2} \times \frac{\pi}{2} = \frac{\pi}{2},$$

于是 $\iint\limits_D y\,\mathrm{d}x\,\mathrm{d}y = 4 - \dfrac{\pi}{2}$。

例 2.22 计算 $\displaystyle\int_{0}^{a}\int_{-x}^{-a+\sqrt{a^2-x^2}} \frac{1}{\sqrt{x^2+y^2}\,\sqrt{4a^2-(x^2+y^2)}}\,\mathrm{d}y\,\mathrm{d}x$。

解 所给二次积分的积分区域

$$D = \{(x,y) \mid 0 \leqslant x \leqslant a, -x \leqslant y \leqslant -a + \sqrt{a^2 - x^2}\},$$

积分区域如图 2-18 所示用极坐标形式可改写为

$$D = \left\{(r,\theta) \,\middle|\, -\frac{\pi}{4} \leqslant \theta \leqslant 0, 0 \leqslant r \leqslant -2\sin\theta\right\},$$

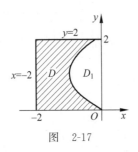

图 2-17

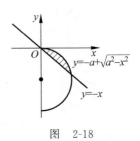

图 2-18

则用极坐标计算,有

$$原式 = \int_{-\frac{\pi}{4}}^{0} \mathrm{d}\theta \int_{0}^{-2a\sin\theta} \frac{r\,\mathrm{d}r}{r\sqrt{4a^2-r^2}}$$

$$= \int_{-\frac{\pi}{4}}^{0} \mathrm{d}\theta \int_{0}^{-2a\sin\theta} \frac{\mathrm{d}r}{\sqrt{(2a)^2-r^2}} = \int_{-\frac{\pi}{4}}^{0} \left[\arcsin\frac{r}{2a}\right]\Bigg|_{0}^{-2a\sin\theta} \mathrm{d}\theta$$

$$= \int_{-\frac{\pi}{4}}^{0} (-\theta)\,\mathrm{d}\theta = -\frac{\theta^2}{2}\Bigg|_{-\frac{\pi}{4}}^{0} = \frac{\pi^2}{32}。$$

例 2.23 设函数 $f(t)$ 连续,则二次积分 $\displaystyle\int_{0}^{\frac{\pi}{2}} \mathrm{d}\theta \int_{2\cos\theta}^{2} f(r^2)\,r\,\mathrm{d}r = ($ $)$。

A. $\displaystyle\int_{0}^{2} \mathrm{d}x \int_{\sqrt{2x-x^2}}^{\sqrt{4-x^2}} \sqrt{x^2+y^2}\,f(x^2+y^2)\,\mathrm{d}y$ B. $\displaystyle\int_{0}^{2} \mathrm{d}x \int_{\sqrt{2x-x^2}}^{\sqrt{4-x^2}} f(x^2+y^2)\,\mathrm{d}y$

C. $\displaystyle\int_0^2 dy \int_{1+\sqrt{1+y^2}}^{\sqrt{4-y^2}} \sqrt{x^2+y^2}\, f(x^2+y^2)\, dx$ D. $\displaystyle\int_0^2 dy \int_{1+\sqrt{1+y^2}}^{\sqrt{4-y^2}} f(x^2+y^2)\, dx$

解 积分区域如图 2-19 所示,由 $0 < \theta < \pi/2$ 知,积分区域在第一象限。

又由 $2\cos\theta \leqslant r \leqslant 2$ 得到 $2r\cos\theta \leqslant r^2 \leqslant 2r \leqslant 4$,即 $2x \leqslant x^2 + y^2 \leqslant 4$,亦 $0 \leqslant x \leqslant 2$(在第一象限)。

由 $2x = x^2 + y^2$,得到 $y = \sqrt{2x-x^2}$,由 $x^2 + y^2 = 4$,得到 $y = \sqrt{4-x^2}$,故

$$\int_0^{\pi/2} d\theta \int_{2\cos\theta}^2 f(r^2) r\, dr = \int_0^2 dx \int_{\sqrt{2x-x^2}}^{\sqrt{4-x^2}} f(x^2+y^2)\, dy。$$ 仅 B 入选。

例 2.24 设 $f(x,y)$ 是连续函数,则 $\displaystyle\int_0^1 dy \int_{-\sqrt{1-y^2}}^{1-y} f(x,y)\, dx = ($ $)$。

A. $\displaystyle\int_0^1 dx \int_1^{x-1} f(x,y)\, dy + \int_{-1}^0 dx \int_0^{\sqrt{1-x^2}} f(x,y)\, dy$

B. $\displaystyle\int_0^1 dx \int_1^{1-x} f(x,y)\, dy + \int_{-1}^0 dx \int_0^{\sqrt{1-x^2}} f(x,y)\, dy$

C. $\displaystyle\int_0^{\frac{\pi}{2}} d\theta \int_0^{\frac{1}{\cos\theta+\sin\theta}} f(r\cos\theta, r\sin\theta)\, dr + \int_{\frac{\pi}{2}}^{\pi} d\theta \int_0^1 f(r\cos\theta, r\sin\theta)\, dr$

D. $\displaystyle\int_0^{\frac{\pi}{2}} d\theta \int_0^{\frac{1}{\cos\theta+\sin\theta}} f(r\cos\theta, r\sin\theta) r\, dr + \int_{\frac{\pi}{2}}^{\pi} d\theta \int_0^1 f(r\cos\theta, r\sin\theta) r\, dr$

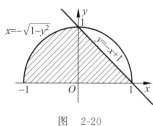

图 2-20

解 所给二重积分的积分区域用直角坐标系表示为

$$D = \left\{ (x,y) \mid -\sqrt{1-y^2} \leqslant x \leqslant 1-y, 0 \leqslant y \leqslant 1 \right\}。$$

如图 2-20 所示,如用极坐标表示为

$$D_1 : \frac{\pi}{2} \leqslant \theta \leqslant \pi, 0 \leqslant r \leqslant 1,$$

$$D_2 : 0 \leqslant \theta \leqslant \frac{\pi}{2}, 0 \leqslant y \leqslant \frac{1}{\cos\theta + \sin\theta},$$

因而 $\displaystyle\int_0^1 dy \int_{-\sqrt{1-y^2}}^{1-y} f(x,y)\, dx$

$$= \int_0^{\frac{\pi}{2}} d\theta \int_0^{\frac{1}{\cos\theta+\sin\theta}} f(r\cos\theta, r\sin\theta) r\, dr + \int_{\frac{\pi}{2}}^{\pi} d\theta \int_0^1 f(r\cos\theta, r\sin\theta) r\, dr,$$

仅 D 入选。

例 2.25 计算二次积分 $\displaystyle I = \int_0^{\frac{R}{\sqrt{2}}} e^{-y^2} dy \int_0^y e^{-x^2} dx + \int_{\frac{R}{\sqrt{2}}}^R e^{-y^2} dy \int_0^{\sqrt{R^2-y^2}} e^{-x^2} dx。$

解 因被积函数 e^{-x^2} 的原函数不能用初等函数表示,需先将二次积分还原为二重积分,由所给的两个二重积分得其积分区域为 $D = D_1 \bigcup D_2$,如图 2-21 所示,其中

$$D_1 = \left\{ (x,y) \mid 0 \leqslant y \leqslant \frac{R}{\sqrt{2}}, 0 \leqslant x \leqslant y \right\},$$

$$D_2 = \left\{ (x,y) \mid \frac{R}{\sqrt{2}} \leqslant y \leqslant R, 0 \leqslant x \leqslant \sqrt{R^2-y^2} \right\},$$

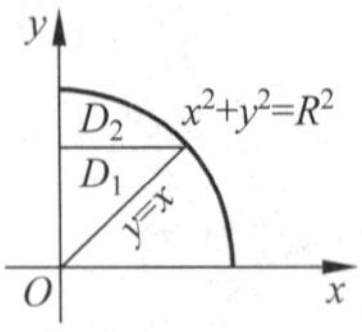

得到 $I = \iint\limits_{D} \mathrm{e}^{-(x^2+y^2)}\mathrm{d}x\mathrm{d}y$，利用极坐标计算较简单，在极坐标下 D 可表示

为 $D = \left\{(r,\theta) \mid \dfrac{\pi}{4} \leqslant \theta \leqslant \dfrac{\pi}{2}, 0 \leqslant r \leqslant R\right\}$，于是

$$I = \int_{\frac{\pi}{4}}^{\frac{\pi}{2}}\mathrm{d}\theta\int_0^R \mathrm{e}^{-r^2}r\mathrm{d}r = \frac{\pi}{8}(1-\mathrm{e}^{-R^2}).$$

图　2-21

题型 2-8　求 $f(x,y)$ 问题

【解题思路】 已知关于 $f(x,y)$ 在区域 D 上二重积分的等式，求解

$f(x,y)$ 问题，首先可以知道积分 $\iint\limits_{D}f(u,v)\mathrm{d}u\mathrm{d}v$ 是一个常数 A，然后等式两边在区域 D 上求

二重积分，最后解出常数 A，再代回原方程即可求出 $f(x,y)$。

例 2.26　设 $f(x,y)$ 连续，且 $f(x,y) = x^2y + \iint\limits_{D}xf(u,v)\mathrm{d}u\mathrm{d}v$，其中 D 由 $y=x^2, y=$

$0, x=1$ 所围成区域，求 $f(x,y)$。

解　积分区域如图 2-22 所示，设 $A = \iint\limits_{D}f(u,v)\mathrm{d}u\mathrm{d}v$，则 $A =$

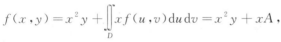

$\iint\limits_{D}f(x,y)\mathrm{d}x\mathrm{d}y$，故

$$f(x,y) = x^2y + \iint\limits_{D}xf(u,v)\mathrm{d}u\mathrm{d}v = x^2y + xA,$$

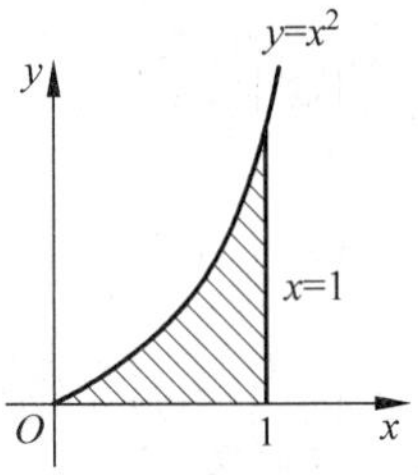

两边求二重积分，则

$$A = \iint\limits_{D}(x^2y + Ax)\mathrm{d}x\mathrm{d}y = \int_0^1\mathrm{d}x\int_0^{x^2}(x^2y+Ax)\mathrm{d}y = \frac{1}{14} + \frac{A}{4}.$$

图　2-22

从而 $A = \dfrac{2}{21}$，故 $f(x,y) = x^2y + \dfrac{2}{21}x$。

例 2.27　设闭区域 $D: x^2+y^2 \leqslant y, x \geqslant 0, f(x,y)$ 为 D 上的连续函数，且

$$f(x,y) = \sqrt{1-x^2-y^2} - \frac{8}{\pi}\iint\limits_{D}f(u,v)\mathrm{d}u\mathrm{d}v, \text{求 } f(x,y).$$

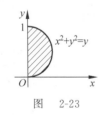

解　积分区域如图 2-23 所示，设 $\iint\limits_{D}f(u,v)\mathrm{d}u\mathrm{d}v = A$，在已知等式两

图　2-23

边计算区域 D 上的二重积分，有

$$\iint\limits_{D}f(x,y)\mathrm{d}x\mathrm{d}y = \iint\limits_{D}\sqrt{1-x^2-y^2}\mathrm{d}x\mathrm{d}y - \frac{8}{\pi}A\iint\limits_{D}\mathrm{d}x\mathrm{d}y,$$

从而 $A = \iint\limits_{D}\sqrt{1-x^2-y^2}\mathrm{d}x\mathrm{d}y - A$，所以

$$A = \frac{1}{2}\int_0^{\frac{\pi}{2}}\mathrm{d}\theta\int_0^{\sin\theta}\sqrt{1-r^2}r\mathrm{d}r = \frac{1}{6}\int_0^{\frac{\pi}{2}}(1-\cos^3\theta)\mathrm{d}\theta = \frac{1}{6}\left(\frac{\pi}{2}-\frac{2}{3}\right),$$

于是

$$f(x,y) = \sqrt{1-x^2-y^2} - \frac{4}{3\pi}\left(\frac{\pi}{2}-\frac{2}{3}\right).$$

题型 2-9　综合问题

【解题思路】　对于复杂的二重积分问题,首先应考虑积分区域 D 的对称性,判断 D 是否关于 x 轴和 y 轴对称,被积函数关于 x 还是关于 y 的奇偶性,从而简化计算。然后判断在各区域上应运用直角坐标,还是极坐标计算二重积分。

例 2.28　设二元函数 $f(x,y)=\begin{cases} x^2, & |x|+|y|\leqslant 1, \\ \dfrac{1}{\sqrt{x^2+y^2}}, & 1<|x|+|y|\leqslant 2, \end{cases}$

计算二重积分 $\displaystyle\iint_D f(x,y)\mathrm{d}\sigma$,其中,$D=\{(x,y)\mid |x|+|y|\leqslant 2\}$。

解　**解法一**　由区域的对称性和被积函数的奇偶性,有 $\displaystyle\iint_D f(x,y)\mathrm{d}\sigma=4\iint_{D_1}f(x,y)\mathrm{d}\sigma$,

其中 D_1 为 D 在第一象限的部分,而

$$D=D_{11}+D_{22}=\{(x,y)\mid 0\leqslant x\leqslant 1,0\leqslant y\leqslant 1-x\}+\{(x,y)\mid$$
$$1\leqslant x+y\leqslant 2,x\geqslant 0,y\geqslant 0\},$$

积分区域如图 2-24 所示,易求得

$$\iint_{D_{11}}f(x,y)\mathrm{d}\sigma=\iint_{D_{11}}x^2\mathrm{d}x\mathrm{d}y=\int_0^1\mathrm{d}x\int_0^{1-x}x^2\mathrm{d}y=\frac{1}{12}。$$

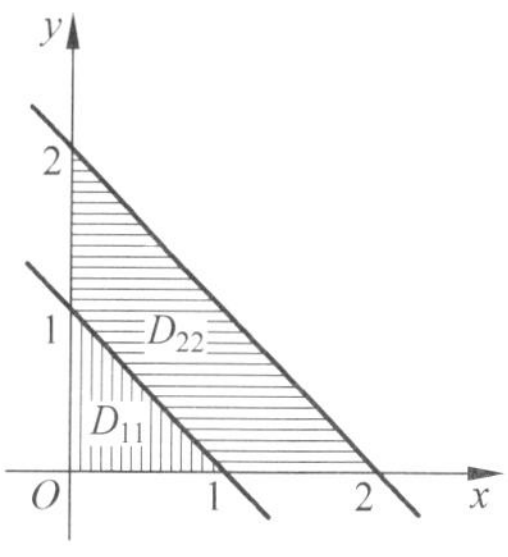

因 D_{22} 上的被积函数为 $f(x,y)=\dfrac{1}{\sqrt{x^2+y^2}}$,可用极坐标系计

算,令 $x=r\cos\theta,y=r\sin\theta$,在极坐标系 (r,θ) 中,$x+y=1$ 的极坐标

方程是 $r=\dfrac{1}{\cos\theta+\sin\theta}$,$x+y=2$ 的极坐标方程是 $r=\dfrac{2}{\cos\theta+\sin\theta}$,

图　2-24

因而　　　$D_{22}=\left\{(r,\theta)\mid 0\leqslant\theta\leqslant\dfrac{\pi}{2},\dfrac{1}{\cos\theta+\sin\theta}\leqslant r\leqslant\dfrac{2}{\cos\theta+\sin\theta}\right\}$。

而

$$\iint_{D_{22}}f(x,y)\mathrm{d}\sigma=\iint_{D_{22}}\frac{1}{\sqrt{x^2+y^2}}\mathrm{d}x\mathrm{d}y=\int_0^{\pi/2}\mathrm{d}\theta\int_{\frac{1}{\cos\theta+\sin\theta}}^{\frac{2}{\cos\theta+\sin\theta}}\frac{r}{r}\mathrm{d}r$$

$$=\int_0^{\frac{\pi}{2}}\frac{1}{\cos\theta+\sin\theta}\mathrm{d}\theta=\frac{1}{\sqrt{2}}\int_0^{\frac{\pi}{2}}\frac{\mathrm{d}\theta}{\sin(\theta+\pi/4)}=\sqrt{2}\ln(1+\sqrt{2}),$$

故

$$\iint_D f(x,y)\mathrm{d}\sigma=4\iint_{D_1}f(x,y)\mathrm{d}\sigma$$

$$=4\left(\frac{1}{12}+\sqrt{2}\ln(1+\sqrt{2})\right)=\frac{1}{3}+4\sqrt{2}\ln(1+\sqrt{2})。$$

解法二　由解法一得到 $\displaystyle\iint_{D_{22}}f(x,y)\mathrm{d}\sigma=\iint_{D_{22}}\frac{1}{\sqrt{x^2+y^2}}\mathrm{d}x\mathrm{d}y=\int_0^{\frac{\pi}{2}}\frac{\mathrm{d}\theta}{\cos\theta+\sin\theta}$。

令 $\tan\dfrac{\theta}{2}=t$ 作变量代换,则 $\theta=2\arctan t,\cos\theta=\dfrac{1-t^2}{1+t^2},\sin\theta=\dfrac{2t}{1+t^2}$,于是 $\theta:0\to\dfrac{\pi}{2}$ 时,

有 $t:0\to 1$,且 $\mathrm{d}\theta=\dfrac{2\mathrm{d}t}{1+t^2}$,代入即得

$$\iint\limits_{D_{22}} \frac{\mathrm{d}\sigma}{\sqrt{x^2 + y^2}} = \int_0^{\frac{\pi}{2}} \frac{\mathrm{d}\theta}{\sin\theta + \cos\theta} = \int_0^1 \frac{2\mathrm{d}t}{1 + 2t - t^2} = \int_0^1 \frac{2\mathrm{d}t}{2 - (1-t)^2}$$

$$\xlongequal{1-t=u} -\int_1^0 \frac{2\mathrm{d}u}{2-u^2} = \int_0^1 \frac{2\mathrm{d}u}{2-u^2} = \frac{1}{\sqrt{2}} \int_0^1 \left(\frac{1}{\sqrt{2}-u} + \frac{1}{\sqrt{2}+u} \right) \mathrm{d}u$$

$$= \frac{1}{\sqrt{2}} \ln \left| \frac{\sqrt{2}+u}{\sqrt{2}-u} \right| \Big|_0^1 = \frac{1}{\sqrt{2}} \ln \frac{\sqrt{2}+1}{\sqrt{2}-1} = \frac{1}{\sqrt{2}} \ln \frac{(\sqrt{2}+1)^2}{1} = \sqrt{2} \ln(1+\sqrt{2})。$$

综上所述,得到

$$\iint\limits_{D} f(x,y)\mathrm{d}\sigma = 4 \times \frac{1}{12} + 4\sqrt{2}\ln(1+\sqrt{2}) = \frac{1}{3} + 4\sqrt{2}\ln(1+\sqrt{2})。$$

2.4　课后习题解答

习题 2.1

1. 用二重积分表示由平面 $\dfrac{x}{2} + \dfrac{y}{3} + \dfrac{z}{4} = 1, x=0, y=0, z=0$ 所围成的曲顶柱体的体积 V,并用不等式组表示曲顶柱体在 xOy 坐标面上的底。

解　$V = \iint\limits_{D} \dfrac{12 - 6x - 4y}{3} \mathrm{d}x\mathrm{d}y$。

因为 $\dfrac{x}{2} + \dfrac{y}{3} + \dfrac{z}{4} = 1$ 与 xOy 平面的交线为 $\dfrac{x}{2} + \dfrac{y}{3} = 1$,则此曲顶柱体在 xOy 坐标面上的底 D 为:

$0 \leqslant x \leqslant 2$; $0 \leqslant y \leqslant 3\left(1 - \dfrac{x}{2}\right)$。

2. 利用二重积分的几何意义确定积分的值:

(1) $\iint\limits_{D} \mathrm{d}\sigma, D: x^2 + y^2 \leqslant 1$; 　　　　(2) $\iint\limits_{D} \sqrt{R^2 - x^2 - y^2} \mathrm{d}\sigma, D: x^2 + y^2 \leqslant R^2$。

解　(1) 根据二重积分的几何意义,$\iint\limits_{D} \mathrm{d}\sigma, D: x^2 + y^2 \leqslant 1$,表示圆心在坐标原点,底半径为1,高为1的圆柱体的体积,所以 $\iint\limits_{D} \mathrm{d}\sigma = \pi 1^2 \times 1 = \pi$。

(2) 根据二重积分的几何意义,$\iint\limits_{D} \sqrt{R^2 - x^2 - y^2} \mathrm{d}\sigma, D = \{(x,y) \mid x^2 + y^2 \leqslant R^2\}$ 表示球心在坐标原点,半径为 R 的上半球的体积,所以 $\iint\limits_{D} \sqrt{R^2 - x^2 - y^2} \mathrm{d}\sigma = \dfrac{2}{3}\pi R^3$。

3. 利用二重积分的性质,比较下列积分的大小:

(1) $\iint\limits_{D} \mathrm{e}^{xy} \mathrm{d}\sigma$ 与 $\iint\limits_{D} \mathrm{e}^{2xy} \mathrm{d}\sigma$,其中 $D = \{(x,y) \mid 0 \leqslant x \leqslant 1, 0 \leqslant y \leqslant 1\}$;

(2) $\iint\limits_{D} (x+y)^2 \mathrm{d}\sigma$ 与 $\iint\limits_{D} (x+y)^3 \mathrm{d}\sigma$ 的大小,其中 D 由 x 轴、y 轴及 $x + y = 1$ 围成;

(3) $\iint\limits_{D} \tan^2(x+y) \mathrm{d}\sigma$ 与 $\iint\limits_{D} \tan^3(x+y) \mathrm{d}\sigma$,其中 D 为不等式组 $\begin{cases} 0 \leqslant x \leqslant \dfrac{\pi}{8}, \\ 0 \leqslant y \leqslant \dfrac{\pi}{8} - x \end{cases}$ 所确定的闭区域。

解　(1) 因为在 D 内有 $\mathrm{e}^{xy} < \mathrm{e}^{2xy}$,所以 $\iint\limits_{D} \mathrm{e}^{xy} \mathrm{d}\sigma < \iint\limits_{D} \mathrm{e}^{2xy} \mathrm{d}\sigma$。

(2) 因为在 D 内有 $(x+y)^2 > (x+y)^3$,所以 $\displaystyle\iint\limits_{D}(x+y)^2\mathrm{d}\sigma > \iint\limits_{D}(x+y)^3\mathrm{d}\sigma$。

(3) 因为 $0 \leqslant x+y \leqslant \dfrac{\pi}{8}$,所以 $0 \leqslant \tan(x+y) < 1$,故 $\tan^2(x+y) \geqslant \tan^3(x+y)$(等号仅当 $x+y=0$ 时成立),故

$$\iint\limits_{D}\tan^2(x+y)\mathrm{d}\sigma > \iint\limits_{D}\tan^3(x+y)\mathrm{d}\sigma。$$

4. 利用二重积分的性质估计下列积分值:

(1) $\displaystyle\iint\limits_{D}(x^2+4y^2+9)\mathrm{d}\sigma$,其中 D 是圆形闭区域 $x^2+y^2 \leqslant 4$;

(2) $\displaystyle\iint\limits_{D}\dfrac{\mathrm{d}\sigma}{\sqrt{x^2+y^2+2xy+16}}$,其中 $D=\{(x,y) \mid 0 \leqslant x \leqslant 1,\ 0 \leqslant y \leqslant 2\}$;

(3) $\displaystyle\iint\limits_{D}\cos^2 x\cos^2 y\,\mathrm{d}\sigma$,其中 D 为 $\left\{(x,y) \,\middle|\, -\dfrac{\pi}{2} \leqslant x \leqslant \dfrac{\pi}{2},\ -\dfrac{\pi}{2} \leqslant y \leqslant \dfrac{\pi}{2}\right\}$

解 (1) 因为 $(x,y) \in D$ 时,$9 \leqslant x^2+4y^2+9 \leqslant 25$,故 $36\pi \leqslant \displaystyle\iint\limits_{D}(x^2+4y^2+9)\mathrm{d}\sigma \leqslant 100\pi$。

(2) 因为 $f(x,y)=\dfrac{1}{\sqrt{(x+y)^2+16}}$,积分区域面积 $\sigma=2$,在 D 上 $f(x,y)$ 的最大值 $M=\dfrac{1}{4}$($x=y=0$),最小值 $m=\dfrac{1}{\sqrt{3^2+4^2}}=\dfrac{1}{5}$($x=1,y=2$),故

$$\dfrac{2}{5} \leqslant \iint\limits_{D}\dfrac{\mathrm{d}\sigma}{\sqrt{x^2+y^2+2xy+16}} \leqslant \dfrac{1}{2}。$$

(3) 因为 $f(x,y)=\cos^2 x\cos^2 y$,积分区域面积 $\sigma=\pi^2$,在 $D=\left\{(x,y)\,\middle|\,-\dfrac{\pi}{2}\leqslant x\leqslant\dfrac{\pi}{2},-\dfrac{\pi}{2}\leqslant y\leqslant\dfrac{\pi}{2}\right\}$ 上 $f(x,y)$ 的最大值 $M=1$($x=y=0$),最小值 $m=0$ $\left(x=\pm\dfrac{\pi}{2}\text{ 或 } y=\pm\dfrac{\pi}{2}\right)$,故 $0 \leqslant \displaystyle\iint\limits_{D}\cos^2 x\cos^2 y\,\mathrm{d}\sigma \leqslant \pi^2$。

提高题

1. 已知函数 $F(x,y)=xy+\displaystyle\iint\limits_{D}f(x,y)\mathrm{d}\sigma$,其中 D 是有界闭区域,且 $f(x,y)$ 在 D 上连续,求 $F(x,y)$ 在点 $(1,1)$ 出的全微分。

解 因为 $F(x,y)=xy+\displaystyle\iint\limits_{D}f(x,y)\mathrm{d}\sigma$,所以 $\dfrac{\partial F(x,y)}{\partial x}=y$,$\dfrac{\partial F(x,y)}{\partial y}=x$,于是 $\dfrac{\partial F(x,y)}{\partial x}\bigg|_{(1,1)}=1$,$\dfrac{\partial F(x,y)}{\partial y}\bigg|_{(1,1)}=1$,故 $\mathrm{d}F(x,y)=\mathrm{d}x+\mathrm{d}y$。

2. 利用二重积分的性质计算:$\displaystyle\lim_{r\to 0}\dfrac{1}{\pi r^2}\iint\limits_{D}\mathrm{e}^{x^2-y^2}\cos(x+y)\mathrm{d}x\mathrm{d}y$,其中 D 是圆形闭区域 $x^2+y^2 \leqslant r^2$。

解 由二重积分的积分中值定理得

$$\lim_{r\to 0}\dfrac{1}{\pi r^2}\iint\limits_{D}\mathrm{e}^{x^2-y^2}\cos(x+y)\mathrm{d}x\mathrm{d}y=\lim_{r\to 0}\dfrac{1}{\pi r^2}\mathrm{e}^{\xi^2-\eta^2}\cos(\xi+\eta)\cdot\pi r^2=\lim_{r\to 0}\mathrm{e}^{\xi^2-\eta^2}\cos(\xi+\eta)。$$

当 $r\to 0$ 时,$(\xi,\eta)\to(0,0)$,所以 $\displaystyle\lim_{r\to 0}\dfrac{1}{\pi r^2}\iint\limits_{D}\mathrm{e}^{x^2-y^2}\cos(x+y)\mathrm{d}x\mathrm{d}y=1$。

习题 2.2

1. 已知二重积分的积分区域为 D,画出图形,并把 $\displaystyle\iint\limits_{D}f(x,y)\mathrm{d}\sigma$ 化为二次积分:

(1) D 是由 $y \geqslant x^2, y \leqslant 4 - x^2$ 所围成的区域；

(2) D 是由曲线 $y^2 = 4x$ 与 $y = x$ 围成的区域；

(3) D 是由曲线 $x = \sqrt{2 - y^2}, x = y^2$ 围成的区域；

(4) D 是由 $y = 1, y = 2x + 3, y = 3 - x$ 围成的区域。

解 (1) 积分区域如图 2-25(a)，此区域可写成 X 型区域：$-\sqrt{2} \leqslant x \leqslant \sqrt{2}, x^2 \leqslant y \leqslant 4 - x^2$，于是

$$\iint\limits_{D} f(x, y) \mathrm{d}\sigma = \int_{-\sqrt{2}}^{\sqrt{2}} \mathrm{d}x \int_{x^2}^{4 - x^2} f(x, y) \mathrm{d}y。$$

(2) 积分区域如图 2-25(b)，此区域可写成 X 型区域：$0 \leqslant x \leqslant 4, x \leqslant y \leqslant 2\sqrt{x}$，于是

$$\iint\limits_{D} f(x, y) \mathrm{d}\sigma = \int_{0}^{4} \mathrm{d}x \int_{x}^{2\sqrt{x}} f(x, y) \mathrm{d}y。$$

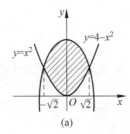

图   2-25

(3) 积分区域如图 2-26(a)，此区域可写成 Y 型区域：$-1 \leqslant y \leqslant 1, y^2 \leqslant x \leqslant \sqrt{2 - y^2}$，于是

$$\iint\limits_{D} f(x, y) \mathrm{d}\sigma = \int_{-1}^{1} \mathrm{d}y \int_{y^2}^{\sqrt{2 - y^2}} f(x, y) \mathrm{d}x。$$

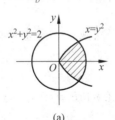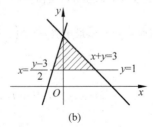

图   2-26

(4) 积分区域如图 2-26(b)，此区域可写成 Y 型区域：$1 \leqslant y \leqslant 3, \dfrac{y - 3}{2} \leqslant x \leqslant 3 - y$，于是

$$\iint\limits_{D} f(x, y) \mathrm{d}\sigma = \int_{1}^{3} \mathrm{d}y \int_{\frac{y - 3}{2}}^{3 - y} f(x, y) \mathrm{d}x。$$

2. 计算下列二重积分：

(1) $\iint\limits_{D} (x^2 - y^2) \mathrm{d}\sigma$，其中 D 是由直线 $y = x, y = 2x$ 及 $x = 1$ 所围成的闭区域；

(2) $\iint\limits_{D} xy \mathrm{d}\sigma$，其中 D 是由抛物线 $y^2 = x$ 及直线 $y = x - 2$ 所围成的闭区域；

(3) $\iint\limits_{D} \mathrm{e}^{x+y} \mathrm{d}\sigma$，其中 D 是由 $|x| \leqslant 1$ 与 $|y| \leqslant 1$ 所围成的闭区域；

(4) $\iint\limits_{D} \cos(x + y) \mathrm{d}\sigma$，其中 D 是以 $(0, 0)$，$\left(\dfrac{\pi}{2}, \dfrac{\pi}{2}\right)$，$(\pi, 0)$ 为顶点的三角形闭区域；

(5) $\iint\limits_{D} x\sin\dfrac{y}{x}\mathrm{d}\sigma$,其中 D 是由 $y=x,x=1,y=0$ 所围成的闭区域;

(6) $\iint\limits_{D}\sin y^{2}\mathrm{d}x\mathrm{d}y$,其中 D 是由 $y=x,y=1$ 及 y 轴所围成的闭区域;

(7) $\iint\limits_{D}(xy+1)\mathrm{d}x\mathrm{d}y$,其中 D 是由 $4x^{2}+y^{2}\leqslant 4$ 所围成的闭区域;

(8) $\iint\limits_{D}(|x|+y)\mathrm{d}x\mathrm{d}y$,其中 D 是由 $|x|+|y|\leqslant 1$ 所围成的闭区域;

(9) $\iint\limits_{D}y[1+xf(x^{2}+y^{2})]\mathrm{d}x\mathrm{d}y$,其中 D 是由曲线 $y=x^{2}$ 与 $y=1$ 所围成的闭区域。

解 (1) 积分区域如图 2-27(a)所示,于是

$$\iint\limits_{D}(x^{2}-y^{2})\mathrm{d}\sigma=\int_{0}^{1}\mathrm{d}x\int_{x}^{2x}(x^{2}-y^{2})\mathrm{d}y=\int_{0}^{1}\left(x^{2}y-\frac{y^{3}}{3}\right)\Big|_{x}^{2x}\mathrm{d}x=-\int_{0}^{1}\frac{4x^{3}}{3}\mathrm{d}x=-\frac{1}{3}。$$

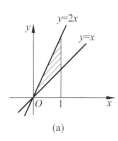 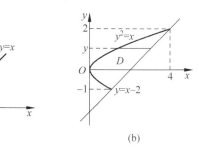

图　2-27

(2) 积分区域如图 2-27(b)所示,D 既是 X 型,也是 Y 型。

但易见选择前者计算较麻烦,需将积分区域划分为两部分来计算,故选择后者。

$$\iint\limits_{D}xy\mathrm{d}\sigma=\int_{-1}^{2}\left(\int_{y^{2}}^{y+2}xy\mathrm{d}x\right)\mathrm{d}y=\int_{-1}^{2}\left(\frac{x^{2}}{2}y\right)\Big|_{y^{2}}^{y+2}\mathrm{d}y$$

$$=\frac{1}{2}\int_{-1}^{2}\left[y(y+2)^{2}-y^{5}\right]\mathrm{d}y$$

$$=\frac{1}{2}\left(\frac{y^{4}}{4}+\frac{4}{3}y^{3}+2y^{2}-\frac{y^{6}}{6}\right)\Big|_{-1}^{2}=5\frac{5}{8}。$$

(3) 因为 D 是矩形区域,且 $\mathrm{e}^{x+y}=\mathrm{e}^{x}\cdot\mathrm{e}^{y}$,所以

$$\iint\limits_{D}\mathrm{e}^{x+y}\mathrm{d}x\mathrm{d}y=\left(\int_{-1}^{1}\mathrm{e}^{x}\mathrm{d}x\right)\left(\int_{-1}^{1}\mathrm{e}^{y}\mathrm{d}y\right)=\left(\mathrm{e}^{x}\Big|_{-1}^{1}\right)\left(\mathrm{e}^{y}\Big|_{-1}^{1}\right)=\left(\mathrm{e}-\frac{1}{\mathrm{e}}\right)^{2}。$$

(4) 积分区域如图 2-28 所示,于是

$$\iint\limits_{D}\cos(x+y)\mathrm{d}\sigma=\int_{0}^{\frac{\pi}{2}}\left(\int_{y}^{\pi-y}\cos(x+y)\mathrm{d}x\right)\mathrm{d}y$$

$$=\int_{0}^{\frac{\pi}{2}}\sin(x+y)\Big|_{y}^{\pi-y}\mathrm{d}y=-\int_{0}^{\frac{\pi}{2}}\sin(2y)\mathrm{d}y$$

$$=\frac{\cos 2y}{2}\Big|_{0}^{\frac{\pi}{2}}=-1。$$

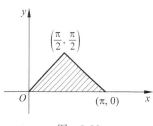

图　2-28

(5) $\iint\limits_{D}x\sin\dfrac{y}{x}\mathrm{d}\sigma=\int_{0}^{1}x\mathrm{d}x\int_{0}^{x}\sin\dfrac{y}{x}\mathrm{d}y=\dfrac{1}{3}(1-\cos 1)。$

(6) 因为 $\displaystyle\int\sin y^{2}\mathrm{d}y$ 的原函数不能用初等函数表示。所以将 D 看成 Y 型区域,得 $D:0\leqslant x\leqslant y,0\leqslant$

$y \leqslant 1$,则

$$\iint\limits_{D} \sin y^2 \mathrm{d}x \mathrm{d}y = \int_0^1 \mathrm{d}y \int_0^y \sin y^2 \mathrm{d}x = \int_0^1 \sin y^2 \cdot x \Big|_0^y \mathrm{d}y$$

$$= \int_0^1 y \sin y^2 \mathrm{d}y = \frac{1}{2}\int_0^1 \sin y^2 \mathrm{d}(y^2) = \frac{1}{2}(1 - \cos 1)。$$

注 本题中只有选择先对 x 后对 y 的二次积分,才能计算出积分值。

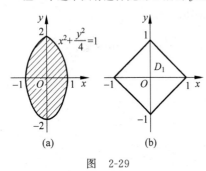

图 2-29

(7) 积分区域如图 2-29(a)所示,于是

$$I = \iint\limits_{D} xy \mathrm{d}x \mathrm{d}y + \iint\limits_{D} \mathrm{d}x \mathrm{d}y。$$

因为积分域 D 关于 x 轴对称,且函数 $f(x,y) = xy$ 关于 y 是奇函数,所以 $\iint\limits_{D} xy \mathrm{d}x \mathrm{d}y = 0$。

又 $\iint\limits_{D} \mathrm{d}x \mathrm{d}y = 2\pi$。故 $I = 2\pi$。

(8) 积分区域如图 2-29(b)所示,

$D = |x| + |y| \leqslant 1$ 关于 x 轴,y 轴对称,

利用对称性,所以 $\iint\limits_{D} y \mathrm{d}x \mathrm{d}y = 0$。

$$\iint\limits_{D}(|x| + y)\mathrm{d}x \mathrm{d}y = \iint\limits_{D}|x|\mathrm{d}x \mathrm{d}y(D_1 \text{ 是 } D \text{ 的第一象限部分})$$

$$= 4\iint\limits_{D_1} x \mathrm{d}x \mathrm{d}y = 4\int_0^1 \mathrm{d}x \int_0^{1-x} x \mathrm{d}y = \frac{2}{3}。$$

(9) 积分区域如图 2-30 所示,令 $g(x,y) = xyf(x^2 + y^2)$,因为 D 关于 y 轴对称,且 $g(-x,y) = -g(x,y)$,故

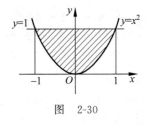

图 2-30

$$\iint\limits_{D} xyf(x^2 + y^2)\mathrm{d}x \mathrm{d}y = 0,$$

$$I = \iint\limits_{D} y \mathrm{d}x \mathrm{d}y = \int_{-1}^1 \mathrm{d}x \int_{x^2}^1 y \mathrm{d}y$$

$$= \frac{1}{2}\int_{-1}^1 (1 - x^4)\mathrm{d}x = \frac{4}{5}。$$

3. 交换下列二次积分的次序:

(1) $\displaystyle\int_0^1 \mathrm{d}y \int_y^{\sqrt{y}} f(x,y)\mathrm{d}x$;

(2) $I = \displaystyle\int_a^b \mathrm{d}x \int_a^x f(x,y)\mathrm{d}y$;

(3) $\displaystyle\int_{-1}^2 \mathrm{d}x \int_{x^2}^{x+2} f(x,y)\mathrm{d}y$;

(4) $\displaystyle\int_1^2 \mathrm{d}y \int_{\frac{1}{y}}^{y^2} f(x,y)\mathrm{d}x$;

(5) $\displaystyle\int_0^1 \mathrm{d}x \int_0^{\sqrt{2x-x^2}} f(x,y)\mathrm{d}y + \int_1^2 \mathrm{d}x \int_0^{2-x} f(x,y)\mathrm{d}y$。

解 (1) 题设二次积分的积分限为 $0 \leqslant y \leqslant 1, y \leqslant x \leqslant \sqrt{y}$,可改写为

$$0 \leqslant x \leqslant 1, \quad x^2 \leqslant y \leqslant x, \quad \text{所以} \int_0^1 \mathrm{d}y \int_y^{\sqrt{y}} f(x,y)\mathrm{d}x = \int_0^1 \mathrm{d}x \int_{x^2}^x f(x,y)\mathrm{d}y。$$

(2) 题设二次积分的积分限为 $a \leqslant x \leqslant b, a \leqslant y \leqslant x$,积分区域如图 2-31(a)所示,可改写为

$$a \leqslant y \leqslant b, \quad y \leqslant x \leqslant b, \quad \text{所以} I = \int_a^b \mathrm{d}x \int_a^x f(x,y)\mathrm{d}y = \int_a^b \mathrm{d}y \int_y^b f(x,y)\mathrm{d}x。$$

(3) 题设二次积分的积分限为 $-1 \leqslant x \leqslant 2, x^2 \leqslant y \leqslant x+2$,积分区域如图 2-31(b)所示,可改写为

$$0 \leqslant y \leqslant 1, \quad -\sqrt{y} \leqslant x \leqslant \sqrt{y}, \quad \text{与} 1 \leqslant y \leqslant 4, \quad y-2 \leqslant x \leqslant \sqrt{y},$$

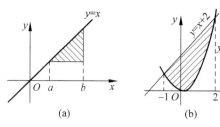

图　2-31

所以
$$\int_{-1}^{2} \mathrm{d}x \int_{x^2}^{x+2} f(x,y)\mathrm{d}y = \int_{0}^{1} \mathrm{d}y \int_{-\sqrt{y}}^{\sqrt{y}} f(x,y)\mathrm{d}x + \int_{1}^{4} \mathrm{d}y \int_{y-2}^{\sqrt{y}} f(x,y)\mathrm{d}x。$$

（4）题设二次积分的积分限为 $1 \leqslant y \leqslant 2, \dfrac{1}{y} \leqslant x \leqslant y^2$，积分区域如图 2-32(a)所示，可改写为

$$\frac{1}{2} \leqslant x \leqslant 1, \quad \frac{1}{x} \leqslant y \leqslant 2 \ 与 \ 1 \leqslant x \leqslant 4, \quad \sqrt{x} \leqslant y \leqslant 2,$$

所以
$$\int_{1}^{2} \mathrm{d}y \int_{\frac{1}{y}}^{y^2} f(x,y)\mathrm{d}x = \int_{\frac{1}{2}}^{1} \mathrm{d}x \int_{\frac{1}{x}}^{2} f(x,y)\mathrm{d}y + \int_{1}^{4} \mathrm{d}x \int_{\sqrt{x}}^{2} f(x,y)\mathrm{d}y。$$

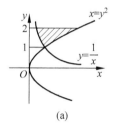 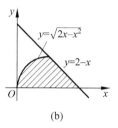

图　2-32

（5）题设二次积分的积分限为 $\begin{cases} 1 \leqslant x \leqslant 2, \\ 0 \leqslant y \leqslant 2-x, \end{cases}$ 与 $\begin{cases} 0 \leqslant x \leqslant 1, \\ 0 \leqslant y \leqslant \sqrt{2x-x^2}, \end{cases}$

积分区域如图 2-32(b)所示，可改写为 $\begin{cases} 0 \leqslant y \leqslant 1, \\ 1-\sqrt{1-y^2} \leqslant x \leqslant 2-y, \end{cases}$

即原式 $= \displaystyle\int_{0}^{1} \mathrm{d}y \int_{1-\sqrt{1-y^2}}^{2-y} f(x,y)\mathrm{d}x。$

提高题

1. 计算下列二重积分：

（1）$\displaystyle\iint_{D} |y-x^2| \,\mathrm{d}x\mathrm{d}y$，其中 D 是由 $-1 \leqslant x \leqslant 1, 0 \leqslant y \leqslant 1$ 所围成的区域；

（2）$\displaystyle\iint_{D} \sqrt{1-y^2} \,\mathrm{d}x\mathrm{d}y$，其中 D 是由 $y=\sqrt{1-x^2}$ 与 $|y|=x$ 所围成的区域；

（3）$\displaystyle\iint_{D} \mathrm{e}^{\max(x^1,y^2)} \,\mathrm{d}x\mathrm{d}y$，其中 D 是由 $0 \leqslant x \leqslant 1, 0 \leqslant y \leqslant 1$ 所围成的区域；

（4）$\displaystyle\iint_{D} y[1+x\mathrm{e}^{\frac{1}{2}(x^2+y^2)}]\,\mathrm{d}x\mathrm{d}y$，其中 D 由直线 $y=x, y=-1, x=1$ 围成的区域。

解　（1）积分区域在第一象限的部分如图 2-33(a)所示，故
$$\iint_{D} |y-x^2| \,\mathrm{d}x\mathrm{d}y = 2\iint_{D_1}(x^2-y)\,\mathrm{d}x\mathrm{d}y + 2\iint_{D_2}(y-x^2)\,\mathrm{d}x\mathrm{d}y$$

$$= 2\int_0^1 \mathrm{d}x \int_0^{x^2} (x^2 - y)\mathrm{d}y + 2\int_0^1 \mathrm{d}x \int_{x^2}^1 (y - x^2)\mathrm{d}y$$

$$= 2\int_0^1 \frac{1}{2}x^4 \mathrm{d}x + 2\int_0^1 \left(\frac{1}{2} - x^2 + \frac{1}{2}x^4 \right) \mathrm{d}x = \frac{11}{15}.$$

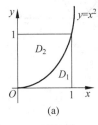 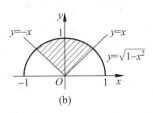

图 2-33

（2）积分区域如图 2-33(b)所示，此题如果先关于 y 积分，然后再对 x 积分，得

$$\iint\limits_{D} \sqrt{1 - y^2}\, \mathrm{d}x\mathrm{d}y = 2\int_0^{\frac{\sqrt{2}}{2}} \mathrm{d}x \int_x^{\sqrt{1 - x^2}} \sqrt{1 - y^2}\, \mathrm{d}y,$$

但这个二次积分不易计算。

我们改为先关于 x 积分，然后再对 y 积分，则由对称性有

$$\iint\limits_{D} \sqrt{1 - y^2}\, \mathrm{d}x\mathrm{d}y = 2\int_0^{\frac{\sqrt{2}}{2}} \mathrm{d}y \int_0^y \sqrt{1 - y^2}\, \mathrm{d}x + 2\int_{\frac{\sqrt{2}}{2}}^1 \mathrm{d}y \int_0^{\sqrt{1 - y^2}} \sqrt{1 - y^2}\, \mathrm{d}x$$

$$= 2\int_0^{\frac{\sqrt{2}}{2}} y\sqrt{1 - y^2}\, \mathrm{d}y + 2\int_{\frac{\sqrt{2}}{2}}^1 (1 - y^2)\mathrm{d}y = 2 - \sqrt{2}.$$

（3）积分区域如图 2-34(a)所示，故用直线 $y=x$ 把积分区域 D 分成上下两块，于是

$$\iint\limits_{D} \mathrm{e}^{\max(x^2, y^2)}\, \mathrm{d}x\mathrm{d}y = \iint\limits_{D_1} \mathrm{e}^{x^2}\, \mathrm{d}x\mathrm{d}y + \iint\limits_{D_2} \mathrm{e}^{y^2}\, \mathrm{d}x\mathrm{d}y = \int_0^1 \mathrm{d}x \int_0^x \mathrm{e}^{x^2}\, \mathrm{d}y + \int_0^1 \mathrm{d}y \int_0^y \mathrm{e}^{y^2}\, \mathrm{d}x = \mathrm{e} - 1.$$

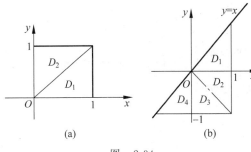

图 2-34

（4）积分区域如图 2-34(b)所示，用直线 $x+y=0$ 把积分区域 D 分成 4 块，即 $D = D_1 + D_2 + D_3 + D_4$，利用 $D_1 + D_2$ 关于 x 轴的对称性，$D_3 + D_4$ 关于 y 轴的对称性，以及被积函数关于变量 x 和 y 的奇偶性，不难得到

$$\iint\limits_{D_1 + D_2} y[1 + x\mathrm{e}^{\frac{1}{2}(x^2 + y^2)}]\mathrm{d}\sigma = 0,$$

$$\iint\limits_{D_3 + D_4} y[1 + x\mathrm{e}^{\frac{1}{2}(x^2 + y^2)}]\mathrm{d}\sigma = \iint\limits_{D_3 + D_4} y\mathrm{d}\sigma + \iint\limits_{D_3 + D_4} xy\mathrm{e}^{\frac{1}{2}(x^2 + y^2)}\, \mathrm{d}\sigma = 2\iint\limits_{D_3} y\mathrm{d}\sigma.$$

又因区域 D_3 可表示为 $D_3 = \{(x, y) \mid -1 \leqslant y \leqslant 0, 0 \leqslant x \leqslant -y\}$，故

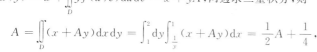

$$\iint\limits_{D} y\left[1 + x\,\mathrm{e}^{\frac{1}{2}(x^2+y^2)}\right]\mathrm{d}\sigma = 2\iint\limits_{D} y\,\mathrm{d}\sigma = 2\int_{-1}^{0}\mathrm{d}y\int_{0}^{-y}y\,\mathrm{d}x = -2\int_{-1}^{0}y^2\,\mathrm{d}y = -\frac{2}{3}\,.$$

2. 设函数 $f(x,y)$ 连续，且 $f(x,y) = x + \iint\limits_{D} yf(u,v)\mathrm{d}u\mathrm{d}v$，其中 D 由 $y = \dfrac{1}{x}$，$x = 1$，$y = 2$ 围成，求 $f(x,y)$。

解 积分区域如图 2-35 所示，设 $A = \iint\limits_{D} f(u,v)\mathrm{d}u\mathrm{d}v$，则 $A =$

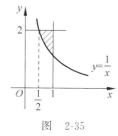

$\iint\limits_{D} f(x,y)\mathrm{d}x\mathrm{d}y$。故

$$f(x,y) = x + \iint\limits_{D} yf(u,v)\mathrm{d}u\mathrm{d}v = x + yA,\text{两边求二重积分，则}$$

$$A = \iint\limits_{D}(x + Ay)\mathrm{d}x\mathrm{d}y = \int_{1}^{2}\mathrm{d}y\int_{\frac{1}{y}}^{1}(x + Ay)\mathrm{d}x = \frac{1}{2}A + \frac{1}{4}\,,$$

图 2-35

从而 $A = \dfrac{1}{2}$，故 $f(x,y) = x + \dfrac{1}{2}y$。

习题 2.3

1. 把下列积分化为极坐标形式的二次积分：

(1) $\displaystyle\int_{0}^{2}\mathrm{d}x\int_{0}^{x} f(\sqrt{x^2+y^2})\mathrm{d}y$;   (2) $\displaystyle\int_{0}^{a}\mathrm{d}x\int_{x}^{\sqrt{2ax-x^2}} f(x,y)\mathrm{d}y$。

解 (1) 积分区域如图 2-36(a)所示，因为直角坐标系下的积分区域 D：$0\leqslant x\leqslant 2$，$0\leqslant y\leqslant x$，所以，极坐标系下的积分区域 D：$0\leqslant\theta\leqslant\dfrac{\pi}{4}$，$0\leqslant r\leqslant 2\sec\theta$，于是 $\displaystyle\int_{0}^{2}\mathrm{d}x\int_{0}^{x} f(\sqrt{x^2+y^2})\mathrm{d}y = \int_{0}^{\frac{\pi}{4}}\mathrm{d}\theta\int_{0}^{2\sec\theta} f(r)r\mathrm{d}r$。

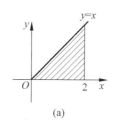 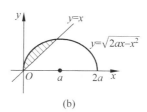

(a)   (b)

图 2-36

(2) 积分区域如图 2-36(b)所示，因为直角坐标系下的积分区域 D：$0\leqslant x\leqslant a$，$x\leqslant y\leqslant\sqrt{2ax-x^2}$，所以极坐标系下的积分区域 D：$\dfrac{\pi}{4}\leqslant\theta\leqslant\dfrac{\pi}{2}$，$0\leqslant r\leqslant 2a\cos\theta$，于是

$$\int_{0}^{a}\mathrm{d}x\int_{x}^{\sqrt{2ax-x^2}} f(x,y)\mathrm{d}y = \int_{\frac{\pi}{4}}^{\frac{\pi}{2}}\mathrm{d}\theta\int_{0}^{2a\cos\theta} f(r\cos\theta,r\sin\theta)r\mathrm{d}r\,.$$

2. 画出下列积分区域 D，并把二重积分 $\iint\limits_{D} f(x,y)\mathrm{d}\sigma$ 化为极坐标系中的二次积分：

(1) D：$x^2+y^2\leqslant 2x$;   (2) D：$y = \sqrt{R^2-x^2}$，$y = \pm x$。

解 (1) 积分区域如图 2-37(a)所示，在极坐标下，可写成 D：$-\dfrac{\pi}{2}\leqslant\theta\leqslant\dfrac{\pi}{2}$，$0\leqslant r\leqslant 2\cos\theta$ 于是极坐标系中的二次积分为 $\displaystyle\int_{-\frac{\pi}{2}}^{\frac{\pi}{2}}\mathrm{d}\theta\int_{0}^{2\cos\theta} f(r\cos\theta,r\sin\theta)r\mathrm{d}r$。

(2) 积分区域如图 2-37(b)所示，在极坐标下，可写成 D：$\dfrac{\pi}{4}\leqslant\theta\leqslant\dfrac{3\pi}{4}$，$0\leqslant r\leqslant R$，于是极坐标系中的

二次积分为 $\displaystyle\int_{\frac{\pi}{4}}^{\frac{3\pi}{4}}\mathrm{d}\theta\int_{0}^{R}f(r\cos\theta,r\sin\theta)r\mathrm{d}r$。

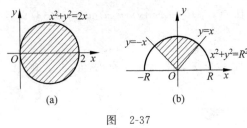

图　2-37

3. 画出下列二重积分的积分区域 D，并计算积分值：

$(1)\displaystyle\iint\limits_{D}\sqrt{x^{2}+y^{2}}\mathrm{d}\sigma$，其中 D 是由 $a^{2}\leqslant x^{2}+y^{2}\leqslant b^{2}(0<a<b)$ 所确定的圆环域；

$(2)\displaystyle\iint\limits_{D}\ln(1+x^{2}+y^{2})\mathrm{d}\sigma$，其中 D 是由 $x^{2}+y^{2}\leqslant R^{2},x\geqslant0,y\geqslant0$ 围成的区域；

$(3)\displaystyle\iint\limits_{D}\arctan\frac{y}{x}\mathrm{d}\sigma$，其中 D 是由 $1\leqslant x^{2}+y^{2}\leqslant4,y\geqslant0,y\leqslant x$ 围成的区域；

$(4)\displaystyle\iint\limits_{D}\sin\sqrt{x^{2}+y^{2}}\mathrm{d}\sigma$，其中 D 是由 $x^{2}+y^{2}\leqslant1$ 围成的区域；

$(5)\displaystyle\iint\limits_{D}\frac{x+y}{x^{2}+y^{2}}\mathrm{d}\sigma$，其中 D 是由 $x^{2}+y^{2}\leqslant1,x+y\geqslant1$ 围成的区域；

$(6)\displaystyle\iint\limits_{D}xy\mathrm{d}\sigma$，其中 D 是由 $x^{2}+y^{2}\leqslant2x,x^{2}+y^{2}\geqslant1,y\geqslant0$ 围成的区域。

解　(1) 积分区域如图 2-38(a)所示，区域 D 在极坐标下可表示为 $0\leqslant\theta\leqslant2\pi,a\leqslant r\leqslant b$，故

$$\iint\limits_{D}\sqrt{x^{2}+y^{2}}\mathrm{d}x\mathrm{d}y=\int_{0}^{2\pi}\mathrm{d}\theta\int_{a}^{b}r^{2}\mathrm{d}r=\frac{2\pi}{3}(b^{3}-a^{3})。$$

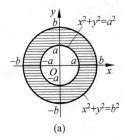
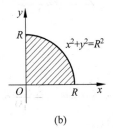

图　2-38

(2) 积分区域如图 2-38(b)所示，区域 D 在极坐标下可表示为 $0\leqslant\theta\leqslant\dfrac{\pi}{2},0\leqslant r\leqslant R$，于是

$$\iint\limits_{D}\ln(1+x^{2}+y^{2})\mathrm{d}x\mathrm{d}y=\iint\limits_{D}\ln(1+r^{2})r\mathrm{d}r\mathrm{d}\theta=\frac{1}{2}\int_{0}^{\frac{\pi}{2}}\mathrm{d}\theta\int_{0}^{R}\ln(1+r^{2})\mathrm{d}(1+r^{2})$$

$$=\frac{1}{2}\cdot\frac{\pi}{2}\left[(1+r^{2})\ln(1+r^{2})\Big|_{0}^{K}-(1+r^{2})\Big|_{0}^{R}\right]=\frac{\pi}{4}\left[(1+R^{2})\ln(1+R^{2})-R^{2}\right]。$$

(3) 积分区域如图 2-39(a)所示，区域 D 在极坐标下可表示为 $0\leqslant\theta\leqslant\dfrac{\pi}{4},1\leqslant r\leqslant2$，故

$$\iint\limits_{D}\arctan\frac{y}{x}\mathrm{d}\sigma=\iint\limits_{D}\theta r\mathrm{d}r\mathrm{d}\theta=\int_{0}^{\frac{\pi}{4}}\theta\mathrm{d}\theta\int_{1}^{2}r\mathrm{d}r=\frac{\pi^{2}}{32}\cdot\frac{3}{2}=\frac{3\pi^{2}}{64}。$$

（4）积分区域如图 2-39(b)所示，区域 D 在极坐标下可表示为 $0\leqslant\theta\leqslant\pi,0\leqslant r\leqslant1$，故

$$\iint\limits_{D}\sin\sqrt{x^2+y^2}\mathrm{d}\sigma=\iint\limits_{D}\sin r\cdot r\mathrm{d}r\mathrm{d}\theta=\int_0^{2\pi}\mathrm{d}\theta\int_0^1 r\sin r\mathrm{d}r=2\pi\int_0^1 r\mathrm{d}(-\cos r)$$

$$=2\pi\left[r(-\cos r)\Big|_0^1+\int_0^1\cos r\mathrm{d}r\right]=2\pi\left(-\cos1+\sin r\Big|_0^1\right)=2\pi(\sin1-\cos1)。$$

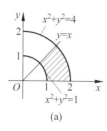 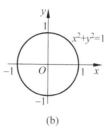

(a)　　　　　　　　　　(b)

图　2-39

（5）积分区域如图 2-40(a)所示，区域 D 在极坐标下可表示为 $0\leqslant\theta\leqslant\dfrac{\pi}{2},\dfrac{1}{\sin\theta+\cos\theta}\leqslant r\leqslant1$，故

$$\iint\limits_{D}\frac{x+y}{x^2+y^2}\mathrm{d}\sigma=\iint\limits_{D}\frac{r\cos\theta+r\sin\theta}{r^2}\cdot r\mathrm{d}r\mathrm{d}\theta=\iint\limits_{D}(\cos\theta+\sin\theta)\mathrm{d}r\mathrm{d}\theta$$

$$=\int_0^{\frac{\pi}{2}}\mathrm{d}\theta\int_{\frac{1}{\sin\theta+\cos\theta}}^1(\cos\theta+\sin\theta)\mathrm{d}r=\int_0^{\frac{\pi}{2}}(\sin\theta+\cos\theta-1)\mathrm{d}\theta$$

$$=(\sin\theta-\cos\theta)\Big|_0^{\frac{\pi}{2}}-\frac{\pi}{2}=2-\frac{\pi}{2}。$$

（6）积分区域如图 2-40(b)所示，区域 D 在极坐标下可表示为 $0\leqslant\theta\leqslant\dfrac{\pi}{3},1\leqslant r\leqslant2\cos\theta$，故

$$\iint\limits_{D}xy\mathrm{d}\sigma=\iint\limits_{D}r\cos\theta r\sin\theta r\mathrm{d}r\mathrm{d}\theta=\iint\limits_{D}r^3\cos\theta\sin\theta\mathrm{d}r\mathrm{d}\theta$$

$$=\int_0^{\frac{\pi}{3}}\mathrm{d}\theta\int_1^{2\cos\theta}r^3\cos\theta\sin\theta\mathrm{d}r=\int_0^{\frac{\pi}{3}}\cos\theta\sin\theta\frac{r^4}{4}\Big|_1^{2\cos\theta}\mathrm{d}\theta$$

$$=-\frac{1}{4}\int_0^{\frac{\pi}{3}}(16\cos^5\theta-\cos\theta)\mathrm{d}\cos\theta=-\frac{1}{4}\left(\frac{16}{6}\cos^6\theta-\frac{\cos^2\theta}{2}\right)\Big|_0^{\frac{\pi}{3}}=\frac{9}{16}。$$

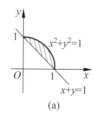 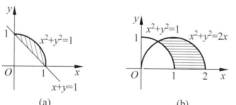

(a)　　　　　　　　　　(b)

图　2-40

提高题

1. 计算 $\iint\limits_{D}|x^2+y^2-2|\mathrm{d}x\mathrm{d}y$，其中 D 是由 $x^2+y^2\leqslant3$ 围成的区域。

解　积分区域如图 2-41 所示，区域 D 在极坐标下可表示为 $0\leqslant\theta\leqslant2\pi,0\leqslant r\leqslant\sqrt{2}$ 及 $\sqrt{2}\leqslant r\leqslant\sqrt{3}$，故

$$\iint_D |x^2+y^2-2|\,\mathrm{d}x\mathrm{d}y = \iint_D |r^2-2|\,r\mathrm{d}r\mathrm{d}\theta = 2\pi\left[\int_0^{\sqrt2}(2-r^2)r\mathrm{d}r+\int_{\sqrt2}^{\sqrt3}(r^2-2)r\mathrm{d}r\right]=\frac52\pi.$$

2. 计算 $\iint_D \mathrm{e}^{-(x^2+y^2-\pi)}\sin(x^2+y^2)\mathrm{d}x\mathrm{d}y$,其中 D 是由 $x^2+y^2\leqslant\pi$ 围成的区域。

解　积分区域如图 2-42 所示,区域 D 在极坐标下可表示为 $0\leqslant\theta\leqslant2\pi,0\leqslant r\leqslant\sqrt\pi$,故

$$\iint_D \mathrm{e}^{-(x^2+y^2-\pi)}\sin(x^2+y^2)\mathrm{d}x\mathrm{d}y = \iint_D \mathrm{e}^\pi \mathrm{e}^{-r^2}\sin r^2\,r\mathrm{d}r\mathrm{d}\theta = \mathrm{e}^\pi\int_0^{2\pi}\mathrm{d}\theta\int_0^{\sqrt\pi}\mathrm{e}^{-r^2}\sin r^2\,r\mathrm{d}r$$

$$\xlongequal{t=r^2} \mathrm{e}^\pi\cdot2\pi\int_0^\pi \mathrm{e}^{-t}\sin t\,\frac{\mathrm{d}t}{2}=\pi\mathrm{e}^\pi\int_0^\pi \mathrm{e}^{-t}\sin t\,\mathrm{d}t,$$

$$I = \int_0^\pi \mathrm{e}^{-t}\sin t\,\mathrm{d}t = \int_0^\pi \mathrm{e}^{-t}\mathrm{d}(-\cos t) = \mathrm{e}^{-t}(-\cos t)\Big|_0^\pi + \int_0^\pi \mathrm{e}^{-t}\cos t\,\mathrm{d}t$$

$$= \mathrm{e}^{-\pi}+1-\int_0^\pi \mathrm{e}^{-t}\mathrm{d}(\sin t) = \mathrm{e}^{-\pi}+1-\left(\mathrm{e}^{-t}\sin t\Big|_0^\pi+\int_0^\pi \mathrm{e}^{-t}\sin t\,\mathrm{d}t\right)$$

$$= \mathrm{e}^{-\pi}+1-\int_0^\pi \mathrm{e}^{-t}\sin t\,\mathrm{d}t,$$

即 $2I=\mathrm{e}^{-\pi}+1$,解得 $I=\dfrac{\mathrm{e}^{-\pi}+1}{2}$,故

$$\iint_D \mathrm{e}^{-(x^2+y^2-\pi)}\sin(x^2+y^2)\mathrm{d}x\mathrm{d}y = \pi\mathrm{e}^\pi\frac{\mathrm{e}^{-\pi}+1}{2}=\frac\pi2(1+\mathrm{e}^\pi).$$

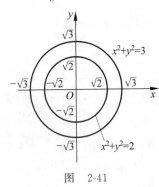

图　2-41

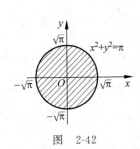

图　2-42

复习题 2

1. 填空题

(1) 二重积分 $\iint\limits_{|x|+|y|\leqslant1}\ln(x^2+y^2)\mathrm{d}x\mathrm{d}y$ 的符号为_____。

(2) 设区域 D 为 $0\leqslant x\leqslant1,0\leqslant y\leqslant1$,则 $\iint\limits_D(x+y)\mathrm{d}\sigma$ 的取值范围是_____。

(3) 依二重积分的几何意义 $\iint\limits_{x^2+y^2\leqslant a^2}xy\mathrm{d}x\mathrm{d}y = $ _____。

(4) $\int_0^1\mathrm{d}x\int_x^1\mathrm{e}^{-y}\mathrm{d}y = $ _____。

(5) $D:1\leqslant x^2+y^2\leqslant2^2$,$f$ 是 D 上的连续函数,将二重积分写成极坐标下的二次积分有
$\iint\limits_D f(\sqrt{x^2+y^2})\mathrm{d}x\mathrm{d}y = $ _____。

解　(1) 因为在 $|x|+|y|\leqslant1$ 上,$x^2+y^2\leqslant1$,所以 $\ln(x^2+y^2)\leqslant0$ 且不恒等于 0,所以
$\iint\limits_{|x|+|y|\leqslant1}\ln(x^2+y^2)\mathrm{d}x\mathrm{d}y<0$,故应填负号。

(2) 因为区域 D 上，$0 \leqslant x + y \leqslant 2$，而区域 D 的面积为 1，所以

$0 \leqslant \iint\limits_D (x + y) \mathrm{d}\sigma \leqslant 2$，故应填 $[0, 2]$。

(3) 因为区域 $x^2 + y^2$ 关于 x 轴对称，被积函数 $f(x, y) = xy$ 关于 y 为奇函数，所以 $\iint\limits_{x^2 + y^2 \leqslant a^2} xy \mathrm{d}x\mathrm{d}y = 0$，故应填 0。

(4) $\int_0^2 \mathrm{d}x \int_x^2 \mathrm{e}^{-y} \mathrm{d}y = \int_0^2 \mathrm{d}y \int_0^y \mathrm{e}^{-y} \mathrm{d}x = \int_0^2 y\mathrm{e}^{-y} \mathrm{d}y = y(-\mathrm{e}^{-y}) \Big|_0^2 + \int_0^2 \mathrm{e}^{-y} \mathrm{d}y = 1 - 3\mathrm{e}^{-2}$，故应填 $1 - 3\mathrm{e}^{-2}$。

(5) $\iint\limits_D f(\sqrt{x^2 + y^2}) \mathrm{d}x\mathrm{d}y = \iint\limits_D f(r) r \mathrm{d}r\mathrm{d}\theta = \int_0^{2\pi} \mathrm{d}\theta \int_1^2 f(r) r \mathrm{d}r = 2\pi \int_1^2 rf(r) \mathrm{d}r$，故应填 $2\pi \int_1^2 rf(r) \mathrm{d}r$。

2. 选择题

(1) 二次积分 $\int_0^2 \mathrm{d}x \int_0^{x^2} f(x, y) \mathrm{d}y$ 写成另一种次序的积分是（　　）。

　　A. $\int_0^4 \mathrm{d}y \int_{\sqrt{y}}^2 f(x, y) \mathrm{d}x$ 　　　　　　　B. $\int_0^4 \mathrm{d}y \int_0^{\sqrt{y}} f(x, y) \mathrm{d}x$

　　C. $\int_0^4 \mathrm{d}y \int_{x^2}^2 f(x, y) \mathrm{d}x$ 　　　　　　　D. $\int_0^4 \mathrm{d}y \int_2^{\sqrt{y}} f(x, y) \mathrm{d}x$

(2) 设平面区域 D 由 $x = 0, y = 0, x + y = \frac{1}{4}, x + y = 1$ 围成，若 $I_1 = \iint\limits_D [\ln(x + y)]^3 \mathrm{d}x\mathrm{d}y, I_2 = \iint\limits_D (x + y)^3 \mathrm{d}x\mathrm{d}y, I_3 = \iint\limits_D [\sin(x + y)]^3 \mathrm{d}x\mathrm{d}y$，则 I_1, I_2, I_3 的大小顺序为（　　）。

　　A. $I_1 < I_2 < I_3$ 　　B. $I_3 < I_2 < I_1$ 　　C. $I_1 < I_3 < I_2$ 　　D. $I_3 < I_1 < I_2$

(3) 设平面闭区域 $D = \{(x, y) \mid -a \leqslant x \leqslant a, x \leqslant y \leqslant a\}$，$D_1 = \{(x, y) \mid 0 \leqslant x \leqslant a, x \leqslant y \leqslant a\}$，则 $\iint\limits_D (xy + \cos x \cdot \sin y) \mathrm{d}\sigma = (\quad)$。

　　A. $2\iint\limits_{D_1} xy \mathrm{d}x\mathrm{d}y$ 　　　　　　　B. $2\iint\limits_{D_1} \cos x \cdot \sin y \mathrm{d}x\mathrm{d}y$

　　C. $4\iint\limits_{D_1} (xy + \cos x \cdot \sin y) \mathrm{d}x\mathrm{d}y$ 　　D. 0

(4) $\iint\limits_{D: x^2 + y^2 \leqslant 1} f(x, y) \mathrm{d}\sigma = 4 \int_0^1 \mathrm{d}x \int_0^{\sqrt{1 - x^2}} f(x, y) \mathrm{d}y$ 在（　　）情况下成立。

　　A. $f(-x, y) = -f(x, y), f(x, -y) = -f(x, y)$

　　B. $f(-x, y) = f(x, y), f(x, -y) = -f(x, y)$

　　C. $f(-x, y) = -f(x, y), f(x, -y) = f(x, y)$

　　D. $f(-x, y) = f(x, y), f(x, -y) = f(x, y)$

解　(1) 积分区域 D：$\begin{cases} 0 \leqslant x \leqslant 2, \\ 0 \leqslant y \leqslant x^2, \end{cases}$ 写出 Y 型为 $\begin{cases} 0 \leqslant y \leqslant 4, \\ \sqrt{y} \leqslant x \leqslant 2, \end{cases}$ 于是

$$\int_0^2 \mathrm{d}x \int_0^{x^2} f(x, y) \mathrm{d}x = \int_0^4 \mathrm{d}y \int_{\sqrt{y}}^2 f(x, y) \mathrm{d}x，故选 A。$$

(2) 在 D 上 $\frac{1}{4} \leqslant x + y \leqslant 1$，$(x + y)^3 \leqslant 1$，所以 $\ln(x + y)^3 \leqslant 0$，故 $I_1 = \iint\limits_D [\ln(x + y)]^3 \mathrm{d}x\mathrm{d}y \leqslant 0$。而 $(x + y)^3 > [\sin(x + y)]^3$，于是

$$\iint\limits_D (x + y)^3 \mathrm{d}x\mathrm{d}y > \iint\limits_D [\sin(x + y)]^3 \mathrm{d}x\mathrm{d}y，故选 C。$$

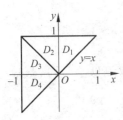

图 2-43

(3) 积分区域如图 2-43 所示，$D_1 \cup D_2$ 关于 y 轴对称，故

$$\iint\limits_{D_1 \cup D_2} xy \, \mathrm{d}\sigma = 0, \qquad \iint\limits_{D_1 \cup D_2} \cos x \sin y \, \mathrm{d}\sigma = 2\iint\limits_{D_1} \cos x \sin y \, \mathrm{d}\sigma,$$

$D_3 \cup D_4$ 关于 x 轴对称，故

$$\iint\limits_{D_3 \cup D_4} xy \, \mathrm{d}\sigma = 0, \qquad \iint\limits_{D_3 \cup D_4} \cos x \sin y \, \mathrm{d}\sigma = 0.$$

综上得 $\iint\limits_{D} xy \, \mathrm{d}\sigma = 0$，于是

$$\iint\limits_{D} (xy + \cos x \sin y) \, \mathrm{d}\sigma = \iint\limits_{D} \cos x \sin y \, \mathrm{d}\sigma = \iint\limits_{D_1 \cup D_2} \cos x \sin y \, \mathrm{d}\sigma + \iint\limits_{D_3 \cup D_4} \cos x \sin y \, \mathrm{d}\sigma = 2\iint\limits_{D_1} \cos x \sin y \, \mathrm{d}\sigma,$$

即 $\iint\limits_{D} (xy + \cos x \sin y) \, \mathrm{d}\sigma = 2\iint\limits_{D_1} \cos x \sin y \, \mathrm{d}\sigma$，故选 B。

(4) 因为 $D: x^2 + y^2 \leqslant 1$ 分别关于 x 轴，y 轴对称，如果被积函数分别关于 x, y 为偶函数，则有如下结果 $\iint\limits_{Dx^2+y^2 \leqslant 1} f(x,y) \, \mathrm{d}\sigma = 4\int_0^1 \mathrm{d}x \int_0^{\sqrt{1-x^2}} f(x,y) \, \mathrm{d}y$。而 $f(-x,y) = f(x,y)$ 说明 $f(x,y)$ 关于 x 为偶函数，$f(x,-y) = f(x,y)$ 说明 $f(x,y)$ 关于 y 为偶函数，故选 D。

3. 改变下列二次积分的积分次序：

(1) $\int_0^1 \mathrm{d}y \int_0^{y^2} f(x,y) \, \mathrm{d}x$；

(2) $\int_0^1 \mathrm{d}x \int_0^{x^2} f(x,y) \, \mathrm{d}y + \int_1^3 \mathrm{d}x \int_0^{\frac{3-x}{2}} f(x,y) \, \mathrm{d}y$。

解　(1) 题设二次积分的积分限为 $\begin{cases} 0 \leqslant y \leqslant 1, \\ 0 \leqslant x \leqslant y^2, \end{cases}$ 积分区域如图 2-44(a) 所示，

可改写为 $\begin{cases} 0 \leqslant x \leqslant 1, \\ \sqrt{x} \leqslant y \leqslant 1, \end{cases}$ 即

$$\int_0^1 \mathrm{d}y \int_0^{y^2} f(x,y) \, \mathrm{d}x = \int_0^1 \mathrm{d}x \int_{\sqrt{x}}^1 f(x,y) \, \mathrm{d}y.$$

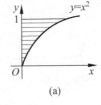 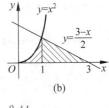

(a)　　　　(b)

图 2-44

(2) 题设二次积分的积分区域为 $0 \leqslant x \leqslant 1, 0 \leqslant y \leqslant x^2$ 与 $1 \leqslant x \leqslant 3, 0 \leqslant y \leqslant \dfrac{3-x}{2}$，积分区域如图 2-44(b) 所示，可改写为 $0 \leqslant y \leqslant 1, \sqrt{y} \leqslant x \leqslant 3-2y$，于是

$$\int_0^1 \mathrm{d}x \int_0^{x^2} f(x,y) \, \mathrm{d}y + \int_1^3 \mathrm{d}x \int_0^{\frac{3-x}{2}} f(x,y) \, \mathrm{d}y = \int_0^1 \mathrm{d}y \int_{\sqrt{y}}^{3-2y} f(x,y) \, \mathrm{d}x.$$

4. 计算下列二重积分：

(1) $\iint\limits_{D} x^2 y^2 \, \mathrm{d}x \mathrm{d}y$，其中区域 $D: |x| + |y| \leqslant 1$；

(2) $\iint\limits_{D} \mathrm{d}x \mathrm{d}y$，其中区域 D 由曲线 $y = 1 - x^2$ 与 $y = x^2 - 1$ 围成；

(3) $\iint\limits_{D} xy^2 \, \mathrm{d}\sigma$，其中 D 是由圆周 $x^2 + y^2 = 4$ 及 y 轴所围成的右半闭区域。

解　(1) 因为 D 关于 x 轴和 y 轴对称，且 $f(x,y) = x^2 y^2$，关于 x 或关于 y 为偶函数，其中，D_1 是 D 的第一象限的部分，所以

$$I = 4\iint\limits_{D_1} x^2 y^2 \mathrm{d}x\mathrm{d}y = 4\int_0^1 \mathrm{d}x\int_0^{1-x} x^2 y^2 \mathrm{d}y = \frac{4}{3}\int_0^1 x^2(1-x)^3 \mathrm{d}x = \frac{1}{45}.$$

(2) $\iint\limits_D \mathrm{d}x\mathrm{d}y = \int_{-1}^1 \mathrm{d}x\int_{x^2-1}^{1-x^2}\mathrm{d}y = 2\int_{-1}^1(1-x^2)\mathrm{d}x = 4\int_0^1(1-x^2)\mathrm{d}x = \frac{8}{3}.$

(3) 原式 $= \int_{-2}^2 \mathrm{d}y\int_0^{\sqrt{4-y^2}} xy^2\mathrm{d}x = \int_{-2}^2 \left[\frac{1}{2}x^2 y^2\right]_0^{\sqrt{4-y^2}}\mathrm{d}y = \int_{-2}^2\left(2y^2 - \frac{1}{2}y^4\right)\mathrm{d}y = 2\left(\frac{2}{3}y^3 - \frac{1}{10}y^5\right)\Big|_0^2 = \frac{64}{15}.$

5. 证明 $\int_0^1 \mathrm{d}x\int_0^x f(y)\mathrm{d}y = \int_0^1(1-x)f(x)\mathrm{d}x.$

证明 $\int_0^1\mathrm{d}x\int_0^x f(y)\mathrm{d}y = \int_0^1\mathrm{d}y\int_y^1 f(y)\mathrm{d}x = \int_0^1(1-y)f(y)\mathrm{d}y = \int_0^1(1-x)f(x)\mathrm{d}x.$

6. 计算 $\iint\limits_D \dfrac{\mathrm{d}\sigma}{\sqrt{x^2+y^2}}$,其中 D 是圆环域 $1 \leqslant x^2+y^2 \leqslant 4.$

解 在极坐标系下计算积分,D 的边界曲线的极坐标方程为:$r=1,r=2$,极点在 D 内,射线与 D 的边界交于两点,故原式 $= \iint\limits_D \frac{1}{r}r\mathrm{d}r\mathrm{d}\theta = \int_0^{2\pi}\mathrm{d}\theta\int_1^2\mathrm{d}r = 2\pi.$

7. 计算二重积分 $\iint\limits_D \sqrt{x^2+y^2}\,\mathrm{d}x\mathrm{d}y$,其中 $D:x^2+y^2\leqslant 2x.$

解 在极坐标下,原式 $= \iint\limits_D r^2\mathrm{d}r\mathrm{d}\theta = \int_{-\frac{\pi}{2}}^{\frac{\pi}{2}}\mathrm{d}\theta\int_0^{2\cos\theta} r^2\mathrm{d}r = \int_0^{\frac{\pi}{2}}\frac{16}{3}\cos^3\theta\mathrm{d}\theta = \frac{16}{3}\times\frac{2}{3} = \frac{32}{9}.$

自测题 2 答案

1. 填空题

(1) 在区域 D 上,$0\leqslant \sin^2 x\sin^2 y\leqslant 1$,$D$ 的面积为 π^2,所以 $0\leqslant\iint\limits_D\sin^2 x\cdot\sin^2 y\mathrm{d}\sigma\leqslant\pi^2$,故应填 $[0,\pi^2]$。

(2) 积分区域 $D:1\leqslant y\leqslant 2,0\leqslant x\leqslant 2-y$ 可改为 $0\leqslant x\leqslant 1,1\leqslant y\leqslant 2-x$,故应填
$$\int_0^1\mathrm{d}x\int_1^{2-x} f(x,y)\mathrm{d}y.$$

(3) D 分别关于 x 轴,y 轴对称,而被积函数 $x,\sin y$ 分别关于 x,y 为奇函数,所以 $\iint\limits_D x\mathrm{d}\sigma = 0,\iint\limits_D\sin y\mathrm{d}\sigma = 0$,于是 $\iint\limits_D(x-\sin y)\mathrm{d}\sigma = 0$,故应填 0。

(4) 区域 $D:1\leqslant x^2+y^2\leqslant\mathrm{e}^2$,可改为极坐标系下区域 $D:0\leqslant\theta\leqslant 2\pi,1\leqslant r\leqslant\mathrm{e}$,所以
$$\iint\limits_D\ln(x^2+y^2)^{\frac{1}{2}}\mathrm{d}\sigma = \iint\limits_D r\ln r\mathrm{d}r\mathrm{d}\theta = \int_0^{2\pi}\mathrm{d}\theta\int_1^{\mathrm{e}} r\ln r\mathrm{d}r,\text{故应填}\int_0^{2\pi}\mathrm{d}\theta\int_1^{\mathrm{e}} r\ln r\mathrm{d}r.$$

(5) 因为 $x^2+y^2\leqslant 1$,所以 $\sqrt{x^2+y^2}\leqslant\sqrt[3]{x^2+y^2}$,于是 $\dfrac{1}{1+\sqrt{x^2+y^2}}\geqslant\dfrac{1}{1+\sqrt[3]{x^2+y^2}}$。又因为 $f(u)$ 严格单调递减,所以 $f\left(\dfrac{1}{1+\sqrt{x^2+y^2}}\right)\leqslant f\left(\dfrac{1}{1+\sqrt[3]{x^2+y^2}}\right)$。于是 $\iint\limits_D f\left(\dfrac{1}{1+\sqrt{x^2+y^2}}\right)\mathrm{d}\sigma < \iint\limits_D f\left(\dfrac{1}{1+\sqrt[3]{x^2+y^2}}\right)\mathrm{d}\sigma$,故应填 $I_1 < I_2$。

2. **解** (1) 题设二次积分的积分限为 $\begin{cases}1\leqslant x\leqslant\mathrm{e},\\0\leqslant y\leqslant\ln x,\end{cases}$ 积分区域如图 2-45(a)所示,可改写为 $\begin{cases}0\leqslant y\leqslant 1,\\\mathrm{e}^y\leqslant x\leqslant\mathrm{e},\end{cases}$ 即 $\int_1^{\mathrm{e}}\mathrm{d}x\int_0^{\ln x} f(x,y)\mathrm{d}y = \int_0^1\mathrm{d}y\int_{\mathrm{e}^y}^{\mathrm{e}} f(x,y)\mathrm{d}x.$

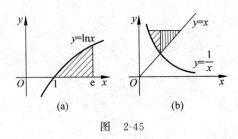

图 2-45

（2）题设二次积分的积分限为 $\frac{1}{2} \leqslant x \leqslant 1, \frac{1}{x} \leqslant y \leqslant 2$ 与 $1 \leqslant x \leqslant 2, x \leqslant y \leqslant 2$，积分区域如图 2-45（b）所

示，可改写为 $1 \leqslant y \leqslant 2, \frac{1}{y} \leqslant x \leqslant y$，所以 $\int_{\frac{1}{2}}^{1} \mathrm{d}x \int_{\frac{1}{x}}^{2} f(x,y) \mathrm{d}y + \int_{1}^{2} \mathrm{d}x \int_{x}^{2} f(x,y) \mathrm{d}y = \int_{1}^{2} \mathrm{d}y \int_{\frac{1}{y}}^{y} f(x,y) \mathrm{d}x$。

3. **解** （1）$\iint\limits_{D} \frac{y}{x} \mathrm{d}x \mathrm{d}y = \int_{2}^{4} \mathrm{d}x \int_{x}^{2x} \frac{y}{x} \mathrm{d}y = \frac{3}{2} \int_{2}^{4} x \mathrm{d}x = 9$。

（2）$\iint\limits_{D} (3x + 2y) \mathrm{d}\sigma = \int_{0}^{2} \mathrm{d}x \int_{0}^{2-x} (3x + 2y) \mathrm{d}y = \int_{0}^{2} (2x - 2x^2 + 4) \mathrm{d}x = \frac{20}{3}$。

（3）$\iint\limits_{D} |x^2 + y^2 - 4| \mathrm{d}\sigma = \int_{0}^{2\pi} \mathrm{d}\theta \int_{0}^{3} |r^2 - 4| r \mathrm{d}r = 2\pi \left[\int_{0}^{2} (4 - r^2) r \mathrm{d}r + \int_{2}^{3} (r^2 - 4) r \mathrm{d}r \right] = \frac{41}{2}\pi$。

（4）由题设 D 表成 X 型区域，得 $D: 0 \leqslant x \leqslant 1, 0 \leqslant y \leqslant \sqrt{x}$。因为 $\int \mathrm{e}^{-\frac{y^2}{2}} \mathrm{d}y$ 的原函数不能用初等函数

表示。所以我们要变换积分次序。

将 D 表成 Y 型区域，得 $D: 0 \leqslant y \leqslant 1, y^2 \leqslant x \leqslant 1$，于是

$$\int_{0}^{1} \mathrm{d}x \int_{0}^{\sqrt{x}} \mathrm{e}^{-\frac{y^2}{2}} \mathrm{d}y = \int_{0}^{1} \mathrm{d}y \int_{y^2}^{1} \mathrm{e}^{-\frac{y^2}{2}} \mathrm{d}x = \int_{0}^{1} (1 - y^2) \mathrm{e}^{-\frac{y^2}{2}} \mathrm{d}y$$

$$= \int_{0}^{1} \mathrm{e}^{-\frac{y^2}{2}} \mathrm{d}y + \int_{0}^{1} y \mathrm{d}(\mathrm{e}^{-\frac{y^2}{2}}) = \int_{0}^{1} \mathrm{e}^{-\frac{y^2}{2}} \mathrm{d}y + y \mathrm{e}^{-\frac{y^2}{2}} \Big|_{0}^{1} - \int_{0}^{1} \mathrm{e}^{-\frac{y^2}{2}} \mathrm{d}y = \mathrm{e}^{-\frac{1}{2}}$$。

注 本题中只有选择先对 x 后对 y 的二次积分，才能计算出积分值。

4. **证明** $\int_{0}^{1} \mathrm{d}y \int_{0}^{\sqrt{y}} \mathrm{e}^{y} f(x) \mathrm{d}x = \int_{0}^{1} \mathrm{d}x \int_{x^2}^{1} \mathrm{e}^{y} f(x) \mathrm{d}y = \int_{0}^{1} (\mathrm{e} - \mathrm{e}^{x^2}) f(x) \mathrm{d}x$。

5. **解** $\iint\limits_{D} \sin \sqrt{x^2 + y^2} \mathrm{d}\sigma = \int_{0}^{2\pi} \mathrm{d}\theta \int_{\pi}^{2\pi} r \sin r \mathrm{d}r = -6\pi^2$。

第 3 章

无穷级数

3.1　大纲要求及重点内容

1. 大纲要求

（1）理解无穷级数收敛、发散以及和的概念。会用数项级数收敛的定义判定一些级数的敛散性以及求简单收敛级数的和；

（2）会用数项级数的性质和必要条件，几何级数、调和级数及 p-级数的敛散性判定一些较简单级数的敛散性；

（3）掌握正项级数的比较判别法、比值判别法和根值判别法；

（4）了解交错级数的莱布尼茨定理；

（5）了解无穷级数绝对收敛和条件收敛的概念以及会判断级数的绝对收敛和条件收敛；

（6）了解函数项级数的收敛域及和函数的概念；

（7）了解幂级数在其收敛区间内的一些基本性质；

（8）掌握简单的幂级数收敛域及和函数的求法；

（9）了解函数展开为泰勒级数的充要条件，会用 $(1+x)^n$，e^x，$\sin x$，$\cos x$，$\ln(1+x)$ 的麦克劳林展开式将一些简单的函数展成幂级数；

（10）了解利用函数展开为幂级数进行近似计算的思想。

2. 重点内容

（1）级数的基本性质及收敛的必要条件；

（2）正项级数的比较判别法、比值判别法和根值判别法；

（3）交错级数的莱布尼茨判别法；

（4）任意项级数的绝对收敛和条件收敛；

（5）函数项级数的收敛域及和函数；

（6）简单函数展开成幂级数。

3.2　内容精要

1. 常数项级数的概念与基本性质

（1）**常数项无穷级数**　无穷多个数 $u_1,u_2,u_3,\cdots,u_n,\cdots$ 依次相加得到的表达式

$$\sum_{n=1}^{\infty} u_n = u_1 + u_2 + u_3 + \cdots + u_n + \cdots$$

称为常数项无穷级数,简称为级数,简记为 $\sum\limits_{n=1}^{\infty} u_n$;

$$S_n = u_1 + u_2 + u_3 + \cdots + u_n = \sum_{k=1}^{n} u_k$$

称为级数 $\sum\limits_{n=1}^{\infty} u_n$ 的前 n 项部分和。

(2) **级数收敛的定义** 若级数 $\sum\limits_{n=1}^{\infty} u_n$ 的部分和数列 $\{S_n\}$ 有极限 S,即 $\lim\limits_{n\to\infty} S_n = S$,则称级数 $\sum\limits_{n=1}^{\infty} u_n$ 收敛,称 S 是级数 $\sum\limits_{n=1}^{\infty} u_n$ 的和,即

$$S = \sum_{n=1}^{\infty} u_n = u_1 + u_2 + u_3 + \cdots + u_n + \cdots 。$$

如果部分和数列 $\{S_n\}$ 没有极限,则称为级数 $\sum\limits_{n=1}^{\infty} u_n$ 发散。

(3) **数项级数的性质**

① 若级数 $\sum\limits_{n=1}^{\infty} u_n$ 和级数 $\sum\limits_{n=1}^{\infty} v_n$ 都收敛,它们的和分别为 S 和 σ,则级数 $\sum\limits_{n=1}^{\infty} (u_n \pm v_n)$ 也收敛,且其和为 $S \pm \sigma$。

注 若 $\sum\limits_{n=1}^{\infty} u_n$ 收敛,$\sum\limits_{n=1}^{\infty} v_n$ 发散,则级数 $\sum\limits_{n=1}^{\infty} (u_n \pm v_n)$ 也发散;若 $\sum\limits_{n=1}^{\infty} u_n$ 和 $\sum\limits_{n=1}^{\infty} v_n$ 都发散,则 $\sum\limits_{n=1}^{\infty} (u_n \pm v_n)$ 可能收敛也可能发散。

② 若级数 $\sum\limits_{n=1}^{\infty} u_n$ 收敛,且其和为 S,则它的每一项都乘以一个不为零的常数 k,所得到的级数 $\sum\limits_{n=1}^{\infty} k u_n$ 也收敛,且其和为 kS。

注 若 $k \neq 0$,$\sum\limits_{n=1}^{\infty} u_n$ 和 $\sum\limits_{n=1}^{\infty} k u_n$ 具有相同的敛散性。

③ 在一个级数前面加上(或去掉)有限项,不改变级数的敛散性。

④ 若级数 $\sum\limits_{n=1}^{\infty} u_n$ 收敛,则将这个级数的项任意加括号后,所成的级数

$$(u_1 + u_2 + \cdots + u_{n_1}) + (u_{n_1+1} + \cdots + u_{n_2}) + \cdots + (u_{n_{k-1}} + \cdots + u_{n_k}) + \cdots$$

也收敛,且与原级数有相同的和。

注 如果按性质④规定的方式加括号后所成的某一个级数收敛,则不能断定去括号后原来的级数也收敛。但根据性质④有如下推论:如果加括号后所成的级数发散,则原来的级数发散。

⑤(级数收敛的必要条件)若级数 $\sum\limits_{n=1}^{\infty} u_n$ 收敛,则 $\lim\limits_{n\to\infty} u_n = 0$。

注 若 $\lim\limits_{n\to\infty} u_n = 0$,级数 $\sum\limits_{n=1}^{\infty} u_n$ 不一定收敛。若 $\lim\limits_{n\to\infty} u_n \neq 0$,则级数 $\sum\limits_{n=1}^{\infty} u_n$ 一定发散。

（4）几个重要的级数

几何级数 $\sum_{n=1}^{\infty} aq^{n-1}$ 的敛散性：

① $|q|<1$ 时，$\sum_{n=1}^{\infty} aq^{n-1}$ 收敛，且收敛到 $\dfrac{a}{1-q}$；

② $|q|\geqslant 1$ 时，$\sum_{n=1}^{\infty} aq^{n-1}$ 发散。

p-级数 $\sum_{n=1}^{\infty} \dfrac{1}{n^p}$，当 $p>1$ 时收敛，当 $p\leqslant 1$ 时发散。特别地，调和级数 $\sum_{n=1}^{\infty} \dfrac{1}{n}$ 是发散的。

2. 正项级数敛散性的判定

正项级数 若级数 $\sum_{n=1}^{\infty} u_n = u_1+u_2+u_3+\cdots+u_n+\cdots$ 满足条件 $u_n\geqslant 0(n=1,2,\cdots)$，则称此级数为正项级数。

正项级数收敛的充要条件是其部分和数列 $\{S_n\}$ 有界。

（1）比较判别法

比较判别法 若级数 $\sum_{n=1}^{\infty} u_n$ 和级数 $\sum_{n=1}^{\infty} v_n$ 为两个正项级数，且 $u_n\leqslant v_n(n=1,2,\cdots)$，那么：

① 若级数 $\sum_{n=1}^{\infty} v_n$ 收敛，则级数 $\sum_{n=1}^{\infty} u_n$ 也收敛；

② 级数 $\sum_{n=1}^{\infty} u_n$ 发散时，则级数 $\sum_{n=1}^{\infty} v_n$ 也发散。

比较判别法的极限形式 设 $u_n>0, v_n>0$，若 $\lim_{n\to\infty} \dfrac{u_n}{v_n}=A$，则有：

① 当 $0<A<+\infty$ 时，级数 $\sum_{n=1}^{\infty} u_n$ 和 $\sum_{n=1}^{\infty} v_n$ 同时收敛或同时发散；

特别地，若 $\lim_{n\to\infty} u_n=0$，则 u_n, v_n 同阶无穷小，$\sum_{n=1}^{\infty} u_n$ 和 $\sum_{n=1}^{\infty} v_n$ 具有相同的敛散性。

② 当 $A=0$，即 $u_n<v_n$ 时，若级数 $\sum_{n=1}^{\infty} v_n$ 收敛，则级数 $\sum_{n=1}^{\infty} u_n$ 收敛；

③ 当 $A=+\infty$，即 $v_n<u_n$ 时，若级数 $\sum_{n=1}^{\infty} v_n$ 发散，则级数 $\sum_{n=1}^{\infty} u_n$ 发散。

特别地，正项级数 $\sum_{n=1}^{\infty} u_n$ 与 p-级数 $\sum_{n=1}^{\infty} \dfrac{1}{n^p}$ 进行比较有：

设 $\lim_{n\to\infty} \dfrac{u_n}{\frac{1}{n}}=A$。

① 若 $A=0$，则级数 $\sum_{n=1}^{\infty} u_n$ 收敛；② 若 $A\neq 0$，则级数 $\sum_{n=1}^{\infty} u_n$ 发散。

（2）比值判别法和根值判别法

比值判别法　若正项级数 $\sum\limits_{n=1}^{\infty}u_n(u_n>0,n=1,2,\cdots)$ 满足条件 $\lim\limits_{n\to\infty}\dfrac{u_{n+1}}{u_n}=l$，则：

当 $l<1$ 时，级数收敛；

当 $l>1$ 时，级数发散；

当 $l=1$ 时，无法判断此级数的敛散性。

根值判别法　若正项级数 $\sum\limits_{n=1}^{\infty}u_n(u_n>0,n=1,2,\cdots)$ 满足条件 $\lim\limits_{n\to\infty}\sqrt[n]{u_n}=l$，则：

当 $l<1$ 时，级数收敛；

当 $l>1$ 时，级数发散；

当 $l=1$ 时，无法判断此级数的敛散性。

与 p 级数比较——判定无穷小 u_n 关于 $\dfrac{1}{n}$ 的阶

设 $u_n>0$。

（1）若 $n\to\infty$ 时，u_n 是 $\dfrac{1}{n^p}$ 的同阶无穷小，则当 $p>1$ 时，$\sum\limits_{n=1}^{\infty}u_n$ 收敛，当 $p\leqslant1$ 时，$\sum\limits_{n=1}^{\infty}u_n$ 发散；

（2）若 $n\to\infty$ 时，u_n 是 $\dfrac{1}{n^p}$ 的高阶无穷小，则当 $p>1$ 时，$\sum\limits_{n=1}^{\infty}u_n$ 收敛；

（3）若 $n\to\infty$ 时，u_n 是 $\dfrac{1}{n^p}$ 的低阶无穷小，则当 $p\leqslant1$ 时，$\sum\limits_{n=1}^{\infty}u_n$ 发散。

3. 交错级数的莱布尼茨判别法

（1）交错级数　如 $u_n>0$，则称 $\sum\limits_{n=1}^{\infty}(-1)^{n-1}u_n=u_1-u_2+u_3-u_4+\cdots$ 为交错级数。

（2）莱布尼茨判别法　若交错级数 $\sum\limits_{n=1}^{\infty}(-1)^{n-1}u_n$ 满足：

① $u_{n+1}\leqslant u_n$；

② $\lim\limits_{n\to\infty}u_n=0$。

则 $\sum\limits_{n=1}^{\infty}(-1)^{n-1}u_n$ 收敛，且和 $S\leqslant u_1$。

4. 绝对收敛与条件收敛

（1）绝对收敛与条件收敛的定义

若 $\sum\limits_{n=1}^{\infty}|u_n|$ 收敛，则称 $\sum\limits_{n=1}^{\infty}u_n$ 绝对收敛；若 $\sum\limits_{n=1}^{\infty}|u_n|$ 发散且 $\sum\limits_{n=1}^{\infty}u_n$ 收敛，则称 $\sum\limits_{n=1}^{\infty}u_n$ 条件收敛。

（2）级数 $\sum\limits_{n=1}^{\infty}u_n$ 与 $\sum\limits_{n=1}^{\infty}|u_n|$ 敛散性的关系

① 绝对收敛的级数一定收敛，即若 $\sum\limits_{n=1}^{\infty}|u_n|$ 收敛，则 $\sum\limits_{n=1}^{\infty}u_n$ 收敛；

② 利用比值法和根值法判定 $\sum\limits_{n=1}^{\infty}|u_n|$ 发散，则 $\sum\limits_{n=1}^{\infty}u_n$ 发散；

③ 若 $\sum\limits_{n=1}^{\infty}|u_n|$ 发散，$\sum\limits_{n=1}^{\infty}u_n$ 不一定发散，可能收敛。

5．函数项级数的收敛域及和函数

（1）**函数项级数**　如果 $u_n(x)(n=1,2,\cdots)$ 是定义在某个区间 I 上的函数,则称级数

$$\sum_{n=1}^{\infty} u_n(x) = u_1(x) + u_2(x) + \cdots + u_n(x) + \cdots$$

为区间 I 上的函数项级数。若 $x_0 \in I$,常数项级数 $\sum\limits_{n=1}^{\infty} u_n(x_0)$ 收敛,则称 $x_0 \in I$ 为 $\sum\limits_{n=1}^{\infty} u_n(x)$ 的收敛点,否则就是发散点。所有收敛点构成的集合称为收敛域,所有的发散点构成的集合就是发散域。

（2）**函数项级数的收敛域求法**　经常按正项级数的比值法或根值法去求。

对于函数项级数 $\sum\limits_{n=1}^{\infty} u_n(x) = u_1(x) + u_2(x) + \cdots + u_n(x) + \cdots$,

若 $\lim\limits_{n\to\infty} \dfrac{|u_{n+1}(x)|}{|u_n(x)|} < 1$ 或 $\lim\limits_{n\to\infty} \sqrt[n]{|u_n(x)|} < 1$,则级数 $\sum\limits_{n=1}^{\infty} u_n(x)$ 绝对收敛;

若 $\lim\limits_{n\to\infty} \dfrac{|u_{n+1}(x)|}{|u_n(x)|} > 1$ 或 $\lim\limits_{n\to\infty} \sqrt[n]{|u_n(x)|} > 1$,则级数 $\sum\limits_{n=1}^{\infty} u_n(x)$ 发散。

当 $\lim\limits_{n\to\infty} \dfrac{|u_{n+1}(x)|}{|u_n(x)|} = 1$ 或 $\lim\limits_{n\to\infty} \sqrt[n]{|u_n(x)|} = 1$ 时,级数 $\sum\limits_{n=1}^{\infty} u_n(x)$ 的敛散性需具体讨论。

（3）**幂级数**　形如

$$\sum_{n=1}^{\infty} a_n(x-x_0)^n = a_0 + a_1(x-x_0) + a_2(x-x_0)^2 + \cdots + a_n(x-x_0)^n + \cdots$$

的级数称为 $x-x_0$ 的幂级数,其中 $a_0, a_1, a_2, \cdots, a_n, \cdots$ 均为常数,称为幂级数的系数。

当 $x_0 = 0$ 时,级数 $\sum\limits_{n=1}^{\infty} a_n x^n = a_0 + a_1 x + a_2 x^2 + \cdots + a_n x^n + \cdots$ 称为 x 的幂级数。

（4）**阿贝尔定理**

若幂级数 $\sum\limits_{n=0}^{\infty} a_n x^n$ 在点 $x = x_0(x_0 \neq 0)$ 处收敛,则对于满足 $|x| < |x_0|$ 的一切 $x(x \in (-|x_0|, |x_0|))$,级数绝对收敛。

若幂级数 $\sum\limits_{n=0}^{\infty} a_n x^n$ 在点 $x = x_0(x_0 \neq 0)$ 处发散,则对于满足 $|x| > |x_0|$ 的一切 $x(x \in (-\infty, -|x_0|) \cup (|x_0|, +\infty))$,级数发散。

一般幂级数的阿贝尔定理

若幂级数 $\sum\limits_{n=0}^{\infty} a_n(x-x_0)^n$ 在点 $x = x_1$ 处收敛,则对于满足 $|x-x_0| < |x_1-x_0|$ 的一切 $x(x_0$ 的 $|x_1-x_0|$ 邻域 $(x_0 - |x_1-x_0|, x_0 + |x_1-x_0|)$ 内)级数绝对收敛。

若幂级数 $\sum\limits_{n=0}^{\infty} a_n(x-x_0)^n$ 在点 $x = x_1$ 处发散,则对于满足 $|x-x_0| > |x_1-x_0|$ 的一切 $x(x_0$ 的 $|x_1-x_0|$ 邻域 $(x_0 - |x_1-x_0|, x_0 + |x_1-x_0|)$ 外)级数发散。

（5）**幂级数的收敛半径**　对于 $\sum\limits_{n=1}^{\infty} a_n x^n$,若设 $\lim\limits_{n\to\infty} \left| \dfrac{a_{n+1}}{a_n} \right| = l$,则

$$\lim_{n\to\infty} \left| \frac{u_{n+1}}{u_n} \right| = \lim_{n\to\infty} \left| \frac{a_{n+1} x^{n+1}}{a_n x^n} \right| = \lim_{n\to\infty} \left| \frac{a_{n+1}}{a_n} \right| |x| = l|x|。$$

根据任意项级数敛散性判别法可知：

当 $l \neq 0$ 时。

若 $l|x| < 1$，即 $|x| < \dfrac{1}{l} = R$，则级数 $\displaystyle\sum_{n=1}^{\infty} a_n x^n$ 绝对收敛；

若 $l|x| > 1$，即 $|x| > \dfrac{1}{l} = R$，则级数 $\displaystyle\sum_{n=1}^{\infty} a_n x^n$ 发散；

若 $l|x| = 1$，即 $|x| = \dfrac{1}{l} = R$，则比值判别法失效，级数 $\displaystyle\sum_{n=1}^{\infty} a_n x^n$ 可能收敛也可能发散。

当 $l = 0$，由于 $l|x| = 0 < 1$，级数 $\displaystyle\sum_{n=1}^{\infty} a_n x^n$ 对任何 x 都收敛。

称 $R = \dfrac{1}{l}$ 为幂级数 $\displaystyle\sum_{n=1}^{\infty} a_n x^n$ 的收敛半径。

（6）幂级数收敛半径与收敛域的求法　幂级数

$$\sum_{n=1}^{\infty} a_n x^n = a_0 + a_1 x + a_2 x^2 + \cdots + a_n x^n + \cdots, \quad a_n \neq 0.$$

第一步　求收敛半径　$\displaystyle\lim_{n \to \infty} \left| \dfrac{a_{n+1}}{a_n} \right| = l \ (\text{或} \lim_{n \to \infty} \sqrt[n]{|a_n|} = l)$。

当 $0 < l < +\infty$ 时，$R = \dfrac{1}{l}$；当 $l = 0$ 时，$R = +\infty$；当 $l = +\infty$ 时，$R = 0$。

第二步　讨论端点的敛散性。

如果 $0 < R < +\infty$，讨论 $\displaystyle\sum_{n=1}^{\infty} a_n x^n$ 在 $x = \pm R$ 处的敛散性。

第三步　写出幂级数的收敛域。

（7）幂级数的运算与和函数的性质

设幂级数 $\displaystyle\sum_{n=1}^{\infty} a_n x^n$ 与 $\displaystyle\sum_{n=1}^{\infty} b_n x^n$ 的收敛半径分别是 R_1 与 R_2（R_1 与 R_2 均不为 0），它们的和函数分别为 $S_1(x)$ 与 $S_2(x)$。

①（加法与减法运算）

$$\sum_{n=0}^{\infty} a_n x^n \pm \sum_{n=0}^{\infty} b_n x^n = \sum_{n=0}^{\infty} (a_n \pm b_n) x^n = S_1(x) \pm S_2(x),$$

所得的幂级数 $\displaystyle\sum_{n=1}^{\infty} (a_n + b_n) x^n$ 仍收敛，且收敛半径是 R_1 与 R_2 中较小的一个。

②（乘法运算）

$$\left(\sum_{n=0}^{\infty} a_n x^n \right) \left(\sum_{n=0}^{\infty} b_n x^n \right) = a_0 b_0 + (a_0 b_1 + a_1 b_0) x + (a_0 b_2 + a_1 b_1 + a_2 b_0) x^2 + \cdots +$$
$$(a_0 b_n + a_1 b_{n-1} + \cdots + a_n b_0) x^n + \cdots$$
$$= S_1(x) S_2(x),$$

两幂级数相乘所得的幂级数仍收敛，且收敛半径是 R_1 与 R_2 中较小的一个。

③（微分运算）

若幂级数 $\displaystyle\sum_{n=1}^{\infty} a_n x^n$ 的收敛半径 R，则在 $(-R, R)$ 内和函数 $S(x)$ 可导，且有

$$S'(x) = \left(\sum_{n=0}^{\infty} a_n x^n\right)' = \sum_{n=0}^{\infty} (a_n x^n)' = \sum_{n=0}^{\infty} n a_n x^{n-1},$$

且求导后所得的幂级数的收敛半径仍为 R。

注 这个性质在求和函数时,是倒过来用的。

$$\sum_{n=0}^{\infty} n a_n x^n = \sum_{n=0}^{\infty} a_n (x^n)' = \left(\sum_{n=0}^{\infty} a_n x^n\right)' = S'(x),$$

把系数中的 n 变没了,这样就可以求和函数了。

④(积分运算)

若幂级数 $\sum_{n=1}^{\infty} a_n x^n$ 的收敛半径 R,则和函数 $S(x)$ 在该区间内可积,且有

$$\int_0^x S(x)\mathrm{d}x = \int_0^x \left(\sum_{n=0}^{\infty} a_n x^n\right)\mathrm{d}x = \sum_{n=0}^{\infty}\int_0^x a_n x^n \mathrm{d}x = \sum_{n=0}^{\infty} \frac{a_n}{n+1} x^{n+1},$$

且求导后所得的幂级数仍收敛,且收敛半径仍为 R。

注 这个性质在求和函数时,是倒过来用的。

$$\sum_{n=0}^{\infty} \frac{a_n x^n}{n} = \sum_{n=0}^{\infty} a_n \int_0^x t^n \mathrm{d}t = \int_0^x \left(\sum_{n=0}^{\infty} a_n t^n\right)\mathrm{d}t = \int_0^x S(t)\mathrm{d}t。$$

把系数中的 $\frac{1}{n}$ 变没了,这样就可以求和函数了。

6. 函数的幂级数展开

(1)泰勒级数

设 $f(x)$ 在 $x = x_0$ 处任意阶可导,则幂级数 $\sum_{n=1}^{\infty} \frac{f^{(n)}(x_0)}{n!}(x - x_0)^n$ 称为 $f(x)$ 在 $x = x_0$ 处的泰勒级数。

(2)麦克劳林级数

当 $x_0 = 0$ 时,级数 $\sum_{n=1}^{\infty} \frac{f^{(n)}(0)}{n!}x^n$ 称为 $f(x)$ 的麦克劳林级数。

(3)几个常见函数的麦克劳林展开式:

① $\dfrac{1}{1-x} = \sum_{n=0}^{\infty} x^n, x \in (-1,1)$;

② $\dfrac{1}{1+x} = \sum_{n=0}^{\infty} (-1)^n x^n, x \in (-1,1)$;

③ $\mathrm{e}^x = \sum_{n=0}^{\infty} \dfrac{x^n}{n!}, x \in (-\infty, +\infty)$;

④ $\sin x = \sum_{n=0}^{\infty} \dfrac{(-1)^n x^{2n+1}}{(2n+1)!}, x \in (-\infty, +\infty)$;

⑤ $\cos x = \sum_{n=0}^{\infty} \dfrac{(-1)^n x^{2n}}{(2n)!}, x \in (-\infty, +\infty)$;

⑥ $\ln(1+x) = \sum_{n=1}^{\infty} \dfrac{(-1)^{n-1} x^n}{n}, x \in (-1,1)$;

⑦ $(1+x)^{a} = \sum\limits_{n=0}^{\infty} \dfrac{\alpha(\alpha-1)\cdots(\alpha-n+1)}{n!} x^{n}, x \in (-1,1)$。

3.3　题型总结与典型例题

题型 3-1　常数项级数敛散性的判定

【解题思路】　对于常数项级数判别其收敛性的步骤为：

第一步　判别级数 $\sum\limits_{n=1}^{\infty} u_{n}$ 的类型，即分辨其为正项级数，还是任意项级数，对于任意项级数，还要分辨其是否为交错级数。

第二步　若 $\sum\limits_{n=1}^{\infty} u_{n}$ 为正项级数，则首先考查

$$\lim_{n\to\infty} u_{n} \begin{cases} \neq 0, & \text{级数发散,} \\ = 0, & \text{需进一步判断,} \end{cases}$$

然后根据一般项的特点选择相应的判别法：

（1）一般项中含有 $n!$ 或者 n 的乘积形式，通常选用比值判别法。

（2）一般项中含有 $n!$ 或 $f(n)^{g(n)}$，通常采用根值判别法；

判别时常用下述极限：

$$\lim_{n\to\infty} \sqrt[n]{a} = 1 (a > 0); \quad \lim_{n\to\infty} \sqrt[n]{n!} = +\infty; \quad \lim_{n\to\infty} \sqrt[n]{n} = 1。$$

（3）一般项中含有形如 n^{a}（α 可以不是整数）的因子，通常采用比较判别法；

比较判别法常用的比较级数为调和级数 $\sum\limits_{n=1}^{\infty} \dfrac{1}{n}$，几何级数 $\sum\limits_{n=0}^{\infty} aq^{n}$，$p$- 级数 $\sum\limits_{n=1}^{\infty} \dfrac{1}{n^{p}}$。

（4）利用已知敛散结果的级数，结合级数的性质判定。

（5）当各种办法失效时则采用定义，判断 $\{S_{n}\}$ 是否有界。

第三步　若 $\sum\limits_{n=1}^{\infty} u_{n}$ 为任意项级数，同样首先考查

$$\lim_{n\to\infty} u_{n} \begin{cases} \neq 0, & \text{级数发散,} \\ = 0, & \text{需进一步判断。} \end{cases}$$

若 $\lim\limits_{n\to\infty} u_{n} = 0$ 时，可按以下步骤进行：

（1）按正项级数敛散性的判别法，判别 $\sum\limits_{n=1}^{\infty} |u_{n}|$ 是否收敛，若 $\sum\limits_{n=1}^{\infty} |u_{n}|$ 收敛，则 $\sum\limits_{n=1}^{\infty} u_{n}$ 绝对收敛。

（2）若 $\sum\limits_{n=1}^{\infty} |u_{n}|$ 发散，则看其是否为交错级数，若为交错级数，则用莱布尼茨判别法判定，若收敛，则 $\sum\limits_{n=1}^{\infty} u_{n}$ 条件收敛。

（3）若 $\sum\limits_{n=1}^{\infty} u_{n}$ 为交错级数，但不满足莱布尼茨判别法的条件，或者 $\sum\limits_{n=1}^{\infty} u_{n}$ 不是交错级数，

则可用以下方法：

比值判别法：当 $\lim\limits_{n\to\infty}\dfrac{|u_{n+1}|}{|u_n|}>1$ 时，级数 $\sum\limits_{n=1}^{\infty}u_n(x)$ 发散；

根值判别法：当 $\lim\limits_{n\to\infty}\sqrt[n]{u_n(x)}>1$ 时，级数 $\sum\limits_{n=1}^{\infty}u_n(x)$ 发散。

第四步 对某些级数可结合级数的性质来判定其敛散性。

例 3.1 判定下列级数的敛散性：(1) $\sum\limits_{n=1}^{\infty}\left(1+\dfrac{1}{n}\right)^n$；(2) $\sum\limits_{n=1}^{\infty}\dfrac{1}{\sqrt[n]{3}}$。

解 (1) $u_n=\left(1+\dfrac{1}{n}\right)^n$，故 $\lim\limits_{n\to\infty}u_n=\lim\limits_{n\to\infty}\left(1+\dfrac{1}{n}\right)^n=\mathrm{e}\neq0$，所以级数 $\sum\limits_{n=1}^{\infty}\left(1+\dfrac{1}{n}\right)^n$ 发散。

(2) 因 $\lim\limits_{n\to\infty}u_n=\lim\limits_{n\to\infty}\dfrac{1}{\sqrt[n]{3}}=1\neq0$，故级数 $\sum\limits_{n=1}^{\infty}\dfrac{1}{\sqrt[n]{3}}$ 发散。

例 3.2 判别下列级数的敛散性：

(1) $\sum\limits_{n=1}^{\infty}\dfrac{1+n}{1+n^2}$； (2) $\sum\limits_{n=1}^{\infty}\dfrac{1}{1+n}\sin\dfrac{1}{n}$；

(3) $\sum\limits_{n=1}^{\infty}\dfrac{1}{2n}(\sqrt{n+1}-\sqrt{n-1})$； (4) $\sum\limits_{n=1}^{\infty}\dfrac{1}{\sqrt{n+n^2}}$。

【分析】 比较判别法的极限形式是判断正项级数收敛的简便好用的方法：如果分母中 n 的最高次幂减去分子中 n 的最高次幂大于 1，则该级数收敛，反之若小于等于 1，则该级数发散，且常取 p 级数 $\sum\limits_{n=1}^{\infty}\dfrac{1}{n^p}$ 作为比较级数。

特别地，如正项级数 $\sum\limits_{n=1}^{\infty}u_n$，可用 $\sum\limits_{n=1}^{\infty}\dfrac{1}{n}$ 作为比较级数，$\lim\limits_{n\to\infty}\dfrac{u_n}{\frac{1}{n}}=l$。

若 $l=0$，则级数 $\sum\limits_{n=1}^{\infty}u_n$ 收敛；若 $l\neq0$，则级数 $\sum\limits_{n=1}^{\infty}u_n$ 发散。

解 (1) $\sum\limits_{n=1}^{\infty}\dfrac{1+n}{1+n^2}$，因为分母分子最高次幂之差是 1，$\dfrac{1+n}{1+n^2}\sim\dfrac{1}{n}$，所以我们选 $\sum\limits_{n=1}^{\infty}\dfrac{1}{n}$ 作为比较级数。

注意到 $\lim\limits_{n\to\infty}\dfrac{\frac{1+n}{1+n^2}}{\frac{1}{n}}=1$，而级数 $\sum\limits_{n=1}^{\infty}\dfrac{1}{n}$ 发散，故 $\sum\limits_{n=1}^{\infty}\dfrac{1+n}{1+n^2}$ 发散。

$\left(\text{或分子分母抓大头 }\dfrac{1+n}{1+n^2}\sim\dfrac{n}{n^2}=\dfrac{1}{n}\right)$

(2) 因为 $n\to\infty$ 时，$\sin\dfrac{1}{n}\sim\dfrac{1}{n}$，所以 $\lim\limits_{n\to\infty}\dfrac{\frac{1}{1+n}\sin\frac{1}{n}}{\frac{1}{n}}=0$，故 $\sum\limits_{n=1}^{\infty}\dfrac{1}{1+n}\sin\dfrac{1}{n}$ 收敛。

(3) $\sqrt{n+1}-\sqrt{n-1}=\dfrac{(\sqrt{n+1}-\sqrt{n-1})(\sqrt{n+1}+\sqrt{n-1})}{\sqrt{n+1}+\sqrt{n-1}}=\dfrac{2}{\sqrt{n+1}+\sqrt{n-1}}$，

$$\lim_{n \to \infty} \frac{\frac{1}{2n}(\sqrt{n+1}-\sqrt{n-1})}{\frac{1}{n}}=0, 故 \sum_{n=1}^{\infty} \frac{1}{2n}(\sqrt{n+1}-\sqrt{n-1}) 收敛。$$

(4) $\lim\limits_{n \to \infty} \dfrac{\frac{1}{\sqrt{n+n^2}}}{\frac{1}{n}}=1 \neq 0$，所以级数 $\sum\limits_{n=1}^{\infty} \dfrac{1}{\sqrt{n+n^2}}$ 发散。

例 3.3 若正项级数 $\sum\limits_{n=1}^{\infty} a_n$ 收敛，证明正项级数 $\sum\limits_{n=1}^{\infty} \dfrac{\sqrt{a_n}}{n}$ 收敛。

证明 因为正项级数 $\sum\limits_{n=1}^{\infty} a_n$ 收敛，所以 $\lim\limits_{n \to \infty} a_n=0$，从而 $\lim\limits_{n \to \infty} \sqrt{a_n}=0$。

而 $\lim\limits_{n \to \infty} \dfrac{\frac{\sqrt{a_n}}{n}}{\frac{1}{n}}=\lim\limits_{n \to \infty} \sqrt{a_n}=0$，所以 $\sum\limits_{n=1}^{\infty} \dfrac{\sqrt{a_n}}{n}$ 收敛。

例 3.4 判别下列正项级数的敛散性：

(1) $\sum\limits_{n=1}^{\infty} \dfrac{3^n}{n \cdot 2^n}$；　　(2) $\sum\limits_{n=1}^{\infty} \dfrac{n^n}{n!}$；　　(3) $\sum\limits_{n=1}^{\infty} \dfrac{3 \cdot 5 \cdot 7 \cdot \cdots \cdot (2n+1)}{4 \cdot 7 \cdot 10 \cdot \cdots \cdot (3n+1)}$；

(4) $\sum\limits_{n=1}^{\infty} \left(\dfrac{n}{2n+1}\right)^n$；　　(5) $\sum\limits_{n=1}^{\infty} n^n \left(\sin \dfrac{\pi}{n}\right)^n$；　　(6) $\sum\limits_{n=1}^{\infty} \left(\dfrac{b}{a_n}\right)^n$，$\lim\limits_{n \to \infty} a_n=a$　a_n, a, b 均为正数。

解 (1) 通项 $u_n=\dfrac{3^n}{n \cdot 2^n}$，则 $\lim\limits_{n \to \infty} \dfrac{u_{n+1}}{u_n}=\lim\limits_{n \to \infty} \dfrac{\frac{3^{n+1}}{(n+1)2^{n+1}}}{\frac{3^n}{n \cdot 2^n}}=\lim\limits_{n \to \infty} \dfrac{3n}{2(n+1)}=\dfrac{3}{2}>1$，所以

由比值判别法知，级数发散。

(2) 通项 $u_n=\dfrac{n^n}{n!}$，则 $\lim\limits_{n \to \infty} \dfrac{u_{n+1}}{u_n}=\lim\limits_{n \to \infty} \dfrac{\frac{(n+1)^{n+1}}{(n+1)!}}{\frac{n^n}{n!}}=\lim\limits_{n \to \infty} \dfrac{(n+1)^n}{n^n}=\lim\limits_{n \to \infty} \left(1+\dfrac{1}{n}\right)^n=\mathrm{e}>1$，

所以由比值判别法知，级数发散。

(3) 通项 $u_n=\dfrac{3 \cdot 5 \cdot 7 \cdot \cdots \cdot (2n+1)}{4 \cdot 7 \cdot 10 \cdot \cdots \cdot (3n+1)}$，$\lim\limits_{n \to \infty} \dfrac{u_{n+1}}{u_n}=\lim\limits_{n \to \infty} \dfrac{\frac{3 \cdot 5 \cdot 7 \cdot \cdots \cdot (2(n+1)+1)}{4 \cdot 7 \cdot 10 \cdot \cdots \cdot (3(n+1)+1)}}{\frac{3 \cdot 5 \cdot 7 \cdot \cdots \cdot (2n+1)}{4 \cdot 7 \cdot 10 \cdot \cdots \cdot (3n+1)}}=$

$\lim\limits_{n \to \infty} \dfrac{2(n+1)+1}{3(n+1)+1}=\dfrac{2}{3}<1$，所以由比值判别法知，级数收敛。

(4) 通项 $u_n=\left(\dfrac{n}{2n+1}\right)^n$，则 $\lim\limits_{n \to \infty} \sqrt[n]{u_n}=\lim\limits_{n \to \infty} \dfrac{n}{2n+1}=\dfrac{1}{2}<1$，所以由根值判别法知，级数

收敛。

(5) 通项 $u_n=n^n \left(\sin \dfrac{\pi}{n}\right)^n$，则 $\lim\limits_{n \to \infty} \sqrt[n]{u_n}=\lim\limits_{n \to \infty} n \sin \dfrac{\pi}{n}=\lim\limits_{n \to \infty} n \cdot \dfrac{\pi}{n}=\pi>1$，所以由根值判

别法知,级数发散。

(6) 通项 $u_n=\left(\dfrac{b}{a_n}\right)^n$,则 $\lim\limits_{n\to\infty}\sqrt[n]{u_n}=\lim\limits_{n\to\infty}\dfrac{b}{a_n}=\dfrac{b}{a}$。

当 $\dfrac{b}{a}<1$,即 $b<a$ 时,级数收敛;当 $\dfrac{b}{a}>1$,即 $b>a$ 时,级数发散;当 $\dfrac{b}{a}=1$,即 $b=a$ 时,级数可能收敛也可能发散。

注 通项中若含有 n 次方,一般用根值判别法。

例 3.5 证明:

(1) 对于任意正整数 n,方程 $x^n+nx-1=0$ 均有唯一的正根 a_n;

(2) 确定 p 的范围,使得 $\sum\limits_{n=1}^{\infty}a_n^p$ 收敛。

证明 (1) 令 $f_n(x)=x^n+nx-1$,则 $f_n(x)$ 可导,$f_n(x)$ 在 $\left[0,\dfrac{1}{n}\right]$ 上连续,且 $f_n(0)=-1<0$,$f_n\left(\dfrac{1}{n}\right)=\left(\dfrac{1}{n}\right)^n>0$,由零点存在定理,存在 $a_n\in\left(0,\dfrac{1}{n}\right)$,使得 $f_n(a_n)=0$,即该方程至少有一个正根;

再由 $f_n'(x)=nx^n+n>0(x>0)$ 知 $f_n(x)$ 在 $(0,+\infty)$ 上单调增加,所以该方程只有一个正根。

(2) 因为 $0<a_n<\dfrac{1}{n}$,所以 $\lim\limits_{n\to\infty}a_n=0$,且 $\lim\limits_{n\to\infty}a_n^n=0$。再由 $a_n=\dfrac{1}{n}-\dfrac{1}{n}a_n^n$,

$$\lim_{n\to\infty}\frac{a_n}{\dfrac{1}{n}}=\lim_{n\to\infty}\frac{\dfrac{1}{n}-\dfrac{1}{n}a_n^n}{\dfrac{1}{n}}=1$$

知 $n\to\infty$ 时,a_n 与 $\dfrac{1}{n}$ 是等价无穷小量。

所以当且仅当 $p>1$ 时,$\lim\limits_{n\to\infty}\dfrac{a_n^p}{\left(\dfrac{1}{n}\right)^p}=1$,级数 $\sum\limits_{n=1}^{\infty}a_n^p$ 收敛。

例 3.6 设 $\sum\limits_{n=1}^{\infty}u_n,(u_n>0)$ 是正项级数,若 $\lim\limits_{n\to\infty}\dfrac{\ln\dfrac{1}{u_n}}{\ln n}=p$,证明当 $p>1$ 时,$\sum\limits_{n=1}^{\infty}u_n$ 收敛,当 $p<1$ 时,$\sum\limits_{n=1}^{\infty}u_n$ 发散。由此判断级数 $\sum\limits_{n=2}^{\infty}\left(1-\dfrac{2\ln n}{n^2}\right)^{n^2}$ 的敛散性。

证明 由条件 $\lim\limits_{n\to\infty}\dfrac{\ln\dfrac{1}{u_n}}{\ln n}=p$,则 $\forall\varepsilon>0$,$\exists N$,当 $n>N$ 时,有

$$p-\varepsilon<\frac{\ln\dfrac{1}{u_n}}{\ln n}<p+\varepsilon。$$

当 $p>1$ 时,取 ε 使 $p-\varepsilon=r>1$,则有 $r\ln n<\ln\dfrac{1}{u_n}$,即 $u_n<\dfrac{1}{n^r}$,$n>N$,$r>1$。

因为 $\sum\limits_{n=1}^{\infty}\dfrac{1}{n^{r}}$ 收敛，由比较判别法得 $\sum\limits_{n=N+1}^{\infty}u_{n}$ 收敛，从而 $\sum\limits_{n=1}^{\infty}u_{n}$ 收敛。

当 $p<1$ 时，取 ε 使 $p+\varepsilon=r<1$，则有 $r\ln n>\ln\dfrac{1}{u_{n}}$，即 $u_{n}>\dfrac{1}{n^{r}},n>N,r<1$。

因为 $\sum\limits_{n=1}^{\infty}\dfrac{1}{n^{r}}$ 发散，由比较判别法得 $\sum\limits_{n=N+1}^{\infty}u_{n}$ 发散，从而 $\sum\limits_{n=1}^{\infty}u_{n}$ 发散。

下面判断级数 $\sum\limits_{n=2}^{\infty}\left(1-\dfrac{2\ln n}{n^{2}}\right)^{n^{2}}$ 的敛散性。令 $u_{n}=\left(1-\dfrac{2\ln n}{n^{2}}\right)^{n^{2}}$，则

$$\lim_{n\to\infty}\frac{\ln\dfrac{1}{u_{n}}}{\ln n}=\lim_{n\to\infty}\frac{-n^{2}\ln\left(1-\dfrac{2\ln n}{n^{2}}\right)}{\ln n}=\lim_{n\to\infty}\frac{n^{2}\dfrac{2\ln n}{n^{2}}}{\ln n}=2>1,$$

由上述所给的判别法得 $\sum\limits_{n=2}^{\infty}\left(1-\dfrac{2\ln n}{n^{2}}\right)^{n^{2}}$ 收敛。

例 3.7　判别下列级数的敛散性：

(1) $\sum\limits_{n=1}^{\infty}(-1)^{n}\dfrac{\ln n}{n^{2}}$；　　(2) $\sum\limits_{n=3}^{\infty}(-1)^{n}\dfrac{1}{\ln n}$；　　(3) $\sum\limits_{n=3}^{\infty}(-1)^{n}\dfrac{\ln n}{n}$。

【分析】　判定交错级数的敛散性一般先观察各项绝对值做成的正项级数的敛散性。若收敛则为绝对收敛，若发散再用莱布尼茨判别法来判定原级数的敛散性，从而判定发散还是条件收敛。

解　(1) 首先讨论正项级数 $\sum\limits_{n=1}^{\infty}\dfrac{\ln n}{n^{2}}$ 的敛散性。令 $u_{n}=\dfrac{\ln n}{n^{2}}$，则

$$\lim_{n\to\infty}\frac{u_{n}}{\dfrac{1}{n}}=\lim_{n\to\infty}\frac{\dfrac{\ln n}{n^{2}}}{\dfrac{1}{n}}=\lim_{n\to\infty}\frac{\ln n}{n}=\lim_{x\to+\infty}\frac{\ln x}{x}=\lim_{x\to+\infty}\frac{\dfrac{1}{x}}{1}=0,$$

故正项级数 $\sum\limits_{n=1}^{\infty}\dfrac{\ln n}{n^{2}}$ 收敛，即 $\sum\limits_{n=1}^{\infty}(-1)^{n}\dfrac{\ln n}{n^{2}}$ 绝对收敛。

(2) $\sum\limits_{n=3}^{\infty}\left|(-1)^{n}\dfrac{1}{\ln n}\right|=\sum\limits_{n=3}^{\infty}\dfrac{1}{\ln n}$ 发散。

$$u_{n+1}=\frac{1}{\ln(n+1)}<\frac{1}{\ln n}=u_{n},\text{且}\lim_{n\to\infty}\frac{1}{\ln n}=0,$$

由莱布尼茨判别法知级数 $\sum\limits_{n=3}^{\infty}(-1)^{n}\dfrac{1}{\ln n}$ 收敛，且为条件收敛。

(3) 令 $u_{n}=\dfrac{\ln n}{n}$，则 $\lim\limits_{n\to\infty}\dfrac{u_{n}}{\dfrac{1}{n}}=\lim\limits_{n\to\infty}\dfrac{\dfrac{\ln n}{n}}{\dfrac{1}{n}}=\lim\limits_{n\to\infty}\ln n=+\infty$，故 $\sum\limits_{n=3}^{\infty}\dfrac{\ln n}{n}$ 发散。

$\lim\limits_{x\to+\infty}\dfrac{\ln x}{x}=\lim\limits_{x\to+\infty}\dfrac{\dfrac{1}{x}}{1}=0$，从而 $\lim\limits_{n\to\infty}\dfrac{\ln n}{n}=0$。设 $f(x)=\dfrac{\ln x}{x}$，则 $f'(x)=\dfrac{1-\ln x}{x^{2}}<0(x\geqslant3)$，

故 $f(x)$ 单调下降，从而 $\dfrac{\ln n}{n}$ 也单调下降，则 $u_{n+1}<u_{n}(n\geqslant3)$。

由莱布尼茨判别法，$\sum\limits_{n=3}^{\infty}(-1)^n\dfrac{\ln n}{n}$ 收敛，且为条件收敛。

例 3.8 下列级数中发散的是(　　)。

A. $\sum\limits_{n=1}^{\infty}\dfrac{n}{3^n}$ 　　B. $\sum\limits_{n=1}^{\infty}\dfrac{1}{\sqrt{n}}\ln\left(1+\dfrac{1}{n}\right)$ 　　C. $\sum\limits_{n=2}^{\infty}\dfrac{(-1)^n+1}{\ln n}$ 　　D. $\sum\limits_{n=1}^{\infty}\dfrac{n!}{n^n}$

解 A 为正项级数，因为 $\lim\limits_{n\to\infty}\dfrac{\frac{n+1}{3^{n+1}}}{\frac{n}{3^n}}=\lim\limits_{n\to\infty}\dfrac{n+1}{3n}=\dfrac{1}{3}<1$，所以根据正项级数的比值判别

法知 $\sum\limits_{n=1}^{\infty}\dfrac{n}{3^n}$ 收敛；

B 为正项级数，因为 $\dfrac{1}{\sqrt{n}}\ln\left(1+\dfrac{1}{n}\right)\sim\dfrac{1}{n^{\frac{3}{2}}}$，根据 p 级数收敛准则，知

$\sum\limits_{n=1}^{\infty}\dfrac{1}{\sqrt{n}}\ln\left(1+\dfrac{1}{n}\right)$ 收敛；

C 中级数 $\sum\limits_{n=1}^{\infty}\dfrac{(-1)^n+1}{\ln n}=\sum\limits_{n=1}^{\infty}\dfrac{(-1)^n}{\ln n}+\sum\limits_{n=1}^{\infty}\dfrac{1}{\ln n}$，根据莱布尼茨判别法知，$\sum\limits_{n=1}^{\infty}\dfrac{(-1)^n}{\ln n}$ 收

敛，$\sum\limits_{n=1}^{\infty}\dfrac{1}{\ln n}$ 发散，所以根据级数收敛定义知，$\sum\limits_{n=1}^{\infty}\dfrac{(-1)^n+1}{\ln n}$ 发散；

D 为正项级数，因为 $\lim\limits_{n\to\infty}\dfrac{\frac{(n+1)!}{(n+1)^{n+1}}}{\frac{n!}{n^n}}=\lim\limits_{n\to\infty}\dfrac{(n+1)!}{n!}\dfrac{n^n}{(n+1)^{n+1}}=\lim\limits_{n\to\infty}\left(\dfrac{n}{n+1}\right)^n=\dfrac{1}{\mathrm{e}}<1$，所

以根据正项级数的比值判别法知 $\sum\limits_{n=1}^{\infty}\dfrac{n!}{n^n}$ 收敛。

所以选 C。

例 3.9 若级数 $\sum\limits_{n=1}^{\infty}(a_{2n-1}+a_{2n})$ 收敛，且 $\lim\limits_{n\to\infty}a_n=0$，则级数 $\sum\limits_{n=1}^{\infty}a_n$ 收敛。

证明 设级数 $\sum\limits_{n=1}^{\infty}(a_{2n-1}+a_{2n})$ 与 $\sum\limits_{n=1}^{\infty}a_n$ 的部分和分别是 A_n 与 B_n。已知

$\sum\limits_{n=1}^{\infty}(a_{2n-1}+a_{2n})$ 收敛，设 $\lim\limits_{n\to\infty}A_n=A$，有

$$B_{2n}=a_1+a_2+\cdots+a_{2n-1}+a_{2n}=(a_1+a_2)+\cdots+(a_{2n-1}+a_{2n})=A_n,$$
从而，$\lim\limits_{n\to\infty}B_{2n}=\lim\limits_{n\to\infty}A_n=A$，

$$B_{2n-1}=a_1+a_2+\cdots+a_{2n-1}=(a_1+a_2)+\cdots+(a_{2n-3}+a_{2n-2})+a_{2n-1}$$
$$=A_{n-1}+a_{2n-1}.$$

又 $\lim\limits_{n\to\infty}a_n=0$，所以，$\lim\limits_{n\to\infty}B_{2n-1}=\lim\limits_{n\to\infty}A_n=A$，从而 $\lim\limits_{n\to\infty}B_n=A$，即级数 $\sum\limits_{n=1}^{\infty}a_n$ 收敛。

例 3.10(2016 大连市数学竞赛) 记 $p_1p_2p_3\cdots p_n\cdots=\prod\limits_{n-1}^{\infty}p_n$，$\prod\limits_{k=1}^{n}p_k=A_n$，若 $\lim\limits_{n\to\infty}A_n=$

$A(A$ 为有限数$)$,则称无穷乘积 $\prod\limits_{n=1}^{\infty}p_n$ 收敛,A 称为它的值,否则,称其为发散的。

(1) 寻求 $p_n>0(n=1,2,\cdots)$ 时 $\prod\limits_{n=1}^{\infty}p_n$ 收敛的一个充要条件;

(2) 讨论 $\dfrac{2}{1}\cdot\dfrac{2}{3}\cdot\dfrac{4}{3}\cdot\dfrac{4}{5}\cdot\dfrac{6}{5}\cdot\dfrac{6}{7}\cdot\cdots\cdot\dfrac{2n}{2n-1}\cdot\dfrac{2n}{2n+1}\cdot\cdots$ 的敛散性。

解　(1) $\ln A_n=\sum\limits_{k=1}^{n}\ln p_k$。记 $S_n=\ln p_1+\ln p_2+\cdots+\ln p_n$,则 $\lim\limits_{n\to\infty}S_n=\lim\limits_{n\to\infty}\ln A_n=\ln(\lim\limits_{n\to\infty}A_n)$,于是

$$\prod_{n=1}^{\infty}p_n \text{ 收敛} \Leftrightarrow \sum_{n=1}^{\infty}\ln p_n \text{ 收敛。}$$

(2) 考虑级数

$$\ln\frac{2}{1}+\ln\frac{2}{3}+\ln\frac{4}{3}+\ln\frac{4}{5}+\ln\frac{6}{5}+\ln\frac{6}{7}+\ln\frac{8}{7}+\cdots$$

$$=\ln\frac{2}{1}-\ln\frac{3}{2}+\ln\frac{4}{3}-\ln\frac{5}{4}+\ln\frac{6}{5}-\ln\frac{7}{6}+\ln\frac{8}{7}+\cdots。$$

因为 $\lim\limits_{n\to\infty}\ln\dfrac{n+1}{n}=0$,$\ln\dfrac{n+1}{n}-\ln\dfrac{n}{n-1}=\ln\dfrac{n^2-1}{n^2}<0$,所以 $\sum\limits_{n=1}^{\infty}(-1)^{n+1}\ln\dfrac{n+1}{n}$ 收敛,故 $\dfrac{2}{1}\cdot\dfrac{2}{3}\cdot\dfrac{4}{3}\cdot\dfrac{4}{5}\cdot\dfrac{6}{5}\cdot\dfrac{6}{7}\cdot\cdots\cdot\dfrac{2n}{2n-1}\cdot\dfrac{2n}{2n+1}\cdot\cdots$ 收敛。

例 3.11　设函数 $f(x)$ 在 $[0,1]$ 上有连续的导数,且 $\lim\limits_{x\to 0^+}\dfrac{f(x)}{x}=1$。证明:级数 $\sum\limits_{n=1}^{\infty}f\left(\dfrac{1}{n}\right)$ 发散,而 $\sum\limits_{n=1}^{\infty}(-1)^{n-1}f\left(\dfrac{1}{n}\right)$ 收敛。

证明　由 $f(x)$ 的连续性、可导性及 $\lim\limits_{x\to 0^+}\dfrac{f(x)}{x}=1$,易知 $f(0)=0,f'(0)=1$。

再由 $f'(x)$ 的连续性及 $f'(0)=1$,可知存在正数 $0<\delta<1$,使得当 $0<x<\delta$ 时,$f'(x)>0$,推得 $f(x)$ 在 $[0,\delta]$ 上单调增加。所以,对正整数 $m\geqslant\dfrac{1}{\delta}$,正数列

$$f\left(\frac{1}{m}\right),\quad f\left(\frac{1}{m+1}\right),\quad f\left(\frac{1}{m+2}\right),\quad\cdots$$

单调减少,且以 0 为极限。

由莱布尼茨判别法,交错级数 $\sum\limits_{n=m}^{\infty}(-1)^{n-1}f\left(\dfrac{1}{n}\right)$ 收敛,从而 $\sum\limits_{n=1}^{\infty}(-1)^{n-1}f\left(\dfrac{1}{n}\right)$ 也收敛。

因 $\lim\limits_{n\to\infty}\dfrac{f\left(\dfrac{1}{n}\right)}{\dfrac{1}{n}}=\lim\limits_{x\to 0^+}\dfrac{f(x)}{x}=1$,而 $\sum\limits_{n=1}^{\infty}\dfrac{1}{n}$ 发散,故由比较判别法,正项级数 $\sum\limits_{n=m}^{\infty}f\left(\dfrac{1}{n}\right)$ 发散,从而 $\sum\limits_{n=1}^{\infty}f\left(\dfrac{1}{n}\right)$ 也发散。

例 3.12(2015 大连市数学竞赛 A)　设正项数列 $\{a_n\}$ 单调减少且 $\sum\limits_{n=1}^{\infty}(-1)^na_n$ 发散,证

明 $\sum\limits_{n=1}^{\infty}(-1)^n\left(1-\dfrac{a_{n+1}}{a_n}\right)$ 绝对收敛。

证明 由 $a_n>0$，$\{a_n\}$ 单调减少且 $\sum\limits_{n=1}^{\infty}(-1)^n a_n$ 发散，知 $\lim\limits_{n\to\infty}a_n=a>0$，且对任意 n 有 $a_n\geqslant a>0$，于是

$$u_n=1-\frac{a_{n+1}}{a_n}=\frac{a_n-a_{n+1}}{a_n}\leqslant\frac{1}{a}(a_n-a_{n+1})。$$

而 $\sum\limits_{n=1}^{\infty}(a_n-a_{n+1})$ 的部分和

$$S_n=a_1-a_{n+1}\xrightarrow{n\to\infty}a_1-a,$$

即级数 $\sum\limits_{n=1}^{\infty}(a_n-a_{n+1})$ 收敛。所以由比较判别法知原级数绝对收敛。

例 3.13 设 $u_1=1,u_2=2$，而当 $n\geqslant3$ 时，$u_n=u_{n-1}+u_{n-2}$。求证：

(1) $\dfrac{3}{2}u_{n-1}<u_n<2u_{n-1}$；

(2) $\sum\limits_{n=1}^{\infty}\dfrac{1}{u_n}$ 收敛。

证明 (1) 因为 $u_1=1,u_2=2,n\geqslant3$ 时，$u_n=u_{n-1}+u_{n-2}$，所以，$u_n>0$。又 $u_n=u_{n-1}+u_{n-2}>u_{n-1}$，所以，$\{u_n\}$ 单调增加。

$$u_{n-2}<u_{n-1}<u_n,$$
$$u_n=u_{n-1}+u_{n-2}<2u_{n-1}(n\geqslant3),$$
$$u_{n-1}<2u_{n-2},\quad 即\frac{1}{2}u_{n-1}<u_{n-2},$$
$$u_{n-1}+\frac{1}{2}u_{n-1}<u_n=u_{n-1}+u_{n-2}<u_{n-1}+u_{n-1}(n\geqslant3),$$

所以，$\dfrac{3}{2}u_{n-1}<u_n<2u_{n-1}$。

(2) 由(1)知：$\dfrac{3}{2}u_{n-1}<u_n$，所以

$$0<\frac{1}{u_n}<\frac{2}{3u_{n-1}}<\left(\frac{2}{3}\right)^2\frac{1}{u_{n-2}}<\cdots<\left(\frac{2}{3}\right)^{n-1}\frac{1}{u_1}=\left(\frac{2}{3}\right)^{n-1},$$

故 $\sum\limits_{n=1}^{\infty}\dfrac{1}{u_n}$ 收敛。

题型 3-2 求一般函数项级数的收敛域

【解题思路】 用比值法或根值法求 $\rho(x)$，即：

第一步 求 $\lim\limits_{n\to+\infty}\dfrac{|u_{n+1}(x)|}{|u_n(x)|}=\rho(x)$（或 $\lim\limits_{n\to+\infty}\sqrt[n]{|u_n(x)|}=\rho(x)$）；

第二步 解不等式方程 $\rho(x)<1$，求出 $\sum\limits_{n=1}^{\infty}u_n(x)$ 的收敛区间 (a,b)；

第三步 考查 $x=a$ 时级数 $\sum\limits_{n=1}^{\infty}u_n(a)$ 的敛散性；$x=b$ 时级数 $\sum\limits_{n=1}^{\infty}u_n(b)$ 的敛散性；

第四步   写出 $\sum\limits_{n=1}^{\infty} u_n(x)$ 的收敛域。

例 3.14   求下列函数项级数的收敛域:

(1) $\sum\limits_{n=1}^{\infty} \dfrac{1}{1+x^n}$;　　　(2) $\sum\limits_{n=1}^{\infty} \dfrac{1}{n(n+1)}(x^2+x+1)^n$;　　　(3) $\sum\limits_{n=1}^{\infty} \dfrac{x}{n^x}$。

解　(1) $\lim\limits_{n\to+\infty} \dfrac{|u_{n+1}(x)|}{|u_n(x)|} = \lim\limits_{n\to\infty} \dfrac{|1+x^n|}{|1+x^{n+1}|}$。

当 $|x|>1$ 时　$\lim\limits_{n\to\infty} \dfrac{|1+x^n|}{|1+x^{n+1}|} = \dfrac{1}{|x|}<1$,故级数 $\sum\limits_{n=1}^{\infty} \dfrac{1}{1+x^n}$ 绝对收敛;

当 $-1<x\leqslant1$ 时　$\lim\limits_{n\to\infty} \dfrac{|1+x^n|}{|1+x^{n+1}|}=1$,无法判断敛散性。进一步的,当 $-1<x<1$ 时

$u_n(x)=\dfrac{1}{1+x^n}\to1\neq0$,故级数 $\sum\limits_{n=1}^{\infty}\dfrac{1}{1+x^n}$ 发散;

当 $x=1$ 时,$u_n(x)=\dfrac{1}{2}$,不趋于 0,此时级数发散;

当 $x=-1$ 时,$\lim\limits_{n\to\infty} u_n(x)$ 的极限不存在,故级数 $\sum\limits_{n=1}^{\infty}\dfrac{1}{1+x^n}$ 发散。

综上得,级数 $\sum\limits_{n=1}^{\infty}\dfrac{1}{1+x^n}$ 的收敛域 $(-\infty,-1)\bigcup(1,+\infty)$。

(2) $\lim\limits_{n\to+\infty} \sqrt[n]{|u_n(x)|} = \lim\limits_{n\to+\infty} \sqrt[n]{\left|\dfrac{1}{n(n+1)}(x^2+x+1)^n\right|} = x^2+x+1$。

当 $x^2+x+1<1$ 时,即 $-1<x<0$ 时,$\sum\limits_{n=1}^{\infty}\dfrac{1}{n(n+1)}(x^2+x+1)^n$ 收敛。

当 $x=0$ 时,原级数为 $\sum\limits_{n=1}^{\infty}\dfrac{1}{n(n+1)}$ 收敛;当 $x=-1$ 时,原级数为 $\sum\limits_{n=1}^{\infty}\dfrac{1}{n(n+1)}$ 收敛。

故 $\sum\limits_{n=1}^{\infty}\dfrac{1}{n(n+1)}(x^2+x+1)^n$ 的收敛域为 $[-1,0]$。

(3) $\sum\limits_{n=1}^{\infty}\dfrac{x}{n^x}=x\sum\limits_{n=1}^{\infty}\dfrac{1}{n^x}$。

当 $x>1$ 时,$\sum\limits_{n=1}^{\infty}\dfrac{1}{n^x}$ 收敛,故原级数 $\sum\limits_{n=1}^{\infty}\dfrac{x}{n^x}$ 收敛;

当 $x\leqslant1$ 时,$\sum\limits_{n=1}^{\infty}\dfrac{1}{n^x}$ 发散,只要 $x\neq0$ 原级数 $\sum\limits_{n=1}^{\infty}\dfrac{x}{n^x}$ 发散;

当 $x=0$ 时,级数一般项为 0,级数收敛。

故 $\sum\limits_{n=1}^{\infty}\dfrac{x}{n^x}$ 的收敛域为 $x=0$ 和 $(1,+\infty)$。

题型 3-3   求幂级数的收敛半径,收敛域

【解题思路】　若收敛区间为 (a,b),则收敛半径 $R=\dfrac{b-a}{2}$;

若 $\sum\limits_{n=1}^{\infty} a_n x^n$ 中至多有有限个 $a_n = 0$，则收敛半径 $R = \lim\limits_{n\to\infty}\left|\dfrac{a_n}{a_{n+1}}\right|$ $\left(\text{或 } R = \lim\limits_{n\to\infty}\dfrac{1}{\sqrt[n]{|a_n|}}\right)$。代

入 $x = \pm R$，考查 $\sum\limits_{n=1}^{\infty} a_n R^n$ 和 $\sum\limits_{n=1}^{\infty} a_n(-1)^n R^n$ 的收敛性。

例 3.15 若幂级数 $\sum\limits_{n=0}^{\infty} a_n(x-1)^n$ 在 $x=-1$ 处收敛，判断此级数在 $x=2$ 处的敛散性

解 因为级数在 $x=-1$ 处收敛，则级数在以 1 为中心，以 $|-1-1|=2$ 为半径的开区间内绝对收敛，即级数在 1 的 2 邻域 $(-1,3)$ 内绝对收敛，而 $2\in(-1,3)$，所以级数在 $x=2$ 处绝对收敛。

例 3.16 幂级数 $\sum\limits_{n=0}^{\infty} a_n x^n$ 在 $x=-2$ 处条件收敛，求此级数的收敛半径。

解 因为 $\sum\limits_{n=0}^{\infty} a_n x^n$ 在 $x=-2$ 处收敛，所以收敛半径 $R \geq 2$。

幂级数 $\sum\limits_{n=0}^{\infty} a_n x^n$ 在 $x=-2$ 处条件收敛，即 $\sum\limits_{n=1}^{\infty} a_n(-2)^n$ 收敛，$\sum\limits_{n=1}^{\infty} a_n 2^n$ 处发散，所以收敛半径 $R \leq 2$。

综合得收敛半径 $R=2$。

例 3.17 求下列幂级数的收敛域：

(1) $\sum\limits_{n=0}^{\infty} (2n)! x^n$；   (2) $\sum\limits_{n=1}^{\infty} \dfrac{1}{(2n-1)!} x^n$；

(3) $\sum\limits_{n=1}^{\infty} \dfrac{3^n+5^n}{n} x^n$；   (4) $\sum\limits_{n=1}^{\infty} \dfrac{(x+4)^n}{n}$；

(5) $\sum\limits_{n=0}^{\infty} 10^n (x-1)^n$；   (6) $\sum\limits_{n=0}^{\infty} \dfrac{(-1)^n}{n^2}(x-3)^n$。

解 (1) 由于 $\rho = \lim\limits_{n\to\infty}\left|\dfrac{a_{n+1}}{a_n}\right| = \lim\limits_{n\to\infty}\dfrac{[2(n+1)]!}{(2n)!} = +\infty$，则原级数收敛半径为 $R=0$，显然原级数只在 $x=0$ 收敛；

(2) 由于 $\rho = \lim\limits_{n\to\infty}\left|\dfrac{a_{n+1}}{a_n}\right| = \lim\limits_{n\to\infty}\left|\dfrac{\frac{1}{(2n+1)!}}{\frac{1}{(2n-1)!}}\right| = 0$，则原级数收敛半径为 $R=+\infty$，显然原级数的收敛域为 $(-\infty,+\infty)$；

(3) 由于 $\rho = \lim\limits_{n\to\infty}\sqrt[n]{\dfrac{3^n+5^n}{n}} = \lim\limits_{n\to\infty}\dfrac{5\sqrt[n]{1+\left(\frac{3}{5}\right)^n}}{\sqrt[n]{n}} = 5$，则原级数收敛半径为 $R=\dfrac{1}{5}$。当 $x=R=\dfrac{1}{5}$ 时，原级数为 $\sum\limits_{n=1}^{\infty}\dfrac{3^n+5^n}{n}\left(\dfrac{1}{5}\right)^n = \sum\limits_{n=1}^{\infty}\dfrac{\left(\frac{3}{5}\right)^n+1}{n}$，此时级数发散；当 $x=-R=-\dfrac{1}{5}$ 时，原级数为 $\sum\limits_{n=1}^{\infty}\dfrac{3^n+5^n}{n}\left(-\dfrac{1}{5}\right)^n = \sum\limits_{n=1}^{\infty}(-1)^n\dfrac{\left(\frac{3}{5}\right)^n+1}{n}$，此时级数收敛。因此，原级

数的收敛域为 $\left[-\dfrac{1}{5},\dfrac{1}{5}\right)$。

(4) 由于 $\rho=\lim\limits_{n\to\infty}\left|\dfrac{a_{n+1}}{a_n}\right|=\lim\limits_{n\to\infty}\dfrac{\dfrac{1}{n+1}}{\dfrac{1}{n}}=1$，则原级数收敛半径为 $R=1$。当 $x+4=R=1$，

即 $x=-3$ 时，原级数为 $\sum\limits_{n=1}^{\infty}\dfrac{1}{n}$，此时级数发散；当 $x+4=-R=-1$，即 $x=-5$ 时，原级数

为 $\sum\limits_{n=1}^{\infty}\dfrac{(-1)^n}{n}$，此时级数收敛。因此，原级数的收敛域为 $[-5,-3)$。

(5) 由于 $\rho=\lim\limits_{n\to\infty}\sqrt[n]{10^n}=10$，则原级数收敛半径为 $R=\dfrac{1}{10}$。当 $x-1=R=\dfrac{1}{10}$，即 $x=\dfrac{11}{10}$

时，原级数为 $\sum\limits_{n=1}^{\infty}10^n\left(\dfrac{11}{10}-1\right)^n=\sum\limits_{n=1}^{\infty}1$，级数发散；当 $x-1=-R=-\dfrac{1}{10}$，即 $x=\dfrac{9}{10}$ 时，原级

数为 $\sum\limits_{n=1}^{\infty}10^n\left(\dfrac{9}{10}-1\right)^n=\sum\limits_{n=1}^{\infty}(-1)^n$，级数发散。因此，原级数的收敛域为 $\left(\dfrac{9}{10},\dfrac{11}{10}\right)$。

(6) 由于 $\rho=\lim\limits_{n\to\infty}\left|\dfrac{a_{n+1}}{a_n}\right|=\lim\limits_{n\to\infty}\dfrac{\dfrac{1}{(n+1)^2}}{\dfrac{1}{n^2}}=1$，则原级数收敛半径为 $R=1$。当 $x-3=R=1$，

即 $x=4$ 时，原级数为 $\sum\limits_{n=1}^{\infty}\dfrac{(-1)^n}{n^2}$，此时级数收敛；当 $x-3=-R=-1$，即 $x=2$ 时，原级数

为 $\sum\limits_{n=1}^{\infty}\dfrac{1}{n^2}$，此时级数收敛。因此，原级数的收敛域为 $[2,4]$。

例 3.18   幂级数 $\sum\limits_{n=1}^{\infty}\dfrac{n}{(-3)^n+2^n}x^{2n-1}$ 的收敛半径。

解 $\lim\limits_{n\to+\infty}\dfrac{|u_{n+1}(x)|}{|u_n(x)|}=\lim\limits_{n\to+\infty}\dfrac{\left|\dfrac{(n+1)}{(-3)^{n+1}+2^{n+1}}x^{2n+1}\right|}{\left|\dfrac{n}{(-3)^n+2^n}x^{2n-1}\right|}$

$\qquad\qquad\qquad\qquad =\lim\limits_{n\to+\infty}\left|\dfrac{(-3)^n+2^2}{(-3)^{n+1}+2^{n+1}}\right||x^2|=\dfrac{1}{3}|x|^2$。

当 $\dfrac{1}{3}|x|^2<1$，即 $|x|<\sqrt{3}$ 时级数绝对收敛；当 $\dfrac{1}{3}|x|^2>1$，即 $|x|>\sqrt{3}$ 时级数发散。

综上得收敛半径为 $R=\sqrt{3}$。

例 3.19   设数列 $\{a_n\}$ 单调减少，$\lim\limits_{n\to\infty}a_n=0$，$S_n=\sum\limits_{k=1}^{n}a_k$ 无界，求数列 $\sum\limits_{n=1}^{\infty}a_n(x-1)^n$ 的收

敛域。

解   因为 $\{a_n\}$ 单调减少，$\lim\limits_{n\to\infty}a_n=0$，故 $\sum\limits_{n=1}^{\infty}(-1)^na_n$ 收敛。

又因为 $\{a_n\}$ 单调减少，$S_n=\sum\limits_{k=1}^{n}a_k$ 无界，所以 $\sum\limits_{n=1}^{\infty}a_n$ 发散。

$\sum\limits_{n=1}^{\infty} a_n (x-1)^n$ 的收敛区间关于 $x=1$ 为对称。

当 $x=0$ 时，$\sum\limits_{n=1}^{\infty} a_n (x-1)^n$ 为 $\sum\limits_{n=1}^{\infty} (-1)^n a_n$，$\sum\limits_{n=1}^{\infty} (-1)^n a_n$ 收敛；当 $x=2$ 时，$\sum\limits_{n=1}^{\infty} a_n (x-1)^n$ 为 $\sum\limits_{n=1}^{\infty} a_n$，$\sum\limits_{n=1}^{\infty} a_n$ 发散。

从而 $\sum\limits_{n=1}^{\infty} a_n (x-1)^n$ 的收敛域为 $[0,2)$。

例 3.20 若级数 $\sum\limits_{n=1}^{\infty} a_n$ 条件收敛，则 $x=\sqrt{3}$ 与 $x=3$ 依次为幂级数 $\sum\limits_{n=1}^{\infty} n a_n (x-1)^n$ 的（   ）。

A. 收敛点，收敛点   B. 收敛点，发散点
C. 发散点，收敛点   D. 发散点，发散点

【分析】 此题考查幂级数收敛半径、收敛区间，幂级数的性质。

解 因为 $\sum\limits_{n=1}^{\infty} a_n$ 条件收敛，即 $x=2$ 为幂级数 $\sum\limits_{n=1}^{\infty} a_n (x-1)^n$ 的条件收敛点，所以 $\sum\limits_{n=1}^{\infty} a_n (x-1)^n$ 的收敛半径为 1，收敛区间为 $(0,2)$。而幂级数逐项求导不改变收敛区间，故 $\sum\limits_{n=1}^{\infty} n a_n (x-1)^n$ 的收敛区间还是 $(0,2)$。因而 $x=\sqrt{3}$ 与 $x=3$ 依次为幂级数 $\sum\limits_{n=1}^{\infty} n a_n (x-1)^n$ 的收敛点与发散点。故选 B。

题型 3-4 幂级数求和

所用知识

(1) $\sum\limits_{n=1}^{\infty} a q^{n-1} = \dfrac{a}{1-q}(\,|\,q\,|<1)$。

特别地，有

$$\sum_{n=0}^{\infty} x^n = \frac{1}{1-x}(\,|\,x\,|<1); \quad \sum_{n=1}^{\infty} x^n = \frac{x}{1-x}(\,|\,x\,|<1); \quad \sum_{n=0}^{\infty} (-x)^n = \frac{1}{1+x}(|x|<1)。$$

(2) $\sum\limits_{n=0}^{\infty} \dfrac{x^n}{n!} = e^x (x \in \mathbf{R})$。

(3) $\sum\limits_{n=0}^{\infty} (-1)^n \dfrac{x^{2n+1}}{(2n+1)!} = \sin x (x \in \mathbf{R})$。

(4) $\sum\limits_{n=0}^{\infty} (-1)^n \dfrac{x^{2n}}{(2n)!} = \cos x (x \in \mathbf{R})$。

(5) $n x^{n-1} = (x^n)'$， $(n+1)x^n = (x^{n+1})'$； $\dfrac{x^n}{n} = \displaystyle\int_0^x t^{n-1} \mathrm{d}t$， $\dfrac{x^{n+1}}{n+1} = \displaystyle\int_0^x t^n \mathrm{d}t$。

【解题思路一】 具体解题步骤：

第一步 求出给定级数的收敛域；

第二步 通过将幂级数中通项写成积分或微分的形式，

(1) 若级数的项中含有 $(n+1)x^n$ 或 $(n+1)(n+2)x^n$，或能化成这种形式的，则把级数的项写成微分的形式

$$(n+1)x^n = (x^{n+1})', \quad (n+1)(n+2)x^n = (x^{n+2})'';$$

（2）若级数的项中含有 $\dfrac{x^n}{n}$，或 $\dfrac{x^{n+1}}{n+1}$，则把级数的一般项写成积分的形式。

$$\frac{x^n}{n}=\int_0^x t^{n-1}\,\mathrm{d}t,\qquad \frac{x^{n+1}}{n+1}=\int_0^x t^n\,\mathrm{d}t;$$

第三步　将微分或积分符号放到求和符号外面；

第四步　将给定的幂级数化为常见函数展开式的形式，从而得到级数的和函数。

【解题思路二】

第一步　求出给定级数的收敛域；

第二步　逐项积分或微分将给定的幂级数化为常见函数展开式的形式，从而得到新级数的和函数；

第三步　对于得到的和函数做相反的分析运算，便得到原级数的和函数。

例 3.21　（2017 数一）求幂级数 $\displaystyle\sum_{n=1}^{\infty}(-1)^{n-1}nx^{n-1}$ 在区间 $(-1,1)$ 内的和函数。

解　$\displaystyle\sum_{n=1}^{\infty}(-1)^{n-1}nx^{n}$ 的收敛域为 $(-1,1)$。设和函数为 $S(x)$，则

$$S(x)=\sum_{n=1}^{\infty}(-1)^{n-1}nx^{n}$$

$$=x\sum_{n=1}^{\infty}(-1)^{n-1}nx^{n-1}（提出去一个 x 以便出现 nx^{n-1}=(x^{n})'）$$

$$=x\sum_{n=1}^{\infty}(-1)^{n-1}(x^{n})'=-x\sum_{n=1}^{\infty}(-1)^{n}(x^{n})'=-x\Big[\sum_{n=1}^{\infty}(-1)^{n}x^{n}\Big]'$$

$$=-x\Big[\sum_{n=1}^{\infty}(-x)^{n}\Big]'=-x\Big(\frac{-x}{1+x}\Big)'=\frac{x}{(1+x)^{2}},\quad x\in(-1,1)。$$

例 3.22　求下列幂级数的收敛域及和函数：

（1）$\displaystyle\sum_{n=0}^{\infty}(n+1)x^{n+1}$；

（2）$\displaystyle\sum_{n=1}^{\infty}n^{2}x^{n-1}$；

（3）$\displaystyle\sum_{n=0}^{\infty}\frac{1}{2^{n-1}}x^{n}$；

（4）$\displaystyle\sum_{n=1}^{\infty}\frac{1}{n(n+1)}x^{n+1}$。

解　（1）由于 $\rho=\displaystyle\lim_{n\to\infty}\left|\dfrac{a_{n+1}}{a_n}\right|=\lim_{n\to\infty}\dfrac{n+2}{n+1}=1$，则原级数收敛半径为 $R=1$。当 $x=R=1$ 时，原级数为 $\displaystyle\sum_{n=1}^{\infty}(n+1)$，此时级数发散；当 $x=-R=-1$ 时，原级数为 $\displaystyle\sum_{n=1}^{\infty}(-1)^{n+1}(n+1)$，此时级数发散。因此，原级数的收敛域为 $(-1,1)$。级数的和为

$$\sum_{n=0}^{\infty}(n+1)x^{n+1}=x\sum_{n=0}^{\infty}(n+1)x^{n}=x\Big(\sum_{n=0}^{\infty}x^{n+1}\Big)'=x\Big(\frac{1}{1-x}-1\Big)'=\frac{x}{(1-x)^{2}}。$$

（2）由于 $\rho=\displaystyle\lim_{n\to\infty}\left|\dfrac{a_{n+1}}{a_n}\right|=\lim_{n\to\infty}\dfrac{(n+1)^{2}}{n^{2}}=1$，则原级数收敛半径为 $R=1$。当 $x=R=1$ 时，原级数为 $\displaystyle\sum_{n=1}^{\infty}n^{2}$，此时级数发散；当 $x=-R=-1$ 时，原级数为 $\displaystyle\sum_{n=1}^{\infty}(-1)^{n-1}n^{2}$，此时级数发散。因此，原级数的收敛域为 $(-1,1)$。级数的和为

$$\sum_{n=1}^{\infty} n^2 x^{n-1} = \sum_{n=1}^{\infty} n(n+1)x^{n-1} - \sum_{n=1}^{\infty} nx^{n-1} = \left(\sum_{n=1}^{\infty} x^{n+1}\right)'' - \left(\sum_{n=1}^{\infty} x^n\right)'$$

$$= \left(\frac{1}{1-x} - 1 - x\right)'' - \left(\frac{1}{1-x} - 1\right)' = \frac{2}{(1-x)^3} - \frac{1}{(1-x)^2} = \frac{1+x}{(1-x)^3}。$$

（3）由于 $\rho = \lim\limits_{n \to \infty} \sqrt[n]{\dfrac{1}{2^{n-1}}} = \dfrac{1}{2}$，则原级数收敛半径为 $R=2$。当 $x=R=2$ 时，原级数为

$\sum_{n=1}^{\infty} 2$，此时级数发散；当 $x=-R=-2$ 时，原级数为 $\sum_{n=1}^{\infty} 2(-1)^n$，此时级数发散。因此，原级

数的收敛域为 $(-2,2)$。级数的和为

$$\sum_{n=0}^{\infty} \frac{x^n}{2^{n-1}} = 2\sum_{n=0}^{\infty} \left(\frac{x}{2}\right)^n = 2 \cdot \frac{1}{1-\dfrac{x}{2}} = \frac{4}{2-x}$$

（4）**解法一**　由于 $\rho = \lim\limits_{n \to \infty} \left|\dfrac{a_{n+1}}{a_n}\right| = \lim\limits_{n \to \infty} \dfrac{\dfrac{1}{(n+1)(n+2)}}{\dfrac{1}{n(n+1)}} = 1$，则原级数收敛半径为 $R=$

1。当 $x=R=1$ 时，原级数为 $\sum_{n=1}^{\infty} \dfrac{1}{n(n+1)}$，此时级数收敛；当 $x=-R=-1$ 时，原级数为

$\sum_{n=1}^{\infty} \dfrac{(-1)^{n+1}}{n(n+1)}$，此时级数收敛。因此，原级数的收敛域为 $[-1,1]$。

由于

$$\left(\sum_{n=1}^{\infty} \frac{1}{n(n+1)} x^{n+1}\right)'' = \sum_{n=1}^{\infty} x^{n-1} = \frac{1}{1-x},$$

而

$$\int_0^x \frac{1}{1-x} dx = -\ln(1-x), \quad x \in (-1,1),$$

所以

$$\sum_{n=1}^{\infty} \frac{1}{n(n+1)} x^{n+1} = -\int_0^x \ln(1-x) dx = -x\ln(1-x) - \int_0^x \frac{x}{1-x} dx$$

$$= -x\ln(1-x) + \ln(1-x) + x。$$

解法二

$$S(x) = \sum_{n=1}^{\infty} \frac{x^{n+1}}{n(n+1)} = \sum_{n=1}^{\infty} \frac{1}{n} \int_0^x t^n dt = \int_0^x \sum_{n=1}^{\infty} \frac{t^n}{n} dt$$

$$= \int_0^x \left(\sum_{n=1}^{\infty} \int_0^t u^{n-1} du\right) dt = \int_0^x \left[\int_0^t \left(\sum_{n=1}^{\infty} u^{n-1}\right) du\right] dt$$

$$= \int_0^x \left[\int_0^t \frac{1}{1-u} du\right] dt = \int_0^x [-\ln(1-t)] dt = \int_0^x \ln(1-t) d(1-t)$$

$$= \left[(1-t)\ln(1-t) \Big|_0^x - \int_0^x \frac{-1}{1-t}(1-t) dt\right] = (1-x)\ln(1-x) + x。$$

例 3.23　求幂级数 $\sum_{n=0}^{\infty} \dfrac{4n^2 + 4n + 3}{2n+1} x^{2n}$ 的收敛域及和函数。（2012 考研数学一）

解　$R=\lim\limits_{n\to\infty}\left|\dfrac{a_n}{a_{n+1}}\right|=\lim\limits_{n\to\infty}\dfrac{\dfrac{4(n+1)^2+4(n+1)+3}{2(n+1)+1}}{\dfrac{4n^2+4n+3}{2n+1}}=1。$

当 $x=\pm R=\pm1$ 时,级数为 $\sum\limits_{n=1}^{\infty}\dfrac{4n^2+4n+3}{2n+1}$ 是发散的,故级数的收敛域为 $(-1,1)$。

设 $S(x)=\sum\limits_{n=1}^{\infty}\dfrac{4n^2+4n+3}{2n+1}x^{2n},x\in(-1,1),S(0)=3。$

$$S(x)=\sum\limits_{n=0}^{\infty}\dfrac{4n^2+4n+3}{2n+1}x^{2n}=\sum\limits_{n=0}^{\infty}\dfrac{(2n+1)^2+2}{2n+1}x^{2n}$$

$$=\sum\limits_{n=0}^{\infty}(2n+1)x^{2n}+2\sum\limits_{n=0}^{\infty}\dfrac{1}{2n+1}x^{2n}$$

$$=S_1(x)+2S_2(x)。$$

$$S_1(x)=\sum\limits_{n=0}^{\infty}(2n+1)x^{2n}=\sum\limits_{n=0}^{\infty}(x^{2n+1})'$$

$$=\left(\sum\limits_{n=0}^{\infty}x^{2n+1}\right)'=\left(\dfrac{x}{1-x^2}\right)'=\dfrac{1+x^2}{(1-x^2)^2},\quad x\in(-1,1);$$

$$S_2(x)=\sum\limits_{n=0}^{\infty}\dfrac{1}{2n+1}x^{2n}=\dfrac{1}{x}\sum\limits_{n=0}^{\infty}\dfrac{x^{2n+1}}{2n+1}$$

$$=\dfrac{1}{x}\sum\limits_{n=0}^{\infty}\int_0^x t^{2n}\mathrm{d}t=\dfrac{1}{x}\int_0^x\sum\limits_{n=0}^{\infty}t^{2n}\mathrm{d}t=\dfrac{1}{x}\int_0^x\dfrac{1}{1-t^2}\mathrm{d}t$$

$$=\dfrac{1}{2x}\int_0^x\left(\dfrac{1}{1-t}+\dfrac{1}{1+t}\right)\mathrm{d}t=\dfrac{1}{x}\left(\dfrac{1}{2}\ln\dfrac{1+x}{1-x}\right)$$

$$=\dfrac{1}{2x}\ln\dfrac{1+x}{1-x},\quad x\in(-1,1),x\neq0。$$

故 $S(x)=S_1(x)+2S_2(x)=\dfrac{1+x^2}{(1-x^2)^2}+\dfrac{1}{x}\ln\dfrac{1+x}{1-x},x\in(-1,1),x\neq0,S(0)=3。$

例 3.24　求幂级数 $\sum\limits_{n=0}^{\infty}(n+1)(n+3)x^n$ 的收敛域、和函数。

解　由于 $\lim\limits_{n\to\infty}\left|\dfrac{a_{n+1}}{a_n}\right|=1$,所以得到收敛半径 $R=1$。当 $x=\pm1$ 时,级数的一般项不趋于零,是发散的,所以收敛域为 $(-1,1)$。

令和函数 $S(x)=\sum\limits_{n=0}^{\infty}(n+1)(n+3)x^n$,而 $(n+1)(n+3)=(n+1)(n+2)+(n+1)$,则

$$S(x)=\sum\limits_{n=1}^{\infty}(n+1)(n+3)x^n=\sum\limits_{n=1}^{\infty}(n+2)(n+1)x^n+\sum\limits_{n=1}^{\infty}(n+1)x^n$$

$$=\left(\sum\limits_{n=1}^{\infty}x^{n+2}\right)''+\left(\sum\limits_{n=1}^{\infty}x^{n+1}\right)'=\left(\dfrac{x^3}{1-x}\right)''+\left(\dfrac{x^2}{1-x}\right)'=\dfrac{3-x}{(1-x)^3}。$$

例 3.25　设 $a_0=1,a_1=0,a_{n+1}=\dfrac{1}{n+1}(na_n+a_{n-1})(n=1,2,\cdots)$,设 $S(x)$ 为幂级数

$\sum\limits_{n=0}^{\infty}a_nx^n$ 的和函数。证明：

(1) $\sum\limits_{n=0}^{\infty}a_nx^n$ 的收敛半径不小于 1。

(2) $(1-x)S'(x)-xS(x)=0(x\in(-1,1))$，并求出和函数的表达式。

解 (1) 由条件 $a_{n+1}=\dfrac{1}{n+1}(na_n+a_{n-1})\Rightarrow(n+1)a_{n+1}=na_n+a_{n-1}$，也就得到

$$(n+1)(a_{n+1}-a_n)=-(a_n-a_{n-1}),$$

故 $\quad\dfrac{a_{n+1}-a_n}{a_n-a_{n-1}}=-\dfrac{1}{n+1},n=1,2,\cdots$

$$\frac{a_{n+1}-a_n}{a_1-a_0}=\frac{a_{n+1}-a_n}{a_n-a_{n-1}}\times\frac{a_n-a_{n-1}}{a_{n-1}-a_{n-2}}\times\cdots\times\frac{a_2-a_1}{a_1-a_0}=(-1)^n\frac{1}{(n+1)!},$$

故 $a_{n+1}-a_n=(-1)^{n+1}\dfrac{1}{(n+1)!},n=1,2,\cdots,$

$$a_{n+1}=(a_{n+1}-a_n)+(a_n-a_{n-1})+\cdots+(a_2-a_1)+a_1=\sum_{k=2}^{n}(-1)^{k+1}\frac{1}{k!}。$$

$\rho=\lim\limits_{n\to\infty}\sqrt[n]{|a_n|}\leqslant\lim\limits_{n\to\infty}\sqrt[n]{\dfrac{1}{2!}+\dfrac{1}{3!}+\cdots+\dfrac{1}{n!}}\leqslant\lim\limits_{n\to\infty}\sqrt[n]{e}=1$，所以收敛半径 $R\geqslant1$。

(2) 对于幂级数 $\sum\limits_{n=0}^{\infty}a_nx^n$，由和函数的性质,可得 $S'(x)=\sum\limits_{n=1}^{\infty}na_nx^{n-1}$，所以

$$(1-x)S'(x)=(1-x)\sum_{n=1}^{\infty}na_nx^{n-1}=\sum_{n=1}^{\infty}na_nx^{n-1}-\sum_{n=1}^{\infty}na_nx^n$$

$$=\sum_{n=0}^{\infty}(n+1)a_{n+1}x^n-\sum_{n=1}^{\infty}na_nx^n$$

$$=a_1+\sum_{n=1}^{\infty}((n+1)a_{n+1}-na_n)x^n$$

$$=\sum_{n=1}^{\infty}a_{n-1}x^n=\sum_{n=0}^{\infty}a_nx^{n+1}=x\sum_{n=0}^{\infty}a_nx^n=xS(x),$$

也就是有 $(1-x)S'(x)-xS(x)=0(x\in(-1,1))$。

解微分方程 $(1-x)S'(x)-xS(x)=0$，得 $S(x)=\dfrac{Ce^{-x}}{1-x}$。由于 $S(0)=a_0=1$，得 $C=1$，所以 $S(x)=\dfrac{e^{-x}}{1-x}$。

题型 3-5　函数在某点的幂级数展开

【解题思路】 将给定函数在某点展成泰勒级数有两种方法：直接法和间接法。间接法就是利用已知的函数展开式，通过适当的变量代换、四则运算、复合以及逐项积分、微分而将一个函数展开成幂级数的方法。通常采用的是间接法。

例 3.26 求下列函数在指定点处的幂级数展开式：

(1) $f(x)=e^x,x_0=1$;　　　　　　(2) $f(x)=\dfrac{1}{x},x_0=2$。

解 (1) $e^x = e \cdot e^{x-1} = e \sum_{n=0}^{\infty} \frac{(x-1)^n}{n!}, x \in (-\infty, +\infty)$。

(2) $\dfrac{1}{x} = \dfrac{1}{2+(x-2)} = \dfrac{1}{2} \dfrac{1}{1+\dfrac{x-2}{2}} = \dfrac{1}{2} \sum_{n=0}^{\infty} \left(-\dfrac{x-2}{2}\right)^n$

$$= \sum_{n=0}^{\infty} \frac{(-1)^n}{2^{n+1}} (x-2)^n, \quad |x-2| < 2。$$

例 3.27 将下列函数展开成 x 的幂级数:

(1) 3^x; (2) $\dfrac{x^2}{1+x^2}$; (3) $\ln(1+x-2x^2)$;

(4) $\dfrac{1}{(x-1)(x-2)}$; (5) $\displaystyle\int_0^x \frac{\sin t}{t} dt$; (6) $\displaystyle\int_0^x e^{t^2} dt$。

解 (1) $3^x = e^{x\ln 3} = \sum_{n=0}^{\infty} \frac{(x\ln 3)^n}{n!} = \sum_{n=0}^{\infty} \frac{(\ln 3)^n}{n!} x^n, \quad x \in (-\infty, +\infty)$。

(2) $\dfrac{x^2}{1+x^2} = \sum_{n=1}^{\infty} x^2 \cdot (-x^2)^{n-1} = \sum_{n=1}^{\infty} (-1)^{n-1} x^{2n}, \quad x \in (-1,1)$。

或 $\dfrac{x^2}{1+x^2} = x^2 \sum_{n=0}^{\infty} (-x^2)^n = \sum_{n=0}^{\infty} (-1)^n x^{2(n+1)}$。

(3) $\ln(1+x-2x^2) = \ln[(2x+1)(1-x)] = \ln(2x+1) + \ln(1-x)$

$$= \sum_{n=1}^{\infty} (-1)^{n-1} \frac{1}{n} (2x)^n + \sum_{n=1}^{\infty} (-1)^{n-1} \frac{1}{n} (-x)^n$$

$$= \sum_{n=1}^{\infty} (-1)^{n-1} \frac{2^n}{n} x^n - \sum_{n=1}^{\infty} \frac{1}{n} x^n$$

$$= \sum_{n=1}^{\infty} \frac{(-1)^{n-1} 2^n - 1}{n} x^n, \quad x \in \left(-\frac{1}{2}, \frac{1}{2}\right]。$$

或 $\ln(1+x-2x^2) = \ln(2x+1) + \ln(1-x) = 2\displaystyle\int \frac{1}{2x+1} dx - \int \frac{1}{1-x} dx$

$$= 2\int \sum_{n=0}^{\infty} (-2x)^n dx - \int \sum_{n=0}^{\infty} x^n dx = \sum_{n=0}^{\infty} (-1)^n 2^{n+1} \frac{x^{n+1}}{n+1} - \sum_{n=0}^{\infty} \frac{x^{n+1}}{n+1}$$

$$= \sum_{n=0}^{\infty} \frac{(-1)^n 2^{n+1} - 1}{n+1} x^{n+1} = \sum_{n=1}^{\infty} \frac{(-1)^{n-1} 2^n - 1}{n} x^n, \quad x \in \left(-\frac{1}{2}, \frac{1}{2}\right]。$$

(4) $\dfrac{1}{(x-1)(x-2)} = \dfrac{1}{1-x} - \dfrac{1}{2-x} = \sum_{n=0}^{\infty} x^n - \dfrac{1}{2} \sum_{n=0}^{\infty} \left(\dfrac{x}{2}\right)^n$

$$= \sum_{n=0}^{\infty} x^n - \frac{1}{2} \sum_{n=0}^{\infty} \frac{x^n}{2^n} = \sum_{n=0}^{\infty} \left(1 - \frac{1}{2^{n+1}}\right) x^n, \quad x \in (-1,1)。$$

(5) $\displaystyle\int_0^x \frac{\sin t}{t} dt = \int_0^x \left[\sum_{n=0}^{\infty} (-1)^n \frac{t^{2n}}{(2n+1)!}\right] dt = \sum_{n=0}^{\infty} \frac{(-1)^n}{(2n+1)!} \int_0^x t^{2n} dt$

$$= \sum_{n=0}^{\infty} \frac{(-1)^n}{(2n+1) \cdot (2n+1)!} x^{2n+1}, \quad x \in (-\infty, +\infty)。$$

(6) $\displaystyle\int_0^x e^{t^2} dt = \int_0^x \left(\sum_{n=0}^{\infty} \frac{t^{2n}}{n!}\right) dt = \sum_{n=0}^{\infty} \frac{1}{n!} \int_0^x t^{2n} dt = \sum_{n=0}^{\infty} \frac{x^{2n+1}}{(2n+1) \cdot n!}, \quad x \in (-\infty, +\infty)。$

题型 3-6   数项级数求和

【解题思路一】   利用级数和的定义求和

$$S_n = u_1 + u_2 + u_3 + \cdots + u_n = \sum_{k=1}^{n} u_k, \quad \lim_{n \to \infty} S_n = S.$$

例 3.28   求 $\displaystyle\sum_{n=1}^{\infty} \frac{1}{n(n+1)(n+2)}$ 的和。

解   由于 $\dfrac{1}{n(n+1)(n+2)} = \dfrac{1}{2}\left[\dfrac{1}{n(n+1)} - \dfrac{1}{(n+1)(n+2)}\right]$，则

$$S_n = \sum_{k=1}^{n} \frac{1}{k(k+1)(k+2)} = \sum_{k=1}^{n} \frac{1}{2}\left[\frac{1}{k(k+1)} - \frac{1}{(k+1)(k+2)}\right]$$

$$= \frac{1}{2}\left[\frac{1}{2} - \frac{1}{(n+1)(n+2)}\right].$$

所以该级数的和为

$$S = \lim_{n \to \infty} S_n = \lim_{n \to \infty} \frac{1}{2}\left[\frac{1}{2} - \frac{1}{(n+1)(n+2)}\right] = \frac{1}{4}, \quad \text{即} \quad \sum_{n=1}^{\infty} \frac{1}{n(n+1)(n+2)} = \frac{1}{4}.$$

【解题思路二】   构造幂级数法

$$\sum_{n=1}^{\infty} a_n x_0^n = \sum_{n=1}^{\infty} a_n x^n \Big|_{x=x_0},$$

其中，幂级数 $\displaystyle\sum_{n=1}^{\infty} a_n x^n$ 可通过逐项积分或逐项求导得到和函数 $S(x)$，因此

$$\sum_{n=1}^{\infty} a_n x_0^n = S(x_0).$$

例 3.29   求无穷级数 $\displaystyle\sum_{n=1}^{\infty} \frac{1}{n!(n+2)}$ 的和。

解 $\displaystyle\sum_{n=1}^{\infty} \frac{1}{n!(n+2)}$ 是 $\displaystyle\sum_{n=1}^{\infty} \frac{1}{n!} \frac{x^{n+2}}{n+2}$ 当 $x=1$ 时的值，而

$$S(x) = \sum_{n=1}^{\infty} \frac{1}{n!} \frac{x^{n+2}}{n+2} = \sum_{n=1}^{\infty} \frac{1}{n!} \int_0^x t^{n+1} dt = \int_0^x \left(\sum_{n=1}^{\infty} \frac{1}{n!} t^{n+1}\right) dt = \int_0^x \left(t \sum_{n=1}^{\infty} \frac{1}{n!} t^n\right) dt$$

$$= \int_0^x t(e^t - 1) dt = \left(t e^t - e^t - \frac{1}{2} t^2\right)\Big|_0^x = e^x(x-1) - \frac{1}{2} x^2 + 1,$$

故 $\displaystyle S(1) = \sum_{n=1}^{\infty} \frac{1}{n!} \frac{1^{n+2}}{n+2} = e^1(1-1) - \frac{1}{2} 1^2 + 1 = \frac{1}{2}.$

例 3.30   求幂级数 $\displaystyle\sum_{n=1}^{\infty} \frac{2n-1}{2^n} x^{2n-2}$ 的和函数，并求 $\displaystyle\sum_{n=1}^{\infty} \frac{2n-1}{2^n}$ 的和。

解   **第一步**   先求收敛域

$$\lim_{n \to \infty} \left| \frac{u_{n+1}(x)}{u_n(x)} \right| = \lim_{n \to \infty} \left| \frac{\frac{2(n+1)-1}{2^{n+1}} x^{2(n+1)-2}}{\frac{2n-1}{2^n} x^{2n-2}} \right| = \frac{1}{2} x^2.$$

当 $\dfrac{1}{2}|x|^2 < 1$，即 $|x| < \sqrt{2}$ 时，级数绝对收敛。当 $x = -\sqrt{2}$ 时，$\displaystyle\sum_{n=1}^{\infty} \frac{2n-1}{2^n} x^{2n-2} =$

$\sum\limits_{n=1}^{\infty}\dfrac{2n-1}{4}$ 发散；当 $x=\sqrt{2}$ 时，$\sum\limits_{n=1}^{\infty}\dfrac{2n-1}{2^n}x^{2n-2}=\sum\limits_{n=1}^{\infty}\dfrac{2n-1}{4}$ 发散。所以级数的收敛域为

$(-\sqrt{2},\sqrt{2})$。

第二步　求和函数　设和函数为 $S(x)$，则

$$S(x)=\sum_{n=1}^{\infty}\dfrac{2n-1}{2^n}x^{2n-2}=\sum_{n=1}^{\infty}\dfrac{1}{2^n}(x^{2n-1})'$$

$$=\left(\dfrac{1}{2}\sum_{n=1}^{\infty}\dfrac{1}{2^{n-1}}x^{2n-1}\right)'=\dfrac{1}{2}\left(x\sum_{n=1}^{\infty}\dfrac{x^{2n-2}}{2^{n-1}}\right)'=\dfrac{1}{2}\left(x\sum_{n=1}^{\infty}\left(\dfrac{x^2}{2}\right)^{n-1}\right)'$$

$$=\dfrac{1}{2}\left(x\,\dfrac{1}{1-\dfrac{x^2}{2}}\right)'=\left(\dfrac{x}{2-x^2}\right)'=\dfrac{2+x^2}{(2-x^2)^2},\quad x\in(-\sqrt{2},\sqrt{2})。$$

$\sum\limits_{n=1}^{\infty}\dfrac{2n-1}{2^{2n-1}}$ 是级数 $S(x)=\sum\limits_{n=1}^{\infty}\dfrac{2n-1}{2^n}x^{2n-2}$ 当 $x=\dfrac{1}{\sqrt{2}}$ 时的常数项级数，故

$$\sum_{n=1}^{\infty}\dfrac{2n-1}{2^{2n-1}}=\sum_{n=1}^{\infty}\dfrac{2n-1}{2^n}x^{2n-2}\bigg|_{x=\frac{1}{\sqrt{2}}}=\dfrac{2+x^2}{(2-x^2)^2}\bigg|_{\frac{1}{\sqrt{2}}}=\dfrac{2+\left(\dfrac{1}{\sqrt{2}}\right)^2}{\left(2-\left(\dfrac{1}{\sqrt{2}}\right)^2\right)^2}=\dfrac{10}{9}。$$

例 3.31　求 $\sum\limits_{n=0}^{\infty}(-1)^n\dfrac{2n+3}{(2n+1)!}$。（2018 数一）

【分析】　式子的通项中有 $\dfrac{1}{(2n+1)!}$，自然就想到 $\sin x$ 的麦克劳林级数：

$$\sin x=\sum_{n=1}^{\infty}(-1)^{n-1}\dfrac{1}{(2n-1)!}x^{2n-1}=\sum_{n=0}^{\infty}(-1)^n\dfrac{1}{(2n+1)!}x^{2n+1},$$

$$\cos x=\sum_{n=0}^{\infty}(-1)^n\dfrac{1}{(2n)!}x^{2n}。$$

为了求出题中的和，构造幂级数 $\sum\limits_{n=0}^{\infty}(-1)^n\dfrac{2n+3}{(2n+1)!}x^{2n+1}$，然后想办法进行恒等变形往

$\sin x$ 的麦克劳林级数的形式上去靠。

解　构造幂级数 $\sum\limits_{n=0}^{\infty}(-1)^n\dfrac{2n+3}{(2n+1)!}x^{2n+1}$，则

$$\sum_{n=0}^{\infty}(-1)^n\dfrac{2n+3}{(2n+1)!}x^{2n+1}=\sum_{n=0}^{\infty}(-1)^n\dfrac{2n+1}{(2n+1)!}x^{2n+1}+\sum_{n=0}^{\infty}(-1)^n\dfrac{2}{(2n+1)!}x^{2n+1}$$

$$=x\sum_{n=0}^{\infty}(-1)^n\dfrac{1}{(2n)!}x^{2n}+2\sum_{n=0}^{\infty}(-1)^n\dfrac{1}{(2n+1)!}x^{2n+1}$$

$$=x\cos x+2\sin x,$$

$$\sum_{n=0}^{\infty}(-1)^n\dfrac{2n+3}{(2n+1)!}=\sum_{n=0}^{\infty}(-1)^n\dfrac{2n+3}{(2n+1)!}x^{2n+1}\bigg|_{x=1}$$

$$=x\sum_{n=0}^{\infty}(-1)^n\dfrac{1}{(2n)!}x^{2n}\bigg|_{x=1}+2\sum_{n=0}^{\infty}(-1)^n\dfrac{1}{(2n+1)!}x^{2n+1}\bigg|_{x=1}$$

$$= (x\cos x + 2\sin x) \mid_{x=1} = \cos 1 + 2\sin 1。$$

例 3.32 利用幂级数展开式求下列级数的和:

(1) $\displaystyle\sum_{n=2}^{\infty} \frac{1}{(n^2-1)2^n}$;

(2) $\displaystyle\sum_{n=1}^{\infty} (-1)^n \frac{n(n+1)}{2^{2n}}$。

解 (1) 由于

$$\sum_{n=1}^{\infty} \frac{x^n}{n} = -\ln(1-x), \quad x \in (-1,1),$$

所以

$$\sum_{n=2}^{\infty} \frac{1}{(n^2-1)2^n} = \frac{1}{2}\left(\sum_{n=2}^{\infty} \frac{1}{n-1}\left(\frac{1}{2}\right)^n - \sum_{n=2}^{\infty} \frac{1}{n+1}\left(\frac{1}{2}\right)^n\right)$$

$$= \frac{1}{2}\left(\sum_{n=1}^{\infty} \frac{1}{n}\left(\frac{1}{2}\right)^{n+1} - \sum_{n=3}^{\infty} \frac{1}{n}\left(\frac{1}{2}\right)^{n-1}\right)$$

$$= \frac{1}{4}\sum_{n=1}^{\infty} \frac{1}{n}\left(\frac{1}{2}\right)^n - \sum_{n=3}^{\infty} \frac{1}{n}\left(\frac{1}{2}\right)^n$$

$$= \frac{1}{4}\ln 2 - \left(-\ln\left(1-\frac{1}{2}\right) - \frac{1}{2} - \frac{1}{8}\right) = \frac{5}{8} - \frac{3}{4}\ln 2。$$

(2) 由于

$$\sum_{n=1}^{\infty} n(n+1)x^n = x\sum_{n=1}^{\infty} n(n+1)x^{n-1} = x\left(\sum_{n=1}^{\infty} x^{n+1}\right)'' = x\left(\frac{1}{1-x} - 1 - x\right)''$$

$$= \frac{2x}{(1-x)^3}, \quad x \in (-1,1),$$

所以

$$\sum_{n=1}^{\infty} (-1)^n \frac{n(n+1)}{2^{2n}} = \sum_{n=1}^{\infty} n(n+1)\left(-\frac{1}{4}\right)^n = \frac{2\times\left(-\frac{1}{4}\right)}{\left(1+\frac{1}{4}\right)^3} = -\frac{32}{125}。$$

题型 3-7 求高阶导数

【解题思路】 利用展开成幂级数的唯一性

若 $f(x) = \displaystyle\sum_{n=0}^{\infty} \frac{f^{(n)}(x_0)}{n!}(x-x_0)^n = \sum_{n=0}^{\infty} a_n(x-x_0)^n$，则 $\dfrac{f^{(n)}(x_0)}{n!} = a_n$ 从而有 $f^{(n)}(x_0) = a_n \cdot n!$。

特别地，若 $f(x) = \displaystyle\sum_{n=0}^{\infty} \frac{f^{(n)}(0)}{n!}x^n = \sum_{n=0}^{\infty} a_n x^n$，则 $\dfrac{f^{(n)}(0)}{n!} = a_n$ 从而有 $f^{(n)}(0) = a_n \cdot n!$。

例 3.33 已知函数 $f(x) = \dfrac{1}{1+x^2}$，则 $f^{(3)}(0) = $ _____。

解 由函数的麦克劳林级数公式：$f(x) = \displaystyle\sum_{n=0}^{\infty} \frac{f^{(n)}(0)}{n!}x^n$，知 $f^{(n)}(0) = n!a_n$，其中 a_n 为展开式中 x^n 的系数。

由于 $f(x) = \dfrac{1}{1+x^2} = 1 - x^2 + x^4 - \cdots + (-1)^n x^{2n} + \cdots, x \in [-1,1]$，所以 $f^{(3)}(0) = 0$。

3.4 课后习题解答

习题 3.1

1. 写出下列级数的前五项：

(1) $\sum\limits_{n=1}^{\infty} \dfrac{1}{n+2}$;

(2) $\sum\limits_{n=1}^{\infty} (-1)^{n-1} \dfrac{1}{3^n}$;

(3) $\sum\limits_{n=1}^{\infty} \dfrac{1+n}{n^2}$;

(4) $\sum\limits_{n=1}^{\infty} \cos \dfrac{n\pi}{n+1}$。

解 (1) $\dfrac{1}{1+2} + \dfrac{1}{2+2} + \dfrac{1}{2+3} + \dfrac{1}{2+4} + \dfrac{1}{2+5} + \cdots$。

(2) $\dfrac{1}{3} - \dfrac{1}{3^2} + \dfrac{1}{3^3} - \dfrac{1}{3^4} + \dfrac{1}{3^5} \cdots$。

(3) $\dfrac{1+1}{1^2} + \dfrac{1+2}{2^2} + \dfrac{1+3}{3^2} + \dfrac{1+4}{4^2} + \dfrac{1+5}{5^2} + \cdots$。

(4) $\cos \dfrac{\pi}{2} + \cos \dfrac{2\pi}{3} + \cos \dfrac{3\pi}{4} + \cos \dfrac{4\pi}{5} + \cos \dfrac{5\pi}{6} + \cdots$。

2. 写出下列级数的一般项：

(1) $1 + \dfrac{1}{3} + \dfrac{1}{5} + \dfrac{1}{7} + \cdots$;

(2) $\dfrac{a^2}{2} - \dfrac{a^3}{4} + \dfrac{a^4}{6} - \dfrac{a^5}{8} + \cdots$;

(3) $x + \dfrac{x^2}{2} + \dfrac{x^3}{3} + \dfrac{x^4}{4} + \cdots$;

(4) $\dfrac{1}{1\times2\times3} + \dfrac{1}{2\times3\times4} + \dfrac{1}{3\times4\times5} + \cdots$。

解 (1) $u_n = \dfrac{1}{2n-1}$;

(2) $u_n = (-1)^{n+1} \dfrac{a^{n+1}}{2n}$;

(3) $u_n = \dfrac{x^n}{n}$;

(4) $u_n = \dfrac{1}{n(n+1)(n+2)}$。

3. 利用无穷级数收敛与发散的定义，判别下列级数的敛散性：

(1) $\sum\limits_{n=1}^{\infty} \dfrac{1}{(2n-1)(2n+1)}$;

(2) $\sum\limits_{n=1}^{\infty} \dfrac{1}{(5n-4)(5n+1)}$;

(3) $\sum\limits_{n=1}^{\infty} [\ln(n+1) - \ln n]$;

(4) $\sum\limits_{n=1}^{\infty} (\sqrt{n+1} - \sqrt{n})$。

解 (1) $\dfrac{1}{(2n-1)(2n+1)} = \dfrac{1}{2}\left(\dfrac{1}{2n-1} - \dfrac{1}{2n+1}\right)$，故

$$S_n = \dfrac{1}{2}\left(1 - \dfrac{1}{3} + \dfrac{1}{3} - \dfrac{1}{5} + \cdots + \dfrac{1}{2n-1} - \dfrac{1}{2n+1}\right) = \dfrac{1}{2}\left(1 - \dfrac{1}{2n+1}\right),$$

于是 $\lim\limits_{n\to\infty} S_n = \lim\limits_{n\to\infty} \dfrac{1}{2}\left(1 - \dfrac{1}{2n+1}\right) = \dfrac{1}{2}$，所以此级数收敛。

(2) 因为 $\dfrac{1}{(5n-4)(5n+1)} = \dfrac{1}{5}\left(\dfrac{1}{5n-4} - \dfrac{1}{5n+1}\right)$，故

$$S_n = \dfrac{1}{5}\left(1 - \dfrac{1}{6} + \dfrac{1}{6} - \dfrac{1}{11} + \cdots + \dfrac{1}{5n-4} - \dfrac{1}{5n+1}\right) = \dfrac{1}{5}\left(1 - \dfrac{1}{5n+1}\right),$$

于是 $\lim\limits_{n\to\infty} S_n = \lim\limits_{n\to\infty} \dfrac{1}{5}\left(1 - \dfrac{1}{5n+1}\right) = \dfrac{1}{5}$，所以此级数收敛。

(3) 因为 $S_n = (\ln 2 - \ln 1) + (\ln 3 - \ln 2) + \cdots + (\ln(n+1) - \ln n) = \ln(n+1)$，所以 $\lim\limits_{n\to\infty} S_n = +\infty$，因此

$\sum\limits_{n=1}^{\infty} [\ln(n+1) - \ln n]$ 发散。

(4) 因为 $S_n = (\sqrt{2}-\sqrt{1})+(\sqrt{3}-\sqrt{2})+\cdots+(\sqrt{n+1}-\sqrt{n})=\sqrt{n+1}$，所以 $\lim\limits_{n\to\infty}S_n=+\infty$，因此 $\sum\limits_{n=1}^{\infty}(\sqrt{n+1}-\sqrt{n})$ 发散。

4. 利用无穷级数的基本性质，以及几何级数、调和级数的敛散性，判别下列级数的敛散性：

(1) $\dfrac{3}{2}+\dfrac{3^2}{2^2}+\dfrac{3^3}{2^3}+\cdots+\dfrac{3^n}{2^n}+\cdots$；

(2) $\dfrac{7}{8}-\dfrac{7^2}{8^2}+\dfrac{7^3}{8^3}-\cdots+(-1)^{n+1}\dfrac{7^n}{8^n}+\cdots$；

(3) $\dfrac{1}{4}+\dfrac{1}{8}+\dfrac{1}{12}+\cdots+\dfrac{1}{4n}+\cdots$；

(4) $\dfrac{1}{5}+\dfrac{1}{6}+\dfrac{1}{7}+\cdots+\dfrac{1}{n}+\cdots$；

(5) $\left(\dfrac{1}{5}-\dfrac{1}{6}\right)+\left(\dfrac{1}{5^2}-\dfrac{1}{6^2}\right)+\cdots+\left(\dfrac{1}{5^n}-\dfrac{1}{6^n}\right)+\cdots$；

(6) $\dfrac{1}{7}+\dfrac{1}{\sqrt{7}}+\dfrac{1}{\sqrt[3]{7}}+\cdots+\dfrac{1}{\sqrt[n]{7}}+\cdots$；

(7) $1+2+3+\cdots+n+\cdots$。

解 (1) 原级数为公比等于 $\dfrac{3}{2}$ 的几何级数，因为 $\left|\dfrac{3}{2}\right|>1$，所以原级数发散。

(2) 原级数为公比等于 $-\dfrac{7}{8}$ 的几何级数，因为 $\left|-\dfrac{7}{8}\right|<1$，所以原级数收敛。

(3) 原级数可写为 $\dfrac{1}{4}\left(1+\dfrac{1}{2}+\dfrac{1}{3}+\dfrac{1}{4}+\cdots\right)$。因为括号内级数为调和级数发散，所以原级数发散。

(4) 原级数为发散的调和级数 $1+\dfrac{1}{2}+\dfrac{1}{3}+\dfrac{1}{4}+\dfrac{1}{5}+\cdots$ 去掉前四项，所以原级数发散。

(5) 因为级数 $\dfrac{1}{5}+\dfrac{1}{5^2}+\dfrac{1}{5^3}+\cdots$ 收敛（公比 $\left|\dfrac{1}{5}\right|<1$ 的几何级数），级数 $\dfrac{1}{6}+\dfrac{1}{6^2}+\dfrac{1}{6^3}+\cdots$ 收敛（公比 $\left|\dfrac{1}{6}\right|<1$ 的几何级数），所以原级数收敛（收敛级数可以逐项相加减）。

(6) 因为 $\lim\limits_{n\to\infty}u_n=\lim\limits_{n\to\infty}\dfrac{1}{\sqrt[n]{7}}=1\neq0$，所以级数发散。

(7) 因为 $\lim\limits_{n\to\infty}u_n=\lim\limits_{n\to\infty}n=+\infty\neq0$，所以级数发散。

提高题

1. 判别下列级数的敛散性：

(1) $1+4+\dfrac{1}{2}+\sum\limits_{n=1}^{\infty}\dfrac{5}{3^n}$；

(2) $\left(\dfrac{1}{2}+\dfrac{1}{10}\right)+\left(\dfrac{1}{2^2}+\dfrac{1}{2\times10}\right)+\cdots+\left(\dfrac{1}{2^n}+\dfrac{1}{10n}\right)+\cdots$；

(3) $\sum\limits_{n=1}^{\infty}\dfrac{1}{\left(1+\dfrac{1}{n}\right)^n}$。

解 (1) 级数 $\sum\limits_{n=1}^{\infty}\dfrac{1}{3^n}$ 是公比 $q=\dfrac{1}{3}<1$ 的等比级数，所以 $\sum\limits_{n=1}^{\infty}\dfrac{1}{3^n}$ 收敛，$5\sum\limits_{n=1}^{\infty}\dfrac{1}{3^n}=\sum\limits_{n=1}^{\infty}\dfrac{5}{3^n}$ 收敛，从而 $1+4+\dfrac{1}{2}+\sum\limits_{n=1}^{\infty}\dfrac{5}{3^n}$ 收敛。

(2) 将所给级数每相邻两项加括号得到新级数 $\sum\limits_{n=1}^{\infty}\left(\dfrac{1}{2^n}+\dfrac{1}{10n}\right)$。

因为 $\sum\limits_{n=1}^{\infty}\dfrac{1}{2^n}$ 收敛，而级数 $\sum\limits_{n=1}^{\infty}\dfrac{1}{10n}=\dfrac{1}{10}\sum\limits_{n=1}^{\infty}\dfrac{1}{n}$ 发散，所以级数 $\sum\limits_{n=1}^{\infty}\left(\dfrac{1}{2^n}+\dfrac{1}{10n}\right)$ 发散，根据性质4，去括号后的级数

$$\dfrac{1}{2}+\dfrac{1}{10}+\dfrac{1}{2^2}+\dfrac{1}{2\times10}+\cdots+\dfrac{1}{2^n}+\dfrac{1}{10n}+\cdots$$

也发散。

(3) 因为 $\lim\limits_{n\to\infty} \dfrac{1}{\left(1+\dfrac{1}{n}\right)^n} = \dfrac{1}{e} \neq 0$，所以 $\sum\limits_{n=1}^{\infty} \dfrac{1}{\left(1+\dfrac{1}{n}\right)^n}$ 发散。

2. 求级数 $\sum\limits_{n=1}^{\infty} \left(\dfrac{1}{2^n} + \dfrac{3}{n(n+1)}\right)$ 的和。

解　根据等比级数的结论，知 $\sum\limits_{n=1}^{\infty} \dfrac{1}{2^n} = \dfrac{1/2}{1-1/2} = 1$。而 $\sum\limits_{n=1}^{\infty} \dfrac{1}{n(n+1)} = 1$，所以

$$\sum_{n=1}^{\infty} \left(\frac{1}{2^n} + \frac{1}{n(n+1)}\right) = \sum_{n=1}^{\infty} \frac{1}{2^n} + \sum_{n=1}^{\infty} \frac{3}{n(n+1)} = 4.$$

3. 判断下列命题是否正确，并说明理由：

(1) 若级数 $\sum\limits_{n=1}^{\infty} u_n$，$\sum\limits_{n=1}^{\infty} v_n$ 都发散，则级数 $\sum\limits_{n=1}^{\infty} \dfrac{u_n}{v_n}$ 一定发散；

(2) 若级数 $\sum\limits_{n=1}^{\infty} u_n$ 收敛，则级数 $\sum\limits_{n=1}^{\infty} \dfrac{a}{u_n}$（$a$ 为非零常数）发散。

证明　(1) 不正确。

例如，若取 $u_n = \dfrac{1}{n}$，$v_n = n$，其级数均发散，但 $\sum\limits_{n=1}^{\infty} \dfrac{u_n}{v_n} = \sum\limits_{n=1}^{\infty} \dfrac{1}{n^2}$ 收敛。

(2) 正确。

因为 $\sum\limits_{n=1}^{\infty} u_n$ 收敛，则 $\lim\limits_{n\to\infty} u_n = 0$，$\lim\limits_{n\to\infty} \dfrac{a}{u_n} = \infty$，$\sum\limits_{n=1}^{\infty} \dfrac{a}{u_n}$ 发散。

习题 3.2

1. 用比较法或比较法的极限形式，判别下列级数的敛散性：

(1) $1 + \dfrac{1}{3} + \dfrac{1}{5} + \dfrac{1}{7} + \cdots$；

(2) $\dfrac{1}{1\times 2} + \dfrac{1}{2\times 3} + \dfrac{1}{3\times 4} + \cdots$；

(3) $1 + \dfrac{1+2}{1+2^2} + \dfrac{1+3}{1+3^2} + \cdots$；

(4) $\sum\limits_{n=1}^{\infty} \sqrt{\dfrac{n}{n+1}}$；

(5) $\sum\limits_{n=1}^{\infty} \dfrac{n+1}{n^2+5n+2}$；

(6) $\sum\limits_{n=1}^{\infty} \dfrac{2n+1}{(n+1)^2(n+2)^2}$；

(7) $\sum\limits_{n=1}^{\infty} \dfrac{1}{n} \sin \dfrac{1}{n}$；

(8) $\sum\limits_{n=1}^{\infty} \tan \dfrac{1}{n^2}$；

(9) $\sum\limits_{n=1}^{\infty} \ln\left(1 + \dfrac{1}{n}\right)$；

(10) $\sum\limits_{n=1}^{\infty} \left(1 - \cos \dfrac{\pi}{n}\right)$。

解　(1) $u_n = \dfrac{1}{2n-1} > \dfrac{1}{2n}$，而级数 $\sum\limits_{n=1}^{\infty} \dfrac{1}{2n} = \dfrac{1}{2} \sum\limits_{n=1}^{\infty} \dfrac{1}{n}$ 发散，原级数发散。

(2) $u_n = \dfrac{1}{n(n+1)} < \dfrac{1}{n^2}$，而级数 $\sum\limits_{n=1}^{\infty} \dfrac{1}{n^2}$ 收敛（$p = 2 > 1$ 的 p 级数），原级数收敛。

(3) $u_n = \dfrac{1+n}{1+n^2} > \dfrac{1+n}{1+2n+n^2} = \dfrac{1}{1+n}$，而级数 $\sum\limits_{n=1}^{\infty} \dfrac{1}{1+n} = \dfrac{1}{2} + \dfrac{1}{3} + \dfrac{1}{4} + \cdots$ 发散（调和级数去掉第一项），原级数发散。

(4) $u_n = \sqrt{\dfrac{n}{n+1}} > \dfrac{1}{\sqrt{n}}$（$n > 2$），因为 $\sum\limits_{n=1}^{\infty} \dfrac{1}{\sqrt{n}}$ 发散，所以 $\sum\limits_{n=1}^{\infty} \sqrt{\dfrac{n}{n+1}}$ 发散。

(5) $u_n = \dfrac{n+1}{n^2+5n+2} > \dfrac{n+1}{n^2+5n+4} = \dfrac{1}{n+4}$，而级数 $\sum\limits_{n=1}^{\infty} \dfrac{1}{n+4} = \dfrac{1}{5} + \dfrac{1}{6} + \dfrac{1}{7} + \cdots$ 发散（调和级数去掉前四项），原级数发散。

另用比较判别法的极限形式。

$$\lim_{n\to\infty}\frac{u_n}{\frac{1}{n}}=\lim_{n\to\infty}\frac{\frac{n+1}{n^2+5n+4}}{\frac{1}{n}}=1,而\sum_{n=1}^{\infty}\frac{1}{n}\,发散,所以\sum_{n=1}^{\infty}\frac{n+1}{n^2+5n+4}\,发散。$$

（6）运用比较判别法。因 $\dfrac{2n+1}{(n+1)^2(n+2)^2}<\dfrac{2n+2}{(n+1)^2(n+2)^2}<\dfrac{2}{(n+1)^3}<\dfrac{2}{n^3}$，

而 $\sum_{n=1}^{\infty}\dfrac{1}{n^3}$ 是收敛的，所以原级数收敛。

运用比较判别法的极限形式

$$\lim_{n\to\infty}\frac{u_n}{\frac{1}{n^3}}=\lim_{n\to\infty}\frac{\frac{2n+1}{(n+1)^2(n+2)^2}}{\frac{1}{n^3}}=2,而\sum_{n=1}^{\infty}\frac{1}{n^3}\,收敛,所以\sum_{n=1}^{\infty}\frac{2n+1}{(n+1)^2(n+2)^2}\,收敛。$$

（7）利用比较判别法的极限形式

$$\lim_{n\to\infty}\frac{u_n}{\frac{1}{n^2}}=\lim_{n\to\infty}\frac{\frac{1}{n}\sin\frac{1}{n}}{\frac{1}{n^2}}=1,而\sum_{n=1}^{\infty}\frac{1}{n^2}\,收敛,所以\sum_{n=1}^{\infty}\frac{1}{n}\sin\frac{1}{n}\,收敛。$$

（8）$\lim_{n\to\infty}\dfrac{\tan\frac{1}{n^2}}{\frac{1}{n^2}}=1$，而级数 $\sum_{n=1}^{\infty}\dfrac{1}{n^2}$ 收敛，原级数收敛。

（9）$\lim_{n\to\infty}\dfrac{\ln\left(1+\frac{1}{n}\right)}{\frac{1}{n}}=\lim_{n\to\infty}\ln\left(1+\frac{1}{n}\right)^n=\ln e=1$，而级数 $\sum_{n=1}^{\infty}\dfrac{1}{n}$ 发散，原级数发散。

（10）因为 当 $n\to\infty$ 时，$\left(1-\cos\dfrac{\pi}{n}\right)\sim\dfrac{\pi^2}{2n^2}$，故 $\lim_{n\to\infty}\dfrac{u_n}{\frac{1}{n^2}}=\lim\dfrac{1-\cos\frac{\pi}{n}}{\frac{1}{n^2}}=\dfrac{\pi^2}{2}$。而级数 $\sum_{n=1}^{\infty}\dfrac{1}{n^2}$ 收敛，

所以原级数收敛。

2. 用比值法判别下列级数的敛散性：

（1）$\sum_{n=1}^{\infty}\dfrac{n!}{20^n}$；

（2）$\sum_{n=1}^{\infty}\dfrac{n^2}{3^n}$；

（3）$\dfrac{3}{2}+\dfrac{4}{2^2}+\dfrac{5}{2^3}+\dfrac{6}{2^4}+\cdots$；

（4）$\sum_{n=1}^{\infty}\dfrac{2^n n!}{n^n}$；

（5）$\sum_{n=1}^{\infty}3^n\tan\dfrac{\pi}{5^n}$；

（6）$\sum_{n=1}^{\infty}\dfrac{2\cdot5\cdot\cdots\cdot(3n-1)}{1\cdot5\cdot\cdots\cdot(4n-3)}$。

解（1）$u_n=\dfrac{n!}{20^n}$，$\lim_{n\to\infty}\dfrac{u_{n+1}}{u_n}=\lim_{n\to\infty}\dfrac{\frac{(n+1)!}{20^{n+1}}}{\frac{n!}{20^n}}=\lim_{n\to\infty}\dfrac{n+1}{20}=\infty>1$，所以 $\sum_{n=1}^{\infty}\dfrac{n!}{20^n}$ 发散。

（2）$u_n=\dfrac{n^2}{3^n}$，$\lim_{n\to\infty}\dfrac{u_{n+1}}{u_n}=\lim_{n\to\infty}\dfrac{(n+1)^2}{3^{n+1}}\cdot\dfrac{3^n}{n^2}=\lim_{n\to\infty}\dfrac{(n+1)^2}{3n^2}=\dfrac{1}{3}<1$，所以原级数收敛。

（3）$u_n=\dfrac{n+2}{2^n}$，$\lim_{n\to\infty}\dfrac{u_{n+1}}{u_n}=\lim_{n\to\infty}\dfrac{(n+3)}{2^{n+1}}\cdot\dfrac{2^n}{n+2}=\lim_{n\to\infty}\dfrac{n+3}{2(n+2)}=\dfrac{1}{2}<1$，所以原级数收敛。

（4）$u_n=\dfrac{2^n n!}{n^n}$，$\lim_{n\to\infty}\dfrac{u_{n+1}}{u_n}=\lim_{n\to\infty}\dfrac{2^{n+1}(n+1)!}{(n+1)^{n+1}}\cdot\dfrac{n^n}{2^n n!}=\lim_{n\to\infty}2\left(\dfrac{n}{n+1}\right)^n=2\lim_{n\to\infty}\left[\left(1+\dfrac{1}{n}\right)^n\right]^{-1}=\dfrac{2}{e}<1$，所

以原级数收敛。

(5) $u_n = 3^n \tan\dfrac{\pi}{5^{n+1}}$，$\lim\limits_{n\to\infty}\dfrac{u_{n+1}}{u_n} = \lim\limits_{n\to\infty}\dfrac{3^{n+1}\tan\dfrac{\pi}{5^{n+2}}}{3^n\tan\dfrac{\pi}{5^{n+1}}} = \lim\limits_{n\to\infty}3\dfrac{\dfrac{\pi}{5^{n+2}}}{\dfrac{\pi}{5^{n+1}}} = \lim\limits_{n\to\infty}3\dfrac{5^{n+1}}{5^{n+2}} = \dfrac{3}{5} < 1$，所以原级数收敛。

(6) $u_n = \dfrac{2\cdot5\cdot\cdots\cdot(3n-1)}{1\cdot3\cdot\cdots\cdot(4n-3)}$，$\lim\limits_{n\to\infty}\dfrac{u_{n+1}}{u_n} = \lim\limits_{n\to\infty}\dfrac{\dfrac{2\cdot5\cdot\cdots\cdot(3n-1)\cdot(3n+2)}{1\cdot3\cdot\cdots\cdot(4n-3)\cdot(4n+1)}}{\dfrac{2\cdot5\cdot\cdots\cdot(3n-1)}{1\cdot3\cdot\cdots\cdot(4n-3)}} = \dfrac{3}{4} < 1$，所以级数

$\sum\limits_{n=1}^{\infty}\dfrac{2\cdot5\cdot\cdots\cdot(3n-1)}{1\cdot3\cdot\cdots\cdot(4n-3)}$ 收敛。

3. 用根值法判别下列级数的敛散性：

(1) $\sum\limits_{n=1}^{\infty}\left(\dfrac{2n-1}{n+1}\right)^n$；　　(2) $\sum\limits_{n=1}^{\infty}\left(\dfrac{n}{5n-1}\right)^{2n-1}$；　　(3) $\sum\limits_{n=1}^{\infty}\left(1-\dfrac{1}{n}\right)^{n^2}$。

解　(1) $\lim\limits_{n\to\infty}\sqrt[n]{u_n} = \lim\limits_{n\to\infty}\sqrt[n]{\left(\dfrac{2n-1}{n+1}\right)^n} = \lim\limits_{n\to\infty}\dfrac{2n-1}{n+1} = 2 > 1$，所以级数发散。

(2) $\lim\limits_{n\to\infty}\sqrt[n]{u_n} = \lim\limits_{n\to\infty}\sqrt[n]{\left(\dfrac{n}{5n+1}\right)^{2n-1}} = \lim\limits_{n\to\infty}\left(\dfrac{n}{5n+1}\right)^{\frac{2n-1}{n}} = \left(\dfrac{1}{5}\right)^2 < 1$，所以级数收敛。

(3) $\lim\limits_{n\to\infty}\sqrt[n]{u_n} = \lim\limits_{n\to\infty}\sqrt[n]{\left(1-\dfrac{1}{n}\right)^{n^2}} = \lim\limits_{n\to\infty}\left(1-\dfrac{1}{n}\right)^n = \dfrac{1}{e} < 1$，所以级数收敛。

提高题

1. 用适当的方法，判别下列正项级数的敛散性：

(1) $\sum\limits_{n=2}^{\infty}\dfrac{1}{\ln n}$；

(2) $\sum\limits_{n=1}^{\infty}\dfrac{1}{na+b}$　$(a>0,b>0)$；

(3) $\sum\limits_{n=1}^{\infty}\dfrac{n-\sqrt{n}}{2n-1}$；

(4) $\sum\limits_{n=1}^{\infty}\dfrac{\ln\left(1+\dfrac{1}{n}\right)}{\sqrt{n}}$；

(5) $\sum\limits_{n=1}^{\infty}n^n\sin^n\dfrac{2}{n}$；

(6) $\sum\limits_{n=1}^{\infty}n\left(\dfrac{3}{4}\right)^n$；

(7) $\sum\limits_{n=1}^{\infty}\dfrac{1}{1+a^n}$　$(a>0)$。

解　(1) 因为 $u_n = \dfrac{1}{\ln n} > \dfrac{1}{n}$，而级数 $\sum\limits_{n=1}^{\infty}\dfrac{1}{n}$ 发散，所以 $\sum\limits_{n=1}^{\infty}\dfrac{1}{\ln n}$ 发散。

(2) $u_n = \dfrac{1}{na+b} \geqslant \dfrac{1}{n(a+b)}$，而 $\sum\limits_{n=1}^{\infty}\dfrac{1}{n(a+b)} = \dfrac{1}{a+b}\sum\limits_{n=1}^{\infty}\dfrac{1}{n}$ 发散，故原级数发散。

(3) $\lim\limits_{n\to\infty}u_n = \lim\limits_{n\to\infty}\dfrac{n-\sqrt{n}}{2n-1} = \dfrac{1}{2} \neq 0$，故原级数发散。

(4) $\ln\left(1+\dfrac{1}{n}\right) < \dfrac{1}{n}$，$u_n = \dfrac{\ln\left(1+\dfrac{1}{n}\right)}{\sqrt{n}} < \dfrac{\dfrac{1}{n}}{\sqrt{n}} = \dfrac{1}{n^{\frac{3}{2}}}$，而 $\sum\limits_{n=1}^{\infty}\dfrac{1}{n^{\frac{3}{2}}}$ 收敛，故原级数收敛。

(5) $\lim\limits_{n\to\infty}u_n = \lim\limits_{n\to\infty}n^n\sin^n\dfrac{2}{n} = \lim\limits_{n\to\infty}n^n\left(\dfrac{2}{n}\right)^n = \lim\limits_{n\to\infty}2^n = \infty$，故原级数发散。

(6) $\lim\limits_{n\to\infty}\dfrac{u_{n+1}}{u_n} = \lim\limits_{n\to\infty}\dfrac{(n+1)\left(\dfrac{3}{4}\right)^{n+1}}{n\left(\dfrac{3}{4}\right)^n} = \dfrac{3}{4} < 1$，故原级数收敛。

(7) 当 $\alpha > 1$ 时，因为 $\dfrac{1}{1+\alpha^n} < \dfrac{1}{\alpha^n}$，而 $\displaystyle\sum_{n=1}^{\infty}\dfrac{1}{\alpha^n}$ 是公比 $q = \dfrac{1}{\alpha} < 1$ 收敛的几何级数，故级数 $\displaystyle\sum_{n=1}^{\infty}\dfrac{1}{1+\alpha^n}$ 收敛；

当 $0 < \alpha < 1$ 时，因为 $\displaystyle\lim_{n\to\infty}\dfrac{1}{1+\alpha^n} = 1 \ne 0$，由级数收敛的必要条件知 $\displaystyle\sum_{n=1}^{\infty}\dfrac{1}{1+\alpha^n}$ 发散；

当 $\alpha = 1$ 时，因为 $\displaystyle\lim_{n\to\infty}\dfrac{1}{1+\alpha^n} = \dfrac{1}{2} \ne 0$，由级数收敛的必要条件知 $\displaystyle\sum_{n=1}^{\infty}\dfrac{1}{1+\alpha^n}$ 发散。

2. 求极限 $\displaystyle\lim_{n\to\infty}\dfrac{5^n}{n!}$。

解 $\dfrac{5^n}{n!}$ 是级数 $\displaystyle\sum_{n=1}^{\infty}\dfrac{5^n}{n!}$ 的一般项，若级数 $\displaystyle\sum_{n=1}^{\infty}\dfrac{5^n}{n!}$ 收敛，则 $\displaystyle\lim_{n\to\infty}\dfrac{5^n}{n!} = 0$。

利用正项级数收敛性的比值判别法

$$\lim_{n\to\infty}\dfrac{\dfrac{5^{n+1}}{(n+1)!}}{\dfrac{5^n}{n!}} = 0 < 1,$$ 故级数 $\displaystyle\sum_{n=1}^{\infty}\dfrac{5^n}{n!}$ 收敛，于是 $\displaystyle\lim_{n\to\infty}\dfrac{5^n}{n!} = 0$。

3. 设 $a_n \leqslant c_n \leqslant b_n\,(n=1,2\cdots)$，且 $\displaystyle\sum_{n=1}^{\infty}a_n$ 及 $\displaystyle\sum_{n=1}^{\infty}b_n$ 均收敛，证明级数 $\displaystyle\sum_{n=1}^{\infty}c_n$ 收敛。

证明 由 $a_n \leqslant c_n \leqslant b_n$，得 $0 \leqslant c_n - a_n \leqslant b_n - a_n\,(n=1,2,\cdots)$。由于 $\displaystyle\sum_{n=1}^{\infty}a_n$ 与 $\displaystyle\sum_{n=1}^{\infty}b_n$ 都收敛，故 $\displaystyle\sum_{n=1}^{\infty}(b_n - a_n)$ 是收敛的，从而由比较判别法知，正项级数 $\displaystyle\sum_{n=1}^{\infty}(c_n - a_n)$ 也收敛。再由 $\displaystyle\sum_{n=1}^{\infty}a_n$ 与 $\displaystyle\sum_{n=1}^{\infty}(c_n - a_n)$ 的收敛性可知：$\displaystyle\sum_{n=1}^{\infty}c_n = \sum_{n=1}^{\infty}\left[a_n + (c_n - a_n)\right]$ 也收敛。

习题 3.3

1. 判别下列交错级数的敛散性：

(1) $\displaystyle\sum_{n=1}^{\infty}(-1)^n\dfrac{1}{2n+1}$；
(2) $\displaystyle\sum_{n=1}^{\infty}(-1)^n\dfrac{1}{\ln n}$；

(3) $\displaystyle\sum_{n=1}^{\infty}(-1)^{n-1}\dfrac{\sqrt{n}}{n+1}$；
(4) $\displaystyle\sum_{n=1}^{\infty}(-1)^n\dfrac{n}{2n+1}$。

解 (1) 该级数为交错级数。因为 $u_n = \dfrac{1}{2n+1} > u_{n+1} = \dfrac{1}{2n+3}$，又 $\displaystyle\lim_{n\to\infty}u_n = \lim_{n\to\infty}\dfrac{1}{2n+1} = 0$，据莱布尼茨定理得该级数收敛。

(2) 该级数为交错级数。因为 $u_n = \dfrac{1}{\ln n} > u_{n+1} = \dfrac{1}{\ln(n+1)}$，又 $\displaystyle\lim_{n\to\infty}u_n = \lim_{n\to\infty}\dfrac{1}{\ln n} = 0$，据莱布尼茨定理知该级数收敛。

(3) 该级数为交错级数。因为 $u_n = \dfrac{\sqrt{n}}{n+1} > u_{n+1} = \dfrac{\sqrt{n+1}}{n+1+1}$，又 $\displaystyle\lim_{n\to\infty}u_n = \lim_{n\to\infty}\dfrac{\sqrt{n}}{n+1} = 0$，据莱布尼茨定理知该级数收敛。

(4) $\displaystyle\lim_{n\to\infty}u_n = \lim_{n\to\infty}(-1)^n\dfrac{n}{2n+1} \ne 0$，所以级数发散。

2. 判别下列级数是否收敛，若收敛，是绝对收敛还是条件收敛？

(1) $\displaystyle\sum_{n=1}^{\infty}(-1)^n\dfrac{1}{\sqrt{n}}$；
(2) $\displaystyle\sum_{n=1}^{\infty}(-1)^n\dfrac{\sin n\alpha}{\sqrt{n^3+1}}$；

(3) $1 - \dfrac{1}{3^2} + \dfrac{1}{5^2} - \dfrac{1}{7^2} + \cdots$；
(4) $\displaystyle\sum_{n=1}^{\infty}(-1)^{n-1}\dfrac{n}{3^{n-1}}$；

(5) $\dfrac{1}{\pi^2}\sin\dfrac{\pi}{2}-\dfrac{1}{\pi^3}\sin\dfrac{\pi}{3}+\dfrac{1}{\pi^4}\sin\dfrac{\pi}{4}\cdots$;　　　(6) $\displaystyle\sum_{n=1}^{\infty}(-1)^n\dfrac{n!}{2^n}$;

(7) $\dfrac{1}{3}\times\dfrac{1}{2}-\dfrac{1}{3}\times\dfrac{1}{2^2}+\dfrac{1}{3}\times\dfrac{1}{2^3}-\cdots$;　　　(8) $\displaystyle\sum_{n=1}^{\infty}(-1)^n\dfrac{n^2}{4^n}$。

解　(1) 该级数为交错级数。因为 $u_n=\dfrac{1}{\sqrt{n}}>\dfrac{1}{\sqrt{n+1}}=u_{n+1}$，又 $\lim\limits_{n\to\infty}u_n=\lim\limits_{n\to\infty}\dfrac{1}{\sqrt{n}}=0$，据莱布尼茨定理得

该级数收敛。再考查正项级数 $\displaystyle\sum_{n=1}^{\infty}\dfrac{1}{\sqrt{n}}=\sum_{n=1}^{\infty}\dfrac{1}{n^{\frac{1}{2}}}$ 发散，故原级数为条件收敛。

(2) $\left|(-1)^n\dfrac{\sin n\alpha}{\sqrt{n^3+1}}\right|\leqslant\dfrac{1}{\sqrt{n^3+1}}<\dfrac{1}{n^{\frac{3}{2}}}$。而 $\displaystyle\sum_{n=1}^{\infty}\dfrac{1}{n^{\frac{3}{2}}}$ 收敛，故 $\displaystyle\sum_{n=1}^{\infty}(-1)^n\dfrac{\sin n\alpha}{\sqrt{n^3+1}}$ 绝对收敛。

(3) 先考查正项级数 $1+\dfrac{1}{3^2}+\dfrac{1}{5^2}+\cdots+\dfrac{1}{(2n-1)^2}+\cdots$。因为 $u_n=\dfrac{1}{(2n-1)^2}\leqslant\dfrac{1}{n^2}$，而 $\displaystyle\sum_{n=1}^{\infty}\dfrac{1}{n^2}$ 收敛，所以

级数 $\displaystyle\sum_{n=1}^{\infty}\dfrac{1}{(2n-1)^2}$ 收敛。所以原级数收敛且为绝对收敛。

(4) 在 $\displaystyle\sum_{n=1}^{\infty}\left|(-1)^{n-1}\dfrac{n}{3^{n-1}}\right|=\sum_{n=1}^{\infty}\dfrac{n}{3^{n-1}}$ 中，$u_n=\dfrac{n}{3^{n-1}}$，于是

$$\lim_{n\to\infty}\dfrac{u_{n+1}}{u_n}=\lim_{n\to\infty}\dfrac{(n+1)\cdot 3^{n-1}}{3^n\cdot n}=\dfrac{1}{3}<1,$$

故 $\displaystyle\sum_{n=1}^{\infty}\left|(-1)^{n-1}\dfrac{n}{3^{n-1}}\right|$ 收敛，所以原级数收敛且为绝对收敛。

(5) 先考查正项级数 $\displaystyle\sum_{n=1}^{\infty}\dfrac{1}{\pi^{n+1}}\sin\dfrac{\pi}{n+1}$。因为 $\dfrac{1}{\pi^{n+1}}\sin\dfrac{\pi}{n+1}\leqslant\dfrac{1}{\pi^{n+1}}$，而级数 $\displaystyle\sum_{n=1}^{\infty}\dfrac{1}{\pi^{n+1}}$ 收敛，所以该正项

级数收敛。所以原级数收敛且为绝对收敛。

(6) 考虑一般项的极限 $\lim\limits_{n\to\infty}(-1)^n\dfrac{n!}{2^n}\neq 0$，所以级数发散。

(7) 因为 $\lim\limits_{n\to\infty}\dfrac{\left|(-1)^{n+1}\dfrac{1}{3}\cdot\dfrac{1}{2^{n+1}}\right|}{\left|(-1)^n\dfrac{1}{3}\cdot\dfrac{1}{2^n}\right|}=\dfrac{1}{2}<1$，所以级数 $\dfrac{1}{3}\times\dfrac{1}{2}-\dfrac{1}{3}\times\dfrac{1}{2^2}+\dfrac{1}{3}\times\dfrac{1}{2^3}-\cdots$ 绝对收敛。

其实提出因子 $\dfrac{1}{3}$，直接知级数收敛。

(8) 因为 $\lim\limits_{n\to\infty}\dfrac{\left|(-1)^{n+1}\dfrac{(n+1)^2}{4^{n+1}}\right|}{\left|(-1)^n\dfrac{n^2}{4^n}\right|}=\dfrac{1}{4}<1$，故级数 $\displaystyle\sum_{n=1}^{\infty}(-1)^n\dfrac{n}{4^n}$ 绝对收敛。

提高题

1. 判别下列级数是否收敛，若收敛，是绝对收敛还是条件收敛?

(1) $\displaystyle\sum_{n=1}^{\infty}(-1)^n\dfrac{1}{n-\ln n}$;　　　(2) $\displaystyle\sum_{n=1}^{\infty}(-1)^{n-1}\dfrac{n}{n^2+1}$;

(3) $\displaystyle\sum_{n=1}^{\infty}\dfrac{\sin n^2}{n^2}$;　　　(4) $\displaystyle\sum_{n=1}^{\infty}(-1)^n\dfrac{1}{2^n}\left(1+\dfrac{1}{n}\right)^{n^2}$。

解　(1) 该级数为交错级数，且 $u_n=\dfrac{1}{n-\ln n}$。因 $n+1-\ln(n+1)>n-\ln n$，则

$$\dfrac{1}{n-\ln n}>\dfrac{1}{n+1-\ln(n+1)},\quad\text{即}\quad u_n>u_{n+1}。$$

又 $\lim\limits_{n\to\infty}u_n=\lim\limits_{n\to\infty}\dfrac{1}{n-\ln n}=\lim\limits_{n\to\infty}\dfrac{\frac{1}{n}}{1-\frac{\ln n}{n}}=0$。由莱布尼茨定理知 $\sum\limits_{n=1}^{\infty}\dfrac{(-1)^n}{n-\ln n}$ 收敛。再考查正项级数

$\sum\limits_{n=1}^{\infty}\dfrac{1}{n-\ln n}$，因为 $\dfrac{1}{n-\ln n}\geqslant\dfrac{1}{n}$，而 $\sum\limits_{n=1}^{\infty}\dfrac{1}{n}$ 发散，所以级数 $\sum\limits_{n=1}^{\infty}\dfrac{1}{n-\ln n}$ 发散。所以原级数为条件收敛。

(2) 因为 $\dfrac{|u_{n+1}|}{|u_n|}=\dfrac{n+1}{(n+1)^2+1}\cdot\dfrac{n^2+1}{n}=\dfrac{n^3+n^2+n+1}{n^3+2n^2+2n}\leqslant1$，即 $|u_{n+1}|\leqslant|u_n|\ (n=1,2,\cdots)$ 且

$\lim\limits_{n\to\infty}|u_n|=\lim\limits_{n\to\infty}\dfrac{n}{n^2+1}=0$。由交错级数审敛法，原级数收敛。

另一方面，$|u_n|=\dfrac{n}{n^2+1}\geqslant\dfrac{n}{n^2+n^2}=\dfrac{1}{2n}$，而 $\sum\limits_{n=1}^{\infty}\dfrac{1}{2n}$ 发散，故 $\sum\limits_{n=1}^{\infty}|u_n|=\sum\limits_{n=1}^{\infty}\dfrac{n}{n^2+1}$ 发散。于是级数

$\sum\limits_{n=1}^{\infty}(-1)^{n-1}\dfrac{n}{n^2+1}$ 是条件收敛的。

(3) 因为 $\left|\dfrac{\sin n^2}{n^2}\right|\leqslant\dfrac{1}{n^2}$，而 $\sum\limits_{n=1}^{\infty}\dfrac{1}{n^2}$ 收敛，所以 $\sum\limits_{n=1}^{\infty}\left|\dfrac{\sin n^2}{n^2}\right|$ 收敛，从而有 $\sum\limits_{n=1}^{\infty}\dfrac{\sin n^2}{n^2}$ 绝对收敛。

(4) 由 $|u_n|=\dfrac{1}{2^n}\left(1+\dfrac{1}{n}\right)^{n^2}$，有 $\sqrt[n]{|u_n|}=\dfrac{1}{2}\left(1+\dfrac{1}{n}\right)^n\to\dfrac{1}{2}e(n\to\infty)$，而 $\dfrac{1}{2}e>1$，可知 $|u_n|\nrightarrow0(n\to\infty)$，因此所给级数发散。

2. 设正项数列 $\{a_n\}$ 单调减少，且 $\sum\limits_{n=1}^{\infty}(-1)^na_n$ 发散，试问级数 $\sum\limits_{n=1}^{\infty}\left(\dfrac{1}{a_n+1}\right)^n$ 是否收敛？并说明理由。

解　级数 $\sum\limits_{n=1}^{\infty}\left(\dfrac{1}{a_n+1}\right)^n$ 收敛。理由如下：

由于正项数列 $\{a_n\}$ 单调减少有下界，故 $\lim\limits_{n\to\infty}a_n$ 存在，记这个极限值为 a，则 $a\geqslant0$。若 $a=0$ 则由莱布尼茨定理知 $\sum\limits_{n=1}^{\infty}(-1)^na_n$ 收敛，与题设矛盾，故 $a>0$。由根值审敛法，因 $\lim\limits_{n\to\infty}\sqrt[n]{u_n}=\lim\limits_{n\to\infty}\dfrac{1}{a_n+1}=\dfrac{1}{a+1}<1$，故原级收敛。

习题 3.4

1. 求下列幂级数的收敛域：

(1) $\sum\limits_{n=1}^{\infty}\dfrac{(2x)^n}{n!}$；

(2) $\sum\limits_{n=1}^{\infty}nx^n$；

(3) $\sum\limits_{n=2}^{\infty}(-1)^n\dfrac{1}{\ln n}x^n$；

(4) $\sum\limits_{n=0}^{\infty}(-1)^n\dfrac{1}{(2n+1)!}x^n$；

(5) $\sum\limits_{n=0}^{\infty}\dfrac{1}{5^n}x^{2n+1}$；

(6) $\sum\limits_{n=1}^{\infty}\dfrac{1}{n\cdot3^n}x^{2n}$；

(7) $\sum\limits_{n=1}^{\infty}(x-1)^n$；

(8) $\sum\limits_{n=1}^{\infty}\dfrac{1}{n\cdot4^n}(x-4)^n$。

解　(1) 级数为 $\sum\limits_{n=1}^{\infty}\dfrac{2^n}{n!}x^n$，所以系数 $a_n=\dfrac{2^n}{n!}$。于是

$$\lim\limits_{n\to\infty}\left|\dfrac{a_{n+1}}{a_n}\right|=\lim\limits_{n\to\infty}\dfrac{2}{n+1}=0,\quad\text{故}\quad R=+\infty,$$

即原级数的收敛域为 $(-\infty,+\infty)$。

(2) $\lim\limits_{n\to\infty}\left|\dfrac{a_{n+1}}{a_n}\right|=1$，故 $R=1$。

当 $x=1$ 时，原级数为 $\sum\limits_{n=1}^{\infty}n$ 发散；当 $x=-1$ 时，原级数为 $\sum\limits_{n=1}^{\infty}(-1)^nn$ 也发散。因此收敛区间为 $(-1,1)$。

(3) $\lim\limits_{n\to\infty}\left|\dfrac{a_{n+1}}{a_n}\right|=\lim\limits_{n\to\infty}\left|\dfrac{(-1)^{n+1}\dfrac{1}{\ln(n+1)}}{(-1)^{n}\dfrac{1}{\ln n}}\right|=\lim\limits_{n\to\infty}\dfrac{\ln n}{\ln(n+1)}=1$，所以 $R=1$。

当 $x=-R=-1$ 时，级数 $\sum\limits_{n=2}^{\infty}(-1)^{n}\dfrac{1}{\ln n}x^{n}=\sum\limits_{n=2}^{\infty}(-1)^{n}\dfrac{1}{\ln n}(-1)^{n}=\sum\limits_{n=2}^{\infty}\dfrac{1}{\ln n}$，此时级数发散；当 $x=R=1$ 时，级数 $\sum\limits_{n=2}^{\infty}(-1)^{n}\dfrac{1}{\ln n}x^{n}=\sum\limits_{n=2}^{\infty}(-1)^{n}\dfrac{1}{\ln n}$，此时级数收敛。

所以 $\sum\limits_{n=2}^{\infty}(-1)^{n}\dfrac{1}{\ln n}x^{n}$ 的收敛域为 $(-1,1]$。

(4) $\lim\limits_{n\to\infty}\left|\dfrac{a_{n+1}}{a_n}\right|=\lim\limits_{n\to\infty}\left|\dfrac{\dfrac{1}{[2(n+1)+1]!}}{\dfrac{1}{(2n+1)!}}\right|=\lim\limits_{n\to\infty}\dfrac{(2n+1)!}{(2n+3)!}=0$，所以 $R=+\infty$，即收敛域为 $(-\infty,+\infty)$。

(5) $\lim\limits_{n\to\infty}\left|\dfrac{u_{n+1}(x)}{u_n(x)}\right|=\lim\limits_{n\to\infty}\left|\dfrac{\dfrac{x^{2(n+1)+1}}{5^{n+1}}}{\dfrac{x^{2n+1}}{5^{n}}}\right|=\dfrac{1}{5}|x^{2}|=\dfrac{1}{5}|x|^{2}$。

当 $\dfrac{1}{5}|x|^{2}<1$ 时，即 $|x|<\sqrt{5}$ 时级数收敛；当 $|x|>\sqrt{5}$ 时级数发散，$R=\sqrt{5}$。

当 $x=-R=-\sqrt{5}$ 时，原级数为 $\sum\limits_{n=1}^{\infty}\dfrac{(-\sqrt{5})^{2n+1}}{5^{n}}=\sum\limits_{n=1}^{\infty}(-\sqrt{5})$ 发散；当 $x=R=\sqrt{5}$ 时，原级数为 $\sum\limits_{n=1}^{\infty}\dfrac{(\sqrt{5})^{2n+1}}{5^{n}}=\sum\limits_{n=1}^{\infty}\sqrt{5}$ 发散。

故收敛域为 $(-\sqrt{5},\sqrt{5})$。

(6) $\lim\limits_{n\to\infty}\left|\dfrac{u_{n+1}(x)}{u_n(x)}\right|=\lim\limits_{n\to\infty}\left|\dfrac{\dfrac{x^{2(n+1)}}{(n+1)3^{n+1}}}{\dfrac{x^{2n}}{n\cdot 3^{n}}}\right|=\dfrac{1}{3}|x^{2}|=\dfrac{1}{3}|x|^{2}$。

当 $\dfrac{1}{3}|x|^{2}<1$ 时，即 $|x|<\sqrt{3}$ 时级数收敛；当 $\dfrac{1}{3}|x|^{2}>1$ 时，即 $|x|>\sqrt{3}$ 级数发散，$R=\sqrt{3}$。

当 $x=-R=-\sqrt{3}$ 时，原级数为 $\sum\limits_{n=1}^{\infty}\dfrac{(-\sqrt{3})^{2n}}{n\cdot 3^{n}}=\sum\limits_{n=1}^{\infty}\dfrac{1}{n}$ 发散；当 $x=R=\sqrt{3}$ 时，原级数为 $\sum\limits_{n=1}^{\infty}\dfrac{(\sqrt{3})^{2n}}{n\cdot 3^{n}}=\sum\limits_{n=1}^{\infty}\dfrac{1}{n}$ 发散。

故收敛域为 $(-\sqrt{3},\sqrt{3})$。

(7) $\lim\limits_{n\to\infty}\left|\dfrac{u_{n+1}(x)}{u_n(x)}\right|=\lim\limits_{n\to\infty}\left|\dfrac{(x-1)^{n+1}}{(x-1)^{n}}\right|=|x-1|$。

当 $|x-1|<1$ 时，即 $0<x<2$ 时级数收敛；当 $|x-1|>1$ 时，即 $x<0$ 或 $x>2$ 级数发散，$R=1$。

当 $x-1=-R=-1$，即 $x=0$ 时，原级数为 $\sum\limits_{n=1}^{\infty}(-1)^{n}$ 发散；当 $x-1=R=1$，即 $x=2$ 时，原级数为 $\sum\limits_{n=1}^{\infty}1$ 发散。

故收敛域为 $(0,2)$。

(8) $\lim\limits_{n\to\infty}\left|\dfrac{u_{n+1}(x)}{u_n(x)}\right|=\lim\limits_{n\to\infty}\left|\dfrac{\dfrac{(x-4)^{n+1}}{(n+1)\cdot 4^{n+1}}}{\dfrac{(x-4)^{n}}{n\cdot 4^{n}}}\right|=\dfrac{1}{4}|x-4|$。

当 $\frac{1}{4}|x-4|<1$ 时,即 $|x-4|<4$,也即 $0<x<8$ 时级数收敛;当 $\frac{1}{4}|x-4|>1$ 时,即 $x<0$ 或 $x>8$ 级数发散,$R=4$。

当 $x-4=-R=-4$,即 $x=0$ 时,原级数为 $\sum\limits_{n=1}^{\infty}\frac{(-4)^n}{n \cdot 4^n}=\sum\limits_{n=1}^{\infty}\frac{(-1)^n}{n}$ 收敛;当 $x-4=R=4$,即 $x=8$ 时,原级数为 $\sum\limits_{n=1}^{\infty}\frac{(4)^n}{n \cdot 4^n}=\sum\limits_{n=1}^{\infty}\frac{1}{n}$ 发散。

故收敛域为 $[0,8)$。

2. 求下列级数在收敛域上的和函数:

(1) $\sum\limits_{n=1}^{\infty}nx^{n-1}$;

(2) $\sum\limits_{n=1}^{\infty}\frac{x^{2n-1}}{2n-1}$。

解 (1) **第一步**　求收敛域　$\lim\limits_{n\to\infty}\left|\frac{a_{n+1}}{a_n}\right|=1,R=1$。

当 $x=1$ 时,原级数为 $\sum\limits_{n=1}^{\infty}n$ 发散;当 $x=-1$ 时,原级数为 $\sum\limits_{n=1}^{\infty}(-1)^{n-1}n$ 也发散。
因此收敛域为 $(-1,1)$。

第二步　求和函数　设 $S(x)=\sum\limits_{n=1}^{\infty}nx^{n-1}$,$x\in(-1,1)$,则 $S(x)=\sum\limits_{n=1}^{\infty}nx^{n-1}=\sum\limits_{n=1}^{\infty}(x^n)'$(将 nx^{n-1} 写成 $(x^n)'$,使得系数 n 消失),

$$S(x)=\left(\sum\limits_{n=1}^{\infty}x^n\right)' \text{(将导数符号拿到求和符号外面,使得求和容易求出)}$$

$$=\left(\frac{x}{1-x}\right)' \text{(求出和)}$$

$$=\frac{1}{(1-x)^2} \text{(求导)}。$$

(2) **第一步**　求收敛域

$$\lim\limits_{n\to\infty}\left|\frac{u_{n+1}(x)}{u_n(x)}\right|=\lim\limits_{n\to\infty}\left|\frac{\frac{x^{2(n+1)-1}}{2(n+1)-1}}{\frac{x^{2n-1}}{2n-1}}\right|=|x|^2。$$

当 $|x|^2<1$ 时,即 $-1<x<1$ 时级数收敛;当 $|x|>1$ 时,即 $x<-1$ 或 $x>1$ 级数发散,$R=1$。

当 $x=-R=-1$ 时,原级数为 $\sum\limits_{n=1}^{\infty}\frac{(-1)^{2n-1}}{2n-1}=-\sum\limits_{n=1}^{\infty}\frac{1}{2n-1}$ 发散;当 $x=R=1$ 时,原级数为 $\sum\limits_{n=1}^{\infty}\frac{1^{2n-1}}{2n-1}=\sum\limits_{n=1}^{\infty}\frac{1}{2n-1}$ 发散。

故收敛域为 $(-1,1)$。

第二步　求和函数　设 $S(x)=\sum\limits_{n=1}^{\infty}\frac{x^{2n-1}}{2n-1}$,$x\in(-1,1)$,则

$$S(x)=\sum\limits_{n=1}^{\infty}\frac{x^{2n-1}}{2n-1}$$

$$=\sum\limits_{n=1}^{\infty}\int_0^x t^{2n-2}\,\mathrm{d}t \left(\text{将}\frac{x^{2n-1}}{2n-1}\text{写成}\int_0^x t^{2n-2}\,\mathrm{d}t,\text{使得}\frac{1}{2n-1}\text{消失}\right)$$

$$=\int_0^x\left(\sum\limits_{n=1}^{\infty}t^{2n-2}\right)\mathrm{d}t \text{(将积分符号写到求和符号的外面,以便求和)}$$

$$= \int_0^x \frac{1}{1-t^2} \mathrm{d}t \Bigg(\text{求和，利用} \sum_{n=1}^{\infty} aq^{n-1} = \sum_{n=1}^{\infty} aq^n = \frac{a}{1-q} \mid q \mid < 1$$

当公比的绝对值小于 1 时，等比级数的和等于 1 减公比分之第 1 项$\Bigg)$

$$= \frac{1}{2} \int_0^x \left(\frac{1}{1+t} + \frac{1}{1-t} \right) \mathrm{d}t = \frac{1}{2} \ln \frac{1+x}{1-x}, \quad x \in (-1, 1)。 \quad （积分）$$

提高题

1. 级数 $\sum\limits_{n=1}^{\infty} a_n(x-3)^n$ 在 $x=0$ 处发散，在 $x=5$ 处收敛，问该幂级数在 $x=2$ 处是否收敛？在 $x=7$ 处是否收敛？

解　令 $x-3=t$，则 $\sum\limits_{n=1}^{\infty} a_n t^n$ 在 $t=-3$ 处发散，从而 $\sum\limits_{n=1}^{\infty} a_n t^n$ 在 $(-3,3)$ 之外都发散。

而 $x=5$ 时 $\sum\limits_{n=1}^{\infty} a_n(x-3)^n$ 收敛，即 $\sum\limits_{n=1}^{\infty} a_n t^n$ 在 $t=2$ 处收敛，从而 $\sum\limits_{n=1}^{\infty} a_n t^n$ 在 $(-2,2)$ 内都收敛。

当 $x=2$ 时，$t=-1 \in (-2,2)$，故 $\sum\limits_{n=1}^{\infty} a_n t^n = \sum\limits_{n=1}^{\infty} a_n(x-3)^n$ 收敛；当 $x=7$ 时，$t=4 \notin (-3,3)$，所以 $\sum\limits_{n=1}^{\infty} a_n t^n = \sum\limits_{n=1}^{\infty} a_n(x-3)^n$ 发散。

所以原来的幂级数在 $x=2$ 处收敛，在 $x=7$ 处发散。

2. 已知幂级数 $\sum\limits_{n=1}^{\infty} a_n x^n$ 的收敛半径是 R，问幂级数 $\sum\limits_{n=1}^{\infty} a_n x^{2n}$ 的收敛半径是多少？

解　令 $x^2=t$，则 $\sum\limits_{n=1}^{\infty} a_n x^{2n} = \sum\limits_{n=1}^{\infty} a_n t^n$。

在 $\mid t \mid < R$ 时级数收敛，在 $\mid t \mid > R$ 时级数发散，从而 $\mid x^2 \mid < R$，即 $\mid x \mid < \sqrt{R}$ 时收敛，$\mid x \mid > \sqrt{R}$ 时发散。因此 $\sum\limits_{n=1}^{\infty} a_n x^{2n}$ 的收敛半径为 $\sqrt{R}$。

3. 求幂级数 $\sum\limits_{n=1}^{\infty} n^2 x^{n-1}$ 在收敛域上的和函数。

解　易知此级数的收敛区间为 $(-1,1)$。设 $S(x) = \sum\limits_{n=1}^{\infty} n^2 x^{n-1} (\mid x \mid < 1)$，则

$$S(x) = \sum_{n=1}^{\infty} (n+1)n x^{n-1} - \sum_{n=1}^{\infty} n x^{n-1} = \left(\sum_{n=1}^{\infty} x^{n+1} \right)'' - \left(\sum_{n=1}^{\infty} x^n \right)'$$

$$= \left(\frac{x^2}{1-x} \right)'' - \left(\frac{x}{1-x} \right)' = \frac{1+x}{(1-x)^3}, \quad -1 < x < 1。$$

习题 3.5

1. 将下列函数展开成 x 的幂级数，并确定其收敛域：

(1) $\dfrac{\mathrm{e}^x - 1}{x}$；

(2) 2^x；

(3) $\ln(3+x)$；

(4) $\cos^2 x$；

(5) $\dfrac{1}{x+5}$；

(6) $\dfrac{1}{4-x}$；

(7) $\dfrac{3x}{x^2+5x+6}$；

(8) $\dfrac{x}{1+x^2}$。

解 (1) $e^x = 1 + x + \dfrac{1}{2}x^2 + \cdots + \dfrac{1}{n!}x^n + \cdots$,

$$\dfrac{e^x - 1}{x} = 1 + \dfrac{1}{2}x + \cdots + \dfrac{1}{n!}x^{n-1} + \cdots, \quad x \in (-\infty, 0) \bigcup (0, +\infty).$$

(2) $2^x = 1 + \ln 2 \cdot x + \dfrac{(\ln 2)^2}{2}x^2 + \cdots + \dfrac{(\ln 2)^n}{n!}x^n + \cdots, \quad x \in (-\infty, +\infty).$

(3) $\ln(3 + x) = \ln 3 + \ln\left(1 + \dfrac{x}{3}\right) = \ln 3 + \displaystyle\sum_{n=1}^{\infty}(-1)^{n-1}\dfrac{1}{n}\left(\dfrac{x}{3}\right)^n$,

$\left|\dfrac{x}{3}\right| < 1$, 即 $-3 < x \leqslant 3$。

(4) $\cos^2 x = \dfrac{1 + \cos 2x}{2} = \dfrac{1}{2} + \dfrac{1}{2}\displaystyle\sum_{n=0}^{\infty}(-1)^n\dfrac{(2x)^{2n}}{(2n)!}, \quad x \in (-\infty, +\infty).$

(5) $\dfrac{1}{x+5} = \dfrac{1}{5} \cdot \dfrac{1}{1 + \dfrac{x}{5}} = \dfrac{1}{5}\displaystyle\sum_{n=0}^{\infty}\left(-\dfrac{x}{5}\right)^n = \sum_{n=0}^{\infty}(-1)^n\dfrac{1}{5^{n+1}}x^n, \quad |x| < 5.$

(6) $\dfrac{1}{4-x} = \dfrac{1}{4} \cdot \dfrac{1}{1 - \dfrac{x}{4}} = \dfrac{1}{4}\displaystyle\sum_{n=0}^{\infty}\left(\dfrac{x}{4}\right)^n = \sum_{n=0}^{\infty}\dfrac{1}{4^{n+1}}x^n, \quad |x| < 4.$

(7) $\dfrac{3x}{x^2 + 5x + 6} = \dfrac{-6}{x+2} + \dfrac{9}{x+3} = 3 \cdot \dfrac{1}{1 + \dfrac{x}{3}} - 3 \cdot \dfrac{1}{1 + \dfrac{x}{2}} = 3\displaystyle\sum_{n=0}^{\infty}(-1)^n\left[\dfrac{1}{3^n} - \dfrac{1}{2^n}\right]x^n, \quad -2 < x < 2.$

(8) $\dfrac{x}{1 + x^2} = x\displaystyle\sum_{n=0}^{\infty}(-x^2)^n = \sum_{n=0}^{\infty}(-1)^n x^{2n+1}, \quad -1 < x < 1.$

2. 将 $\dfrac{1}{x^2 - 5x + 4}$ 展开成 $x - 5$ 的幂级数。

解 $\dfrac{1}{x^2 - 5x + 4} = \dfrac{1}{3}\left(\dfrac{1}{x-4} - \dfrac{1}{x-1}\right) = \dfrac{1}{3} \cdot \left(\dfrac{1}{1 + (x-5)} - \dfrac{1}{4 + (x-5)}\right)$

$$= \dfrac{1}{3}\left(\sum_{n=0}^{\infty}[-(x-5)]^n - \dfrac{1}{4}\sum_{n=0}^{\infty}\left(-\dfrac{x-5}{4}\right)^n\right)$$

$$= \dfrac{1}{3}\sum_{n=0}^{\infty}(-1)^n\left(1 - \dfrac{1}{4^{n+1}}\right)(x-5)^n, \quad |x-5| < 4.$$

3. 将 $\dfrac{1}{x^2 + 4x + 3}$ 展开成 $x - 1$ 的幂级数。

解 $\dfrac{1}{x^2 + 4x + 3} = \dfrac{1}{2}\left(\dfrac{1}{x+1} - \dfrac{1}{x+3}\right) = \dfrac{1}{2} \cdot \left(\dfrac{1}{2 + (x-1)} - \dfrac{1}{4 + (x-1)}\right)$

$$= \dfrac{1}{2}\left(\dfrac{1}{2}\sum_{n=0}^{\infty}\left(-\dfrac{x-1}{2}\right)^n - \dfrac{1}{4}\sum_{n=0}^{\infty}\left(-\dfrac{x-1}{4}\right)^n\right), \quad |x-1| < 2$$

$$= \dfrac{1}{2}\sum_{n=0}^{\infty}(-1)^n\left(\dfrac{1}{2^{n+1}} - \dfrac{1}{4^{n+1}}\right)(x-1)^n, \quad |x-1| < 2.$$

4. 利用函数的幂级数展开式,求函数 $\sqrt{e}$ 的近似值,精确到 0.001。

解 由于 $\sqrt{e} = e^{\frac{1}{2}} = 1 + \dfrac{1}{2} + \dfrac{1}{2!}\left(\dfrac{1}{2}\right)^2 + \cdots + \dfrac{1}{n!}\left(\dfrac{1}{2}\right)^n + \cdots$,取前 n 项作为 $\sqrt{e}$ 的近似值,其误差:

$$R_n = \dfrac{1}{n!}\left(\dfrac{1}{2}\right)^n + \dfrac{1}{(n+1)!}\left(\dfrac{1}{2}\right)^{n+1} + \cdots < \dfrac{1}{n!}\left(\dfrac{1}{2}\right)^n\left[1 + \dfrac{1}{2} + \left(\dfrac{1}{2}\right)^2 + \cdots\right] = \dfrac{1}{n!}\left(\dfrac{1}{2}\right)^{n-1}.$$

取 $n = 6$,则 $R_6 < \dfrac{1}{6!}\left(\dfrac{1}{2}\right)^5 = \dfrac{1}{23040}$,因此

$$\sqrt{e} \approx 1 + \frac{1}{2} + \frac{1}{2!}\left(\frac{1}{2}\right)^2 + \cdots + \frac{1}{5!}\left(\frac{1}{2}\right)^5$$

$$= 1 + 0.5000 + 0.1250 + 0.0208 + 0.0026 + 0.0003 \approx 1.649。$$

提高题

1. 将函数 $f(x) = \dfrac{1}{x^2}$ 展开成 $x-2$ 的幂级数。

解 因为 $-\dfrac{1}{x^2} = \left(\dfrac{1}{x}\right)'$，而

$$\frac{1}{x} = \frac{1}{(x-2)+2} = \frac{1}{2} \cdot \frac{1}{1 + \dfrac{x-2}{2}}$$

$$= \frac{1}{2}\left[1 - \frac{x-2}{2} + \left(\frac{x-2}{2}\right)^2 - \left(\frac{x-2}{2}\right)^3 + \cdots\right]$$

$$= \frac{1}{2}\sum_{n=0}^{\infty} \frac{(-1)^n}{2^n}(x-2)^n, \quad |x-2| < 2。$$

逐项求导，得 $-\dfrac{1}{x^2} = \left(\dfrac{1}{x}\right)' = \dfrac{1}{2}\displaystyle\sum_{n=1}^{\infty}(-1)^n \dfrac{n}{2^n}(x-2)^{n-1}$，

所以 $f(x) = \dfrac{1}{x^2} = \displaystyle\sum_{n=1}^{\infty}(-1)^{n+1}\dfrac{n}{2^{n+1}}(x-2)^{n-1}, \quad 0 < x < 4。$

2. 将 $f(x) = \dfrac{x-1}{4-x}$ 展开成 $x-1$ 的幂级数，并求 $f^{(n)}(1)$。

解 因为 $\dfrac{1}{4-x} = \dfrac{1}{3-(x-1)} = \dfrac{1}{3\left(1 - \dfrac{x-1}{3}\right)}$

$$= \frac{1}{3}\left[1 + \frac{x-1}{3} + \left(\frac{x-1}{3}\right)^2 + \cdots + \left(\frac{x-1}{3}\right)^n + \cdots\right], \quad |x-1| < 3,$$

所以 $\dfrac{x-1}{4-x} = (x-1)\dfrac{1}{4-x} = \dfrac{1}{3}(x-1) + \dfrac{(x-1)^2}{3^2} + \dfrac{(x-1)^3}{3^3} + \cdots + \dfrac{(x-1)^n}{3^n} + \cdots, \quad |x-1| < 3。$

于是 $\dfrac{f^{(n)}(1)}{n!} = \dfrac{1}{3^n}$，故 $f^{(n)}(1) = \dfrac{n!}{3^n}。$

3. 用 $\ln(1-x)$ 的展开式，求：(1) $\displaystyle\sum_{n=1}^{\infty}\dfrac{x^n}{n \cdot 4^n}$ 的和函数；(2) $\displaystyle\sum_{n=1}^{\infty}(-1)^{n+1}\dfrac{1}{n}$ 的和函数。

解 $\ln(1-x) = -\displaystyle\sum_{n=1}^{\infty}\dfrac{x^n}{n} \quad (-1 \leqslant x < 1)。 (\ast)$

在 $(\ast)$ 式中将 x 换成 $\dfrac{x}{4}$，有 $\displaystyle\sum_{n=1}^{\infty}\dfrac{x^n}{n \cdot 4^n} = -\ln\left(1 - \dfrac{x}{4}\right) \quad (-4 \leqslant x < 4)。$

在 $(\ast)$ 式中令 $x = -1$，得 $\ln 2 = -\displaystyle\sum_{n=1}^{\infty}\dfrac{(-1)^n}{n}$，即 $\displaystyle\sum_{n=1}^{\infty}\dfrac{(-1)^{n+1}}{n} = \ln 2。$

复习题 3

1. 填空题

(1) 级数 $\dfrac{1}{5} - \dfrac{1}{25} + \dfrac{1}{125} - \dfrac{1}{625} - \cdots +$ 的一般项是 _____。

(2) 设 a 为常数，若级数 $\displaystyle\sum_{n=1}^{\infty}(u_n - a)$ 收敛，则 $\displaystyle\lim_{n \to \infty} u_n = $ _____。

(3) 级数 $\sum_{n=0}^{\infty} \dfrac{(\ln 3)^n}{2^n}$ 的和为 _____ 。

(4) 幂级数 $\sum_{n=0}^{\infty} (-1)^n \dfrac{1}{\sqrt{n^3}} x^n$ 的收敛域为 _____ 。

(5) 幂级数 $\sum_{n=1}^{\infty} \dfrac{1}{\sqrt{n}} (x-2)^n$ 的收敛域为 _____ 。

(6) 函数 $f(x) = \dfrac{1}{x}$ 展成 $x-1$ 的幂级数为 _____ 。

(7) 已知级数 $\sum_{n=1}^{\infty} (-1)^{n-1} u_n = 2$，$\sum_{n=1}^{\infty} u_{2n-1} = 5$，则级数 $\sum_{n=1}^{\infty} u_n = $ _____ 。

(8) 设 $\sum_{n=1}^{\infty} u_n$ 收敛，且 $v_n = \dfrac{1}{u_n}$，$\sum_{n=1}^{\infty} v_n$ 的敛散性为 _____ 。

1. **解**　(1) $(-1)^{n+1} \dfrac{1}{5^n}$；(2) a；(3) $\dfrac{2}{2-\ln 3}$；(4) $[-1,1]$；

(5) $[1,3)$；(6) $\sum_{n=1}^{\infty} (-1)^n (x-1)^n$　$|x-1| < 1$；(7) 8；(8) 发散。

2. 选择题

(1) 下列级数收敛的是(　　)。

　　A. $\sum_{n=1}^{\infty} n \sin \dfrac{1}{n}$　　　B. $\sum_{n=1}^{\infty} \dfrac{\cos n}{2^n}$　　　C. $\sum_{n=1}^{\infty} (-1)^n \dfrac{3^n}{2^n}$　　D. $\sum_{n=1}^{\infty} \dfrac{1}{\sqrt[3]{n^2}}$

(2) 若幂级数 $\sum_{n=0}^{\infty} a_n (x-1)^n$ 在 $x = -1$ 处收敛，则此级数在 $x = 2$ 处(　　)。

　　A. 可能收敛也可能发散　　　　　　B. 发散

　　C. 条件收敛　　　　　　　　　　　D. 绝对收敛

(3) 已知 $\dfrac{1}{1+x} = 1 - x + x^2 - x^3 + \cdots$，则 $\dfrac{1}{1+x^2}$ 展开为 x 的幂级数为(　　)。

　　A. $1 + x^2 + x^4 + \cdots$　　　　　　　B. $-1 + x^2 - x^4 + \cdots$

　　C. $1 - x^2 + x^4 - x^6 + \cdots$　　　　　D. $-1 - x^2 - x^4 + \cdots$

(4) 幂级数 $\sum_{n=2}^{\infty} \dfrac{1}{n!} x^n$ 在收敛区间 $(-\infty, +\infty)$ 内的和函数为(　　)。

　　A. e^x　　　　　　　B. $e^x + 1$　　　　C. $e^x - 1$　　　　D. $e^x - x - 1$

(5) 级数 $\sum_{n=1}^{\infty} u_n$ 收敛，则下列命题正确的是(　　)。

　　A. $S_n = u_1 + u_2 + \cdots + u_n$，$\lim_{n \to \infty} S_n = 0$　　B. $\lim_{n \to \infty} u_n \neq 0$

　　C. $S_n = u_1 + u_2 + \cdots + u_n$，$\lim_{n \to \infty} S_n$ 存在　　D. $S_n = u_1 + u_2 + \cdots + u_n$，$\{S_n\}$ 单调

(6) 下列命题中错误的是(　　)。

　　A. 若 $\sum_{n=1}^{\infty} u_n$ 与 $\sum_{n=1}^{\infty} v_n$ 都收敛，则 $\sum_{n=1}^{\infty} (u_n + v_n)$ 必定收敛

　　B. 若 $\sum_{n=1}^{\infty} u_n$ 收敛，$\sum_{n=1}^{\infty} v_n$ 发散，则 $\sum_{n=1}^{\infty} (u_n + v_n)$ 必定发散

　　C. 若 $\sum_{n=1}^{\infty} u_n$ 发散，$\sum_{n=1}^{\infty} v_n$ 发散，则 $\sum_{n=1}^{\infty} (u_n + v_n)$ 不一定发散

　　D. 若 $\sum_{n=1}^{\infty} (u_n + v_n)$ 收敛，则 $\sum_{n=1}^{\infty} u_n$ 与 $\sum_{n=1}^{\infty} v_n$ 必定收敛

(7) 对于级数 $\sum\limits_{n=1}^{\infty}(-1)^{n-1}u_n$，其中 $u_n>0(n=1,2,\cdots)$，则下列命题正确的是(　　)。

　A. 如果 $\sum\limits_{n=1}^{\infty}(-1)^{n-1}u_n$ 收敛，则 $\sum\limits_{n=1}^{\infty}u_n$ 必为条件收敛

　B. 如果 $\sum\limits_{n=1}^{\infty}u_n$ 收敛，则 $\sum\limits_{n=1}^{\infty}(-1)^{n-1}u_n$ 为绝对收敛

　C. 如果 $\sum\limits_{n=1}^{\infty}u_n$ 发散，则 $\sum\limits_{n=1}^{\infty}(-1)^{n-1}u_n$ 必发散

　D. 如果 $\sum\limits_{n=1}^{\infty}(-1)^{n-1}u_n$ 收敛，则 $\sum\limits_{n=1}^{\infty}u_n$ 必收敛

解　(1) B；(2) D；(3) C；(4) D；(5) C；(6) D；(7) B。

3. 判别下列级数的收敛性，若收敛则求其和：

(1) $\sum\limits_{n=1}^{\infty}\dfrac{1+2^n}{3^n}$；　　　　　　　　　　　　(2) $\sum\limits_{n=1}^{\infty}\dfrac{1}{n(n+1)(n+2)}$。

解　(1) 因为 $\sum\limits_{n=1}^{\infty}\dfrac{1}{3^n}$，$\sum\limits_{n=1}^{\infty}\dfrac{2^n}{3^n}$ 都收敛，且有

$$\sum\limits_{n=1}^{\infty}\frac{1}{3^n}=\frac{\dfrac{1}{3}}{1-\dfrac{1}{3}}, \quad \sum\limits_{n=1}^{\infty}\frac{2^n}{3^n}=\frac{\dfrac{2}{3}}{1-\dfrac{2}{3}},$$

所以有 $\sum\limits_{n=1}^{\infty}\dfrac{1+2^n}{3^n}$ 收敛，且

$$\sum\limits_{n=1}^{\infty}\frac{1+2^n}{3^n}=\sum\limits_{n=1}^{\infty}\frac{1}{3^n}+\sum\limits_{n=1}^{\infty}\frac{2^n}{3^n}=\frac{\dfrac{1}{3}}{1-\dfrac{1}{3}}+\frac{\dfrac{2}{3}}{1-\dfrac{2}{3}}=\frac{5}{2}。$$

(2) $\lim\limits_{n\to\infty}\dfrac{\dfrac{1}{n(n+1)(n+2)}}{\dfrac{1}{n^3}}=1$，而 $\sum\limits_{n=1}^{\infty}\dfrac{1}{n^3}$ 收敛，所以根据正项比较审敛法知 $\sum\limits_{n=1}^{\infty}\dfrac{1}{n(n+1)(n+2)}$

收敛。

$$\frac{1}{n(n+1)(n+2)}=\left(\frac{1}{n}-\frac{1}{n+1}\right)-\frac{1}{2}\left(\frac{1}{n}-\frac{1}{n+2}\right)$$

$$S_n=\frac{1}{1\times2\times3}+\frac{1}{2\times3\times4}+\cdots+\frac{1}{n(n+1)(n+2)}$$

$$=\left[\left(1-\frac{1}{2}\right)-\frac{1}{2}\left(1-\frac{1}{3}\right)\right]+\left[\left(\frac{1}{2}-\frac{1}{3}\right)-\frac{1}{2}\left(\frac{1}{2}-\frac{1}{4}\right)\right]+\cdots+$$

$$\left[\left(\frac{1}{n}-\frac{1}{n+1}\right)-\frac{1}{2}\left(\frac{1}{n}-\frac{1}{n+2}\right)\right]$$

$$=\left[\left(1-\frac{1}{2}\right)+\left(\frac{1}{2}-\frac{1}{3}\right)+\cdots+\left(\frac{1}{n}-\frac{1}{n+1}\right)\right]-$$

$$\frac{1}{2}\left[\left(1-\frac{1}{3}\right)+\left(\frac{1}{2}-\frac{1}{4}\right)+\left(\frac{1}{3}-\frac{1}{5}\right)+\cdots+\left(\frac{1}{n}-\frac{1}{n+2}\right)\right]$$

$$=\left(1-\frac{1}{n+1}\right)-\frac{1}{2}\left[1+\frac{1}{2}-\frac{1}{n+1}-\frac{1}{n+2}\right],$$

故 $\lim\limits_{n\to\infty}S_n=\dfrac{1}{4}$，所以 $\sum\limits_{n=1}^{\infty}\dfrac{1}{n(n+1)(n+2)}=\dfrac{1}{4}$。

4. 判断下列正项级数的敛散性:

(1) $\sum\limits_{n=1}^{\infty} \arctan \dfrac{1}{2n^2}$; (2) $\sum\limits_{n=1}^{\infty} \left(\dfrac{n}{3n+1}\right)^n$; (3) $\sum\limits_{n=1}^{\infty} \dfrac{n!}{100^n}$;

(4) $\sum\limits_{n=1}^{\infty} \sqrt{\dfrac{n+1}{2n}}$; (5) $\sum\limits_{n=1}^{\infty} \dfrac{n+(-1)^n}{2^n}$; (6) $\sum\limits_{n=1}^{\infty} \int_0^{\frac{1}{n}} \dfrac{\sqrt{x}}{1+x^4} dx$

解 (1) $\lim\limits_{n\to\infty} \dfrac{\arctan \frac{1}{2n^2}}{\frac{1}{2n^2}} = 1$,因为 $\sum\limits_{n=1}^{\infty} \dfrac{1}{2n^2}$ 收敛,所以 $\sum\limits_{n=1}^{\infty} \arctan \dfrac{1}{2n^2}$ 收敛。

(2) $\lim\limits_{n\to\infty} \sqrt[n]{u_n} = \lim\limits_{n\to\infty} \sqrt[n]{\left(\dfrac{n}{3n+1}\right)^n} = \dfrac{1}{3} < 1$,所以级数 $\sum\limits_{n=1}^{\infty} \left(\dfrac{n}{3n+1}\right)^n$ 收敛。

(3) 级数为正项级数,且 $\lim\limits_{n\to\infty} \dfrac{u_{n+1}}{u_n} = \lim\limits_{n\to\infty} \dfrac{\frac{(n+1)!}{100^{n+1}}}{\frac{n!}{100^n}} = +\infty$,故级数发散。

(4) $\lim\limits_{n\to\infty} u_n = \lim\limits_{n\to\infty} \sqrt{\dfrac{n+1}{2n}} = \dfrac{\sqrt{2}}{2} \neq 0$,所以级数 $\sum\limits_{n=1}^{\infty} \sqrt{\dfrac{n}{2n+1}}$ 发散。

(5) 对于 $\sum\limits_{n=1}^{\infty} \dfrac{n}{2^n}$,$\lim\limits_{n\to\infty} \dfrac{u_{n+1}}{u_n} = \lim\limits_{n\to\infty} \dfrac{\frac{(n+1)}{2^{n+1}}}{\frac{n}{2^n}} = \dfrac{1}{2}$,故 $\sum\limits_{n=1}^{\infty} \dfrac{n}{2^n}$ 收敛。而 $\sum\limits_{n=1}^{\infty} \dfrac{(-1)^n}{2^n}$ 收敛,所以 $\sum\limits_{n=1}^{\infty} \dfrac{n+(-1)^n}{2^n}$ 收敛。

(6) 因为 $\dfrac{\sqrt{x}}{1+x^4} < 1$,所以

$$\int_0^{\frac{1}{n}} \dfrac{\sqrt{x}}{1+x^4} dx = \dfrac{\sqrt{\xi}}{1+\xi^4} \cdot \dfrac{1}{n} < \dfrac{\sqrt{\frac{1}{n}}}{1} \cdot \dfrac{1}{n} = \dfrac{1}{n^{\frac{3}{2}}}。$$

而 $\sum\limits_{n=1}^{\infty} \dfrac{1}{n^{\frac{3}{2}}}$ 收敛,所以 $\sum\limits_{n=1}^{\infty} \int_0^{\frac{1}{n}} \dfrac{\sqrt{x}}{1+x^4} dx$ 收敛。

5. 讨论下列级数的绝对收敛性与条件收敛性:

(1) $\sum\limits_{n=1}^{\infty} (-1)^n \dfrac{\cos \frac{e}{n+1}}{e^{n+1}}$; (2) $\dfrac{1}{2} - \dfrac{2}{2^2+1} + \dfrac{3}{3^2+1} - \dfrac{4}{4^2+1} + \cdots$;

(3) $\sum\limits_{n=1}^{\infty} (-1)^n n \sin \dfrac{1}{n^3}$; (4) $\sum\limits_{n=1}^{\infty} (-1)^{n-1} \dfrac{n+1}{n^2+n+1}$。

解 (1) $\dfrac{1}{e^{n+1}} < \dfrac{1}{n^2}$,$|(-1)^n \dfrac{\cos \frac{e}{n+1}}{e^{n+1}}| < \dfrac{1}{n^2}$。而 $\sum\limits_{n=1}^{\infty} \dfrac{1}{n^2}$ 收敛 所以 $\sum\limits_{n=1}^{\infty} (-1)^n \dfrac{\cos \frac{e}{n+1}}{e^{n+1}}$ 绝对收敛。

(2) 级数为 $\sum\limits_{n=1}^{\infty} (-1)^{n+1} \dfrac{n}{n^2+1}$,满足莱布尼茨定理的条件,故收敛。而 $\sum\limits_{n=1}^{\infty} \dfrac{n}{n^2+1}$ 发散,所以 $\sum\limits_{n=1}^{\infty} (-1)^{n+1} \dfrac{n}{n^2+1}$ 条件收敛。

(3) $\lim\limits_{n\to\infty} \dfrac{n \sin \frac{1}{n^3}}{\frac{1}{n^2}} = 1$,而 $\sum\limits_{n=1}^{\infty} \dfrac{1}{n^2}$ 收敛 所以 $\sum\limits_{n=1}^{\infty} n \sin \dfrac{1}{n^3}$ 收敛,$\sum\limits_{n=1}^{\infty} (-1)^n n \sin \dfrac{1}{n^3}$ 绝对收敛。

（4）$\sum\limits_{n=1}^{\infty}(-1)^{n+1}\dfrac{n+1}{n^2+n+1}$ 为交错级数，满足莱布尼茨定理的条件，所以 $\sum\limits_{n=1}^{\infty}(-1)^{n+1}\dfrac{n+1}{n^2+n+1}$ 收敛。而 $\sum\limits_{n=1}^{\infty}\dfrac{n+1}{n^2++n+1}$ 发散，所以 $\sum\limits_{n=1}^{\infty}(-1)^{n+1}\dfrac{n+1}{n^2++n+1}$ 条件收敛。

6. 求下列幂级数的收敛半径和收敛域：

（1）$\sum\limits_{n=1}^{\infty}\dfrac{3^n}{\sqrt{n}}x^n$；

（2）$\sum\limits_{n=1}^{\infty}\dfrac{x^n}{2^n\cdot n^2}$；

（3）$\sum\limits_{n=1}^{\infty}\dfrac{1}{2^n n}(x-1)^n$；

（4）$\sum\limits_{n=1}^{\infty}\dfrac{1}{2^{n-1}}x^{2n+1}$。

解　（1）此级数为标准幂级数，不缺项。

$a_n=\dfrac{3^n}{\sqrt{n}}$，$\lim\limits_{n\to\infty}\dfrac{a_{n+1}}{a_n}=\lim\limits_{n\to\infty}\dfrac{\frac{3^{n+1}}{\sqrt{n+1}}}{\frac{3^n}{\sqrt{n}}}=3$，所以收敛半径 $R=\dfrac{1}{3}$。

当 $x=-R=-\dfrac{1}{3}$ 时，级数 $\sum\limits_{n=1}^{\infty}\dfrac{3^n}{\sqrt{n}}x^n=\sum\limits_{n=1}^{\infty}\dfrac{3^n}{\sqrt{n}}\left(-\dfrac{1}{3}\right)^n=\sum\limits_{n=1}^{\infty}(-1)^n\dfrac{1}{\sqrt{n}}$ 收敛。

当 $x=R=\dfrac{1}{3}$ 时，级数 $\sum\limits_{n=1}^{\infty}\dfrac{3^n}{\sqrt{n}}x^n=\sum\limits_{n=1}^{\infty}\dfrac{3^n}{\sqrt{n}}\left(\dfrac{1}{3}\right)^n=\sum\limits_{n=1}^{\infty}\dfrac{1}{\sqrt{n}}$ 发散。

级数 $\sum\limits_{n=1}^{\infty}\dfrac{3^n}{\sqrt{n}}x^n$ 的收敛域为 $\left[-\dfrac{1}{3},\dfrac{1}{3}\right)$。

（2）此级数为标准幂级数，不缺项。

$a_n=\dfrac{1}{2^n\cdot n^2}$，$\lim\limits_{n\to\infty}\dfrac{a_{n+1}}{a_n}=\lim\limits_{n\to\infty}\dfrac{\frac{1}{2^{n+1}\cdot(n+1)^2}}{\frac{1}{2^n\cdot n^2}}=\dfrac{1}{2}$，所以收敛半径 $R=2$。

当 $x=-R=-2$ 时，级数 $\sum\limits_{n=1}^{\infty}\dfrac{1}{2^n\cdot n^2}x^n=\sum\limits_{n=1}^{\infty}\dfrac{1}{2^n\cdot n^2}(-2)^n=\sum\limits_{n=1}^{\infty}(-1)^n\dfrac{1}{n^2}$ 收敛。

当 $x=R=2$ 时，级数 $\sum\limits_{n=1}^{\infty}\dfrac{1}{2^n\cdot n^2}x^n=\sum\limits_{n=1}^{\infty}\dfrac{1}{2^n\cdot n^2}(2)^n=\sum\limits_{n=1}^{\infty}\dfrac{1}{n^2}$ 收敛。

级数 $\sum\limits_{n=1}^{\infty}\dfrac{1}{2^n\cdot n^2}x^n$ 的收敛域为 $[-2,2]$。

（3）此级数不是标准的幂级数。

方法一　令 $t=x-1$，则级数 $\sum\limits_{n=1}^{\infty}\dfrac{1}{2^n\cdot n}(x-1)^n=\sum\limits_{n=1}^{\infty}\dfrac{1}{2^n\cdot n}t^n$，$a_n=\dfrac{1}{2^n\cdot n}$，$\lim\limits_{n\to\infty}\dfrac{a_{n+1}}{a_n}=$

$\lim\limits_{n\to\infty}\dfrac{\frac{1}{2^{n+1}\cdot(n+1)}}{\frac{1}{2^n\cdot n}}=\dfrac{1}{2}$，所以收敛半径 $R=2$。

当 $t=-R=-2$ 时，级数 $\sum\limits_{n=1}^{\infty}\dfrac{1}{2^n\cdot n}t^n=\sum\limits_{n=1}^{\infty}\dfrac{1}{2^n\cdot n}(-2)^n=\sum\limits_{n=1}^{\infty}(-1)^n\dfrac{1}{n}$ 收敛。

当 $t=R=2$ 时，级数 $\sum\limits_{n=1}^{\infty}\dfrac{1}{2^n\cdot n}(x-1)^n=\sum\limits_{n=1}^{\infty}\dfrac{1}{2^n\cdot n}(2)^n=\sum\limits_{n=1}^{\infty}\dfrac{1}{n}$ 发散。

$-2\leqslant t=x-1<2$，即 $-1\leqslant x<3$ 时，$\sum\limits_{n=1}^{\infty}\dfrac{1}{2^n\cdot n}t^n=\sum\limits_{n=1}^{\infty}\dfrac{1}{2^n\cdot n}(x-1)^n$ 收敛，所以级数 $\sum\limits_{n=1}^{\infty}\dfrac{1}{2^n\cdot n}(x-1)^n$ 的收敛域为 $[-1,3)$。

方法二 $\lim\limits_{n\to\infty}\dfrac{|u_{n+1}(x)|}{|u_n(x)|}=\lim\limits_{n\to\infty}\left|\dfrac{\dfrac{(x-1)^{n+1}}{2^{n+1}\cdot(n+1)}}{\dfrac{x^n}{2^n\cdot n}}\right|=\dfrac{1}{2}|x-1|$。

当 $\dfrac{1}{2}|x-1|<1$，即 $-1<x<3$ 时级数收敛；当 $\dfrac{1}{2}|x-1|>1$，即 $x<-1$ 或 $x>3$ 时级数发散。

当 $x-1=-2$，即 $x=-1$ 时，级数 $\sum\limits_{n=1}^{\infty}\dfrac{1}{2^n\cdot n}(x-1)^n=\sum\limits_{n=1}^{\infty}\dfrac{1}{2^n\cdot n}(-2)^n=\sum\limits_{n=1}^{\infty}(-1)^n\dfrac{1}{n}$ 收敛。

当 $x-1=2$，即 $x=3$ 时，级数 $\sum\limits_{n=1}^{\infty}\dfrac{1}{2^n\cdot n}(x-1)^n=\sum\limits_{n=1}^{\infty}\dfrac{1}{2^n\cdot n}(2)^n=\sum\limits_{n=1}^{\infty}\dfrac{1}{n}$ 发散。

级数 $\sum\limits_{n=1}^{\infty}\dfrac{1}{2^n\cdot n}(x-1)^n$ 的收敛域为 $[-1,3)$。

(4) $\lim\limits_{n\to\infty}\dfrac{|u_{n+1}(x)|}{|u_n(x)|}=\lim\limits_{n\to\infty}\left|\dfrac{\dfrac{x^{2n+3}}{2^{n-1}}}{\dfrac{x^{2n+1}}{2^n}}\right|=\dfrac{1}{2}|x|^2$。

当 $\dfrac{1}{2}|x|^2<1$，即 $|x|<\sqrt{2}$ 时，也即 $-\sqrt{2}<x<\sqrt{2}$ 时级数收敛。当 $\dfrac{1}{2}|x|^2>1$，即 $x<-\sqrt{2}$ 或 $x>\sqrt{2}$ 时级数发散。

当 $x=-\sqrt{2}$ 时，级数 $\sum\limits_{n=1}^{\infty}\dfrac{1}{2^{n-1}}x^{2n+1}=\sum\limits_{n=1}^{\infty}\dfrac{1}{2^{n-1}}(-\sqrt{2})^{2n+1}=\sum\limits_{n=1}^{\infty}(-2\sqrt{2})$ 发散。

当 $x=\sqrt{2}$ 时，级数 $\sum\limits_{n=1}^{\infty}\dfrac{1}{2^{n-1}}x^{2n+1}=\sum\limits_{n=1}^{\infty}\dfrac{1}{2^{n-1}}(\sqrt{2})^{2n+1}=\sum\limits_{n=1}^{\infty}(2\sqrt{2})$ 发散。

级数 $\sum\limits_{n=1}^{\infty}\dfrac{1}{2^{n-1}}x^{2n+1}$ 的收敛域为 $(-\sqrt{2},\sqrt{2})$。

7. 求下列级数的和函数：

(1) $\sum\limits_{n=1}^{\infty}(-1)^n\dfrac{x^n}{n}$; 　　　　　　　　(2) $\sum\limits_{n=1}^{\infty}2nx^{2n-1}$。

解 (1) **第一步** 求收敛域为 $(-1,1]$

第二步 求和函数 设和函数为 $S(x)=\sum\limits_{n=1}^{\infty}(-1)^n\dfrac{1}{n}x^n,x\in(-1,1]$。由 $\dfrac{x^n}{n}=\int_0^x t^{n-1}\mathrm{d}t$ 得

$$S(x)=\sum\limits_{n=1}^{\infty}(-1)^n\dfrac{1}{n}x^n=\sum\limits_{n=1}^{\infty}(-1)^n\int_0^x t^{n-1}\mathrm{d}t=-\int_0^x\left(\sum\limits_{n=1}^{\infty}(-t)^{n-1}\right)\mathrm{d}t$$

$$=-\int_0^x\dfrac{1}{1+t}\mathrm{d}t=-\ln(1+x),\quad x\in(-1,1]。$$

(2) **第一步** 求收敛域 为 $(-1,1)$。

第二步 设和函数 $S(x)=\sum\limits_{n=1}^{\infty}2nx^{2n-1},x\in(-1,1)$。

由于 $2nx^{2n-1}=(x^{2n})'$，则

$$S(x)=\sum\limits_{n=1}^{\infty}2nx^{2n-1}=\sum\limits_{n=1}^{\infty}(x^{2n})'=\left(\sum\limits_{n=1}^{\infty}x^{2n}\right)'=\left(\dfrac{x^2}{1-x^2}\right)'=\dfrac{2x}{(1-x^2)^2},\quad x\in(-1,1)。$$

8. 将下列函数展开成 x 的幂级数：

(1) $\sin\dfrac{x}{3}$; 　　　　(2) $x^2\mathrm{e}^{-x}$; 　　　　(3) $\dfrac{1}{x^2-3x+2}$。

解 (1) $\sin x=x-\dfrac{1}{3!}x^3+\dfrac{1}{5!}x^5+\cdots+(-1)^{n-1}\dfrac{1}{(2n-1)!}x^{2n-1}+\cdots$，

即 $\sin x = \sum\limits_{n=1}^{\infty} (-1)^{n-1} \dfrac{1}{(2n-1)!} x^{2n-1}, x \in (-\infty, +\infty)$，故

$$\sin \dfrac{x}{3} = \sum_{n=1}^{\infty} (-1)^{n-1} \dfrac{1}{(2n-1)!} \left(\dfrac{x}{3}\right)^{2n-1}$$

$$= \sum_{n=1}^{\infty} (-1)^{n-1} \dfrac{1}{(2n-1)! \cdot 3^{2n-1}} x^{2n-1}, \quad x \in (-\infty, +\infty)。$$

(2) $\mathrm{e}^x = 1 + x + \dfrac{1}{2!} x^2 + \dfrac{1}{3!} x^3 + \cdots + \dfrac{1}{n!} x^n + \cdots$，

即 $\mathrm{e}^x = \sum\limits_{n=0}^{\infty} \dfrac{1}{n!} x^n, x \in (-\infty, +\infty)$。于是

$$x^2 \mathrm{e}^{-x} = x^2 \sum_{n=0}^{\infty} \dfrac{1}{n!} (-x)^n = \sum_{n=0}^{\infty} \dfrac{(-1)^n}{n!} x^{n+2}, \quad x \in (-\infty, +\infty)。$$

9. 将下列函数在指定点处展开成幂级数，并求其收敛域：

(1) $\dfrac{1}{2-x}$，在 $x_0 = 1$ 处；　　　(2) $\dfrac{1}{x^2 + 5x + 6}$，在 $x_0 = 2$ 处。

解　(1) $\dfrac{1}{2-x} = \dfrac{1}{1-(x-1)} = \sum\limits_{n=0}^{\infty} (x-1)^n, \quad |x-1| < 1$。

(2) $\dfrac{1}{x^2 + 5x + 6} = \dfrac{1}{(x+2)(x+3)} = \dfrac{1}{2+x} - \dfrac{1}{3+x}$

$$= \dfrac{1}{4+(x-2)} - \dfrac{1}{5+(x-2)}$$

$$= \dfrac{1}{4} \dfrac{1}{1 + \dfrac{x-2}{4}} - \dfrac{1}{5} \dfrac{1}{1 + \dfrac{x-2}{5}}$$

$$= \dfrac{1}{4} \sum_{n=0}^{\infty} \left(-\dfrac{x-2}{4}\right)^n - \dfrac{1}{5} \sum_{n=1}^{\infty} \left(-\dfrac{x-2}{5}\right)^n$$

$$= \sum_{n=0}^{\infty} (-1)^n \left(\dfrac{1}{4^{n+1}} - \dfrac{1}{5^{n+1}}\right) (x-2)^n, \quad |x-2| < 4。$$

10. 设正项级数 $\sum\limits_{n=1}^{\infty} u_n$ 和正项级数 $\sum\limits_{n=1}^{\infty} v_n$ 都收敛，证明级数 $\sum\limits_{n=1}^{\infty} (u_n + v_n)^2$ 收敛。

证明　因为正项级数 $\sum\limits_{n=1}^{\infty} u_n$ 收敛，所以 $\lim\limits_{n\to\infty} u_n = 0$。由于 $\lim\limits_{n\to\infty} \dfrac{u_n^2}{u_n} = \lim\limits_{n\to\infty} u_n = 0$，依比较判别法的极限形

式知 $\sum\limits_{n=1}^{\infty} u_n^2$ 收敛。同理可证正项级数 $\sum\limits_{n=0}^{\infty} v_n^2$ 也收敛。因而 $\sum\limits_{n=1}^{\infty} 2(u_n^2 + v_n^2)$ 收敛。又因为 $(u_n + v_n)^2 = u_n^2 +$

$v_n^2 + 2u_n v_n \leqslant 2u_n^2 + 2v_n^2$，所以由比较判别法知级数 $\sum\limits_{n=1}^{\infty} (u_n + v_n)^2$ 收敛。

自测题 3 答案

1. **答**　(1) $\dfrac{1}{2n-1}$；(2) 收敛 $\dfrac{a}{1-r}$，发散；(3) $\sqrt{3}$；

(4) 4；(5) $\sum\limits_{n=0}^{\infty} (-1)^n 2^n x^n, x \in \left(-\dfrac{1}{2}, \dfrac{1}{2}\right)$。

2. **答** (1) B；(2) C；(3) C；(4) D；(5) B；(6)；B。

3. **解**　(1) $\lim\limits_{n\to\infty} \dfrac{\dfrac{1}{2n(2n+2)}}{\dfrac{1}{n^2}} = \dfrac{1}{4}$，而 $\sum\limits_{n=1}^{\infty} \dfrac{1}{n^2}$ 收敛，所以 $\sum\limits_{n=1}^{\infty} \dfrac{1}{2n(2n+2)}$ 收敛。

（2）因 $\sum\limits_{n=1}^{\infty}\dfrac{1}{3^n}$，$\sum\limits_{n=1}^{\infty}\dfrac{1}{5^n}$ 收敛，所以 $\sum\limits_{n=1}^{\infty}\left(\dfrac{1}{3^n}+\dfrac{1}{5^n}\right)=\sum\limits_{n=1}^{\infty}\dfrac{1}{3^n}+\sum\limits_{n=1}^{\infty}\dfrac{1}{5^n}$ 收敛。

（3）$\sum\limits_{n=1}^{\infty}\dfrac{n^4}{n!}$ 为正项级数，利用比值判别法有 $\lim\limits_{n\to\infty}\dfrac{\dfrac{(n+1)^4}{(n+1)!}}{\dfrac{n^4}{n!}}=0$，所以级数 $\sum\limits_{n=1}^{\infty}\dfrac{n^4}{n!}$ 收敛。

（4）$\sum\limits_{n=1}^{\infty}\left(\dfrac{n}{3n+1}\right)^n$ 为正项级数，利用根值判别法有 $\lim\limits_{n\to\infty}\sqrt[n]{u_n}=\lim\limits_{n\to\infty}\sqrt[n]{\left(\dfrac{n}{3n+1}\right)^n}=\dfrac{1}{3}<1$，所以级数 $\sum\limits_{n=1}^{\infty}\left(\dfrac{n}{3n+1}\right)^n$ 收敛。

4. 解 （1）$\sum\limits_{n=1}^{\infty}(-1)^n\dfrac{1}{\ln(n+1)}$ 为交错级数。

$$\dfrac{1}{\ln(n+2)}<\dfrac{1}{\ln(n+1)},\quad \text{且}\quad \lim\limits_{n\to\infty}\dfrac{1}{\ln(n+1)}=0,$$

故 $\sum\limits_{n=1}^{\infty}(-1)^n\dfrac{1}{\ln(n+1)}$ 收敛。

$\ln(1+n)<n\Rightarrow\dfrac{1}{\ln(n+1)}>\dfrac{1}{n}$，而 $\sum\limits_{n=1}^{\infty}\dfrac{1}{n}$ 发散，所以级数 $\sum\limits_{n=1}^{\infty}\dfrac{1}{\ln(n+1)}$ 发散，故 $\sum\limits_{n=1}^{\infty}(-1)^n\dfrac{1}{\ln(n+1)}$ 条件收敛。

（2）考虑正项级数 $\sum\limits_{n=1}^{\infty}\dfrac{(n+1)!}{n^{n+1}}$。

$$\lim\limits_{n\to\infty}\dfrac{\dfrac{(n+2)!}{(n+1)^{n+2}}}{\dfrac{(n+1)!}{n^{n+1}}}=\lim\limits_{n\to\infty}\dfrac{n+2}{n+1}\left(\dfrac{n}{n+1}\right)^{n+1}=\mathrm{e}^{\lim\limits_{n\to\infty}(n+1)\left(\frac{1}{n+1}-1\right)}=\dfrac{1}{\mathrm{e}}<1,$$

故 $\sum\limits_{n=1}^{\infty}\dfrac{(n+1)!}{n^{n+1}}$ 收敛，即 $\sum\limits_{n=1}^{\infty}(-1)^{n-1}\dfrac{(n+1)!}{n^{n+1}}$ 绝对收敛。

5. 解 （1）$\lim\limits_{n\to\infty}\dfrac{a_{n+1}}{a_n}=\lim\limits_{n\to\infty}\dfrac{\dfrac{2^{n+1}}{(n+1)^2+1}}{\dfrac{2^n}{n^2+1}}=2$，所以收敛半径 $R=\dfrac{1}{2}$。

当 $x=-R=-\dfrac{1}{2}$ 时，级数 $\sum\limits_{n=1}^{\infty}\dfrac{2^n}{n^2+1}x^n=\sum\limits_{n=1}^{\infty}\dfrac{1}{n^2+1}(-1)^n$ 收敛。

当 $x=R=\dfrac{1}{2}$ 时，级数 $\sum\limits_{n=1}^{\infty}\dfrac{2^n}{n^2+1}x^n=\sum\limits_{n=1}^{\infty}\dfrac{1}{n^2+1}$ 收敛。

故级数 $\sum\limits_{n=1}^{\infty}\dfrac{2^n}{n^2+1}x^n$ 的收敛域为 $\left[-\dfrac{1}{2},\dfrac{1}{2}\right]$。

（2）$\lim\limits_{n\to\infty}\dfrac{|u_{n+1}(x)|}{|u_n(x)|}=\lim\limits_{n\to\infty}\left|\dfrac{(-1)^{n+1}\dfrac{x^{2(n+1)+2}}{2(n+1)+1}}{(-1)^n\dfrac{x^{2n+2}}{2n+1}}\right|=|x|^2$。

当 $|x|^2<1$，即 $|x|<1$ 时，也即 $-1<x<1$ 时级数收敛；当 $|x|^2>1$，即 $x<-1$ 或 $x>1$ 时级数发散。

当 $x=-1$ 时，级数 $\sum\limits_{n=1}^{\infty}\dfrac{1}{2n+1}x^{2n+1}=\sum\limits_{n=1}^{\infty}\dfrac{1}{2n+1}(-1)^{2n+1}=-\sum\limits_{n=1}^{\infty}\dfrac{1}{2n+1}$ 发散。

当 $x=1$ 时，级数 $\sum\limits_{n=1}^{\infty}\dfrac{1}{2n+1}x^{2n+1}=\sum\limits_{n=1}^{\infty}\dfrac{1}{2n+1}(1)^{2n+1}=\sum\limits_{n=1}^{\infty}\dfrac{1}{2n+1}$ 发散。

故级数 $\sum\limits_{n=1}^{\infty} \dfrac{1}{2n+1} x^{2n+1}$ 的收敛域为 $(-1,1)$。

6. 解　第一步　求收敛域

$$\lim_{n \to \infty} \frac{|u_{n+1}(x)|}{|u_n(x)|} = \lim_{n \to \infty} \left| \frac{(n+1) x^{2(n+1)}}{n x^{2n}} \right| = |x|^2。$$

当 $|x|^2 < 1$，即 $|x| < 1$ 时，也即 $-1 < x < 1$ 时级数收敛；当 $|x|^2 > 1$，即 $x < -1$ 或 $x > 1$ 时级数发散。

当 $x = -1$ 时，级数 $\sum\limits_{n=1}^{\infty} n x^{2n} = \sum\limits_{n=1}^{\infty} n$ 发散；当 $x = 1$ 时，级数 $\sum\limits_{n=1}^{\infty} n x^{2n} = \sum\limits_{n=1}^{\infty} n$ 发散。

故级数 $\sum\limits_{n=1}^{\infty} n x^{2n}$ 的收敛域为 $(-1,1)$。

第二步　求和函数，设 $S(x) = \sum\limits_{n=1}^{\infty} n x^{2n}$，$x \in (-1,1)$，则

$$S(x) = \sum_{n=1}^{\infty} n x^{2n} = \frac{x}{2} \sum_{n=1}^{\infty} 2n x^{2n-1} = \frac{x}{2} \sum_{n=1}^{\infty} (x^{2n})'$$

$$= \frac{x}{2} \left(\sum_{n=1}^{\infty} x^{2n} \right)' = \frac{x}{2} \left(\frac{x^2}{1-x^2} \right)' = \frac{x^2}{(1-x^2)^2}, \quad x \in (-1,1)。$$

7. 解

$$\frac{1}{x^2 + 3x + 2} = \frac{1}{(2+x)(1+x)} = \frac{1}{1+x} - \frac{1}{2+x}$$

$$= \frac{1}{2 + (x-1)} - \frac{1}{3 + (x-1)}$$

$$= \frac{1}{2} \frac{1}{1 + \dfrac{x-1}{2}} - \frac{1}{3} \frac{1}{1 + \dfrac{x-1}{3}}$$

$$= \frac{1}{2} \sum_{n=0}^{\infty} \left(-\frac{x-1}{2} \right)^n - \frac{1}{3} \sum_{n=0}^{\infty} \left(-\frac{x-1}{3} \right)^n \quad \left(\left| \frac{x-1}{2} \right| < 1 \right)$$

$$= \sum_{n=0}^{\infty} (-1)^n \left(\frac{1}{2^{n+1}} - \frac{1}{3^{n+1}} \right) (x-1)^n, \quad |x-1| < 2,$$

即收敛域为 $(-1,3)$。

微分方程

4.1 大纲要求及重点内容

1. 大纲要求

(1) 理解微分方程的阶、解、通解、初始条件和特解等概念;

(2) 会求解可分离变量方程、齐次微分方程;

(3) 会求解一阶线性齐次、非齐次微分方程;

(4) 会求解可降阶的二阶微分方程;

(5) 掌握二阶常系数齐次线性方程的解法;

(6) 会用待定系数法求解两种二阶常系数非齐次线性方程;

(7) 会用微分方程解决一些简单的几何和物理应用问题。

2. 重点内容

(1) 一阶线性微分方程求解;(2) 可降阶的高阶微分方程;(3) 二阶常系数线性方程解的结构和通解的形式以及求解。

注 微分方程的应用问题,这是一个难点,也是重点。利用微分方程解决实际问题关键是根据实际问题建立微分方程,然后再求解微分方程。

4.2 内容精要

1. 一阶微分方程

方 程 类 型	通解(或求通解方法)
(1) 可分离变量微分方程 $f_1(x)g_1(y)\mathrm{d}x + f_2(x)g_2(y)\mathrm{d}y = 0$	变成 $\dfrac{g_2(y)}{g_1(y)}\mathrm{d}y = -\dfrac{f_1(x)}{f_2(x)}\mathrm{d}x$ 再两边同时积分

续表

方 程 类 型	通解（或求通解方法）
（2）齐次方程 $y' = f\left(\dfrac{y}{x}\right)$	令 $u = \dfrac{y}{x}$，则 $y = ux, y' = u + x\dfrac{\mathrm{d}u}{\mathrm{d}x}$， 于是，原方程化为 $u + x\dfrac{\mathrm{d}u}{\mathrm{d}x} = f(u)$ $\Rightarrow \dfrac{\mathrm{d}u}{f(u) - u} = \dfrac{\mathrm{d}x}{x}$，再积分
（3）一阶线性方程 $y' + p(x)y = q(x)$	① 用常数变易法求 先求对应齐次方程 $y' + p(x)y = 0$ 的通解 $y = \mathrm{e}^{-\int p(x)\mathrm{d}x}$， 再令原方程的通解为 $y = C(x)\mathrm{e}^{-\int p(x)\mathrm{d}x}$ 将其代入原方程求出 $C(x)$。 ② 用公式法：通解为 $y = \mathrm{e}^{-\int p(x)\mathrm{d}x}\left[\int q(x)\mathrm{e}^{\int p(x)\mathrm{d}x}\mathrm{d}x + C\right]$
（4）伯努利方程 $y' + p(x)y = q(x)y^n$ 其中 $n \neq 0,1$。	令 $z = y^{1-n}$，则方程化为 $\dfrac{1}{1-n}\dfrac{\mathrm{d}z}{\mathrm{d}x} + p(x)z = q(x)$ $\dfrac{\mathrm{d}z}{\mathrm{d}x} + (1-n)p(x)z = (1-n)q(x)$ 属于类型（3）

2. 可降阶的高阶微分方程

方 程 类 型	解法及其表达式
$y^{(n)} = f(x)$	通解为 $y = \underbrace{\int \cdots \int f(x)(\mathrm{d}x)^n}_{n\text{次}}$
不含 y 的二阶方程 $y'' = f(x, y')$	令 $y' = p$，则 $y'' = p'$，原方程化为 $p' = f(x, p)$ 解出 $p = \varphi(x, C_1)$， 再积分 $y = \int \mathrm{d}y = \int \varphi(x, C_1)\mathrm{d}x + C_2$
不含 x 的二阶方程 $y'' = f(y, y')$	令 $y' = p$，则 $y'' = \dfrac{\mathrm{d}p}{\mathrm{d}x} = \dfrac{\mathrm{d}p}{\mathrm{d}y}\dfrac{\mathrm{d}y}{\mathrm{d}x} = p\dfrac{\mathrm{d}p}{\mathrm{d}y}$， 把 y', y'' 代入原方程得 $p\dfrac{\mathrm{d}p}{\mathrm{d}y} = f(y, p)$。 设其解为 $p = \psi(y, C_1)$，即 $\dfrac{\mathrm{d}y}{\mathrm{d}x} = \psi(y, C_1)$， 则原方程的通解为 $\int \dfrac{\mathrm{d}y}{\psi(y, C_1)} = x + C_2$

3. 二阶线性微分方程解的结构

二阶线性微分方程的一般形式为 $y'' + p(x)y' + q(x)y = f(x)$。

当 $f(x)\neq 0$ 时,称

$$y'' + p(x)y' + q(x)y = f(x) \qquad (*)$$

为二阶线性非齐次微分方程。

当 $f(x)=0$ 时,称

$$y'' + p(x)y' + q(x)y = 0 \qquad (**)$$

为对应 $(*)$ 的二阶线性齐次微分方程。

定义 如果存在一个常数 k 使得函数 y_1,y_2 满足 $y_2=ky_1$,则称 y_1,y_2 线性相关,否则称 y_1,y_2 线性无关。

定理 1 设 $y_1(x),y_2(x)$ 是方程 $(**)$ 的两个线性无关的解,则 $Y(x)=C_1y_1(x)+C_2y_2(x)$ 是方程 $(**)$ 的通解。

定理 2 设 $y^*(x)$ 是方程 $(*)$ 的解,$y_1(x),y_2(x)$ 是方程 $(**)$ 两个线性无关的解,则 $y(x)=y^*(x)+C_1y_1(x)+C_2y_2(x)$ 是方程 $(*)$ 的通解。

定理 3 设 $y_1(x),y_2(x)$ 是方程 $(*)$ 的两个相异的特解,则 $y(x)=y_1(x)-y_2(x)$ 是齐次方程 $(**)$ 的解。

定理 4 设 $y_1(x),y_2(x)$ 分别是方程

$$y'' + p(x)y' + q(x)y = f_1(x), \quad y'' + p(x)y' + q(x)y = f_2(x)$$

的两个特解,则 $y=y_1(x)+y_2(x)$ 是方程 $y'' + p(x)y' + q(x)y = f_1(x)+f_2(x)$ 的解。

4. 二阶常系数线性微分方程

(1) 二阶常系数线性齐次方程与非齐次方程通解的形式及解法

方 程 类 型	通解(特解)的形式及其求法
二阶常系数线性齐次方程 $y''+py'+qy=0$,其中 p,q 均为常数	特征方程 $r^2+pr+q=0$。 ① 当 $r_1\neq r_2$ 时通解为 $y(x)=C_1e^{r_1x}+C_2e^{r_2x}$; ② 当 $r_1=r_2$ 时通解为 $y(x)=(C_1+C_2x)e^{r_1x}$; ③ $r_{1,2}=\alpha\pm i\beta$(复根时) 通解为 $y(x)=e^{ax}(C_1\cos\beta x+C_2\sin\beta x)$
二阶常系数线性非齐次方程 $y''+py'+qy=f(x)$,其中 p,q 均为常数	通解的求法程序:① 求出对应齐次方程的通解 $Y(x)$; ② 求出非齐次方程的特解 $y^*(x)$; ③ 方程非齐次方程的通解 $y=Y(x)+y^*(x)$。 非齐次方程特解 $y^*(x)$ 的求法:待定系数法

(2) 二阶常系数线性非齐次方程的非齐次项 $f(x)$ 与特解的关系

$y''+py'+qy=f(x)$	特解 $y^*(x)$ 的形式
$f(x)=P_n(x)e^{ax}$ 其中 $P_n(x)$ 是 x 的 n 次多项式	$y^*(x)=x^kR_n(x)e^{ax}$,其中 $k=0,1,2$ 分别是 α 不是特征方程的特征根、是单根、是重根($R_n(x)$ 是 x 的 n 次多项式)
$f(x)=e^{ax}\sin\beta x$ 或 $e^{ax}\cos\beta x$ 其中 α,β 均为常数	$y^*(x)=x^k(M\cos\beta x+N\sin\beta x)e^{ax}$,其中 $k=0,1$ 分别是 $\alpha\pm i\beta$ 不是特征方程的特征根、是特征根

4.3　题型总结与典型例题

题型 4-1　求已知曲线族(或函数族)所满足的微分方程

【解题思路】 将已知函数求导或微分,然后消去参数。此题型中应注意要求的微分方程其阶数应和曲线族中参数的个数一致,且不含参数 C。

例 4.1 求下列曲线族所应满足的微分方程:

(1) $x = \sin(y + C)$; (2) $y^2 = C_1 x + C_2$。

解 (1) $x = \sin(y + C)$, ①

两边对 x 求导,有 $1 = \cos(y + C)y'$,即

$$\frac{1}{y'} = \cos(y + C)。 ②$$

由①②两式得

$x^2 + \left(\dfrac{1}{y'}\right)^2 = 1$ 或,$x^2(y')^2 - (y')^2 + 1 = 0$,即为所求的微分方程。

(2) $y^2 = C_1 x + C_2$ 两边对 x 求一阶,二阶导数,有

$$2yy' = C_1, \quad 2yy'' + 2y'^2 = 0$$

于是 $yy'' + (y')^2 = 0$,即为所求的微分方程。

题型 4-2　可分离变量的微分方程

【解题思路】 求解一阶方程的关键是判别类型,如果所求解的方程为 $f_1(x)g_1(y)\mathrm{d}x + f_2(x)g_2(y)\mathrm{d}y = 0$ 的类型,则属于可分离变量的微分方程,然后分离变量变成 $\dfrac{g_2(y)}{g_1(y)}\mathrm{d}y = \dfrac{-f_1(x)}{f_2(x)}\mathrm{d}x$,再两边同时积分求解。

例 4.2 求解下列微分方程:

(1) 求 $(x^2 + 1)(y - 1)\mathrm{d}x + xy\mathrm{d}y = 0$ 的通解;

(2) 求方程 $y' + xy^2 - y^2 = 1 - x$ 的通解;

(3) 求方程 $(y + x^2 y)\mathrm{d}y + (x + xy^2)\mathrm{d}x = 0$ 在 $y|_{x=1} = 1$ 条件下的特解。

解 (1) 移项,分离变量,得 $\dfrac{y}{1-y}\mathrm{d}y = \dfrac{1+x^2}{x}\mathrm{d}x$,两端积分,得

$-\ln(1-y) - y = \dfrac{1}{2}x^2 + \ln x + \ln C$,即 $Cx(1-y) = \mathrm{e}^{-\frac{1}{2}x^2 - y}$ 为方程的通解。

(2) 原方程 $y' + xy^2 - y^2 = 1 - x$ 可改写为 $y' = (1 + y^2)(1 - x)$,即

$$\frac{\mathrm{d}y}{1 + y^2} = (1 - x)\mathrm{d}x。$$

两端积分得方程的通解为 $\arctan y = x - \dfrac{1}{2}x^2 + C$。

(3) 分离变量得:$\dfrac{y}{1+y^2}\mathrm{d}y = \dfrac{-x}{1+x^2}\mathrm{d}x$,两边积分得通解

$$\frac{1}{2}\ln(1 + y^2) = -\frac{1}{2}\ln(1 + x^2) + \frac{1}{2}\ln C, \quad 即 (1 + x^2)(1 + y^2) = C。$$

由 $y|_{x=1}=1$，得 $C=4$。则特解为 $(1+x^2)(1+y^2)=4$。

题型 4-3 齐次微分方程

【解题思路】 如果所求解的一阶微分方程形如 $y'=f\left(\dfrac{y}{x}\right)$，则称此微分方程为齐次方程。具体做法为令 $u=\dfrac{y}{x}$，则 $y=ux$，$y'=u+x\dfrac{\mathrm{d}u}{\mathrm{d}x}$，于是原方程化为 $u+x\dfrac{\mathrm{d}u}{\mathrm{d}x}=f(u)\Rightarrow$ $\dfrac{\mathrm{d}u}{f(u)-u}=\dfrac{\mathrm{d}x}{x}$。

再积分求微分方程的解。如果所求解的一阶微分方程形如 $\dfrac{\mathrm{d}x}{\mathrm{d}y}=f\left(\dfrac{x}{y}\right)$，也可按上面同样的道理，令 $u=\dfrac{x}{y}$，则 $x=uy$，$\dfrac{\mathrm{d}x}{\mathrm{d}y}=u+y\dfrac{\mathrm{d}u}{\mathrm{d}y}$，带入原方程求解。

例 4.3 求解下列微分方程：

(1) 求微分方程 $xy'-y=x\tan\dfrac{y}{x}$ 的通解；

(2) 求方程 $x^2y'+xy=y^2$ 满足初始条件 $y(1)=1$ 的特解；

(3) 求 $y\mathrm{d}x-(x+\sqrt{x^2+y^2})\mathrm{d}y=0$ 的通解，其中 $y>0$。

解 (1) 原方程变为 $y'=\dfrac{y}{x}+\tan\dfrac{y}{x}$。令 $u=\dfrac{y}{x}$，则 $y=ux$，$y'=u+xu'$，代入原方程得

$$u+xu'=u+\tan u，\quad 即 \quad \frac{\mathrm{d}u}{\mathrm{d}x}=\frac{\tan u}{x}。$$

分离变量得 $\dfrac{\mathrm{d}u}{\tan u}=\dfrac{\mathrm{d}x}{x}$，两边积分得 $\ln\sin u=\ln x+\ln C$，从而 $\sin u=Cx$，即 $\sin\dfrac{y}{x}=Cx$，所以原方程的通解 $\sin\dfrac{y}{x}=Cx$。

(2) 方程可化为 $\dfrac{\mathrm{d}y}{\mathrm{d}x}=\left(\dfrac{y}{x}\right)^2-\dfrac{y}{x}$，显然为齐次方程。设 $y=xu$，则 $\dfrac{\mathrm{d}y}{\mathrm{d}x}=x\dfrac{\mathrm{d}u}{\mathrm{d}x}+u$，代入原方程得到

$$x\frac{\mathrm{d}u}{\mathrm{d}x}+u=u^2-u，\quad 即 \quad \frac{\mathrm{d}u}{u^2-2u}=\frac{\mathrm{d}x}{x}。$$

两边积分得到 $\ln(u-2)-\ln(u)=2\ln x+\ln|C|$，即 $\dfrac{u-2}{u}=Cx^2$。将 $u=\dfrac{y}{x}$ 代入得到 $\dfrac{y-2x}{y}=Cx^2$。由初始条件 $y(1)=1$，得 $C=-1$，因而所求特解为 $\dfrac{y-2x}{y}=-x^2$，即 $y=\dfrac{2x}{1+x^2}$。

(3) 写成 $\dfrac{\mathrm{d}x}{\mathrm{d}y}=\dfrac{x+\sqrt{x^2+y^2}}{y}=\dfrac{x}{y}+\sqrt{\left(\dfrac{x}{y}\right)^2+1}$（因 $y>0$）。

令 $\dfrac{x}{y}=u$，则 $x=yu$，$\dfrac{\mathrm{d}x}{\mathrm{d}y}=u+y\dfrac{\mathrm{d}u}{\mathrm{d}y}$，原方程化为

$$y \frac{\mathrm{d}u}{\mathrm{d}y} = \sqrt{u^2+1}。$$

分离变量,积分,得

$$\ln(u+\sqrt{u^2+1}) = \ln y + \ln C,$$

去掉对数记号,得

$$u+\sqrt{u^2+1} = Cy,$$

化简得

$$y = \frac{1}{C}\sqrt{1+2Cx}, \quad C>0。$$

例 4.4　求方程 $\frac{\mathrm{d}y}{\mathrm{d}x} = \frac{y-x+1}{y+x+5}$ 的通解。

【解题思路】　作变换 $x=X+h, y=Y+k$ 将原方程化为齐次方程求解。

解　令 $x=X+h, y=Y+k$,代入原方程得

$$\frac{\mathrm{d}Y}{\mathrm{d}X} = \frac{Y-X-h+k+1}{Y+X+h+k+5}。$$

令 $\begin{cases} -h+k+1=0, \\ h+k+5=0, \end{cases}$ 得 $h=-2, k=-3$,这时原方程变为 $\frac{\mathrm{d}Y}{\mathrm{d}X} = \frac{Y-X}{Y+X}$。 令 $\frac{Y}{X}=u$,得

$$u+X\frac{\mathrm{d}u}{\mathrm{d}X} = \frac{u-1}{u+1}。$$

由此可得 $\arctan u + \frac{1}{2}\ln(1+u^2) = -\ln X + C$,则原方程通解为

$$\arctan\frac{y+3}{x+2} + \frac{1}{2}\ln\left[1+\left(\frac{y+3}{x+2}\right)^2\right] = -\ln(x+2)+C。$$

注　形如 $\frac{\mathrm{d}y}{\mathrm{d}x} = f\left(\frac{a_1 x+b_1 y+C_1}{a_2 x+b_2 y+C_2}\right)$ 都可用本题中的思想方法化为齐次方程求解。

题型 4-4　一阶线性微分方程

【解题思路】　如果所求解的一阶微分方程形如 $y'+p(x)y=q(x)$,则称此微分方程为一阶线性微分方程。求解一阶线性微分方程有两种方法:①用常数变易法求,先求对应齐次方程 $y'+p(x)y=0$ 的通解 $y=\mathrm{e}^{-\int p(x)\mathrm{d}x}$;再令原方程的通解为 $y=C(x)\mathrm{e}^{-\int p(x)\mathrm{d}x}$,将其代入原方程求出 $C(x)$,即可得通解。②用公式法:通解为 $y=\mathrm{e}^{-\int p(x)\mathrm{d}x}\left[\int q(x)\mathrm{e}^{\int p(x)\mathrm{d}x}\mathrm{d}x+C\right]$。

例 4.5　求解下列微分方程:

(1) 求微分方程 $xy'\ln x + y = x(\ln x+1)$ 的通解;

(2) 求微分方程 $y'+f'(x)y=f(x)f'(x)$ 的通解,其中 $f(x), f'(x)$ 是连续函数。

解　**(1) 方法一**　用常数变易法,化为标准型 $y' + \frac{1}{x\ln x}\cdot y = \frac{\ln x+1}{\ln x}$,相应的齐次方程为 $y'+\frac{1}{x\ln x}y=0$,分离变量 $\frac{\mathrm{d}y}{y} = -\frac{1}{x\ln x}\mathrm{d}x$,积分得齐次方程通解为 $y=\frac{C}{\ln x}$。

令原方程通解为 $y=\frac{C(x)}{\ln x}$,则 $\frac{C'(x)}{\ln x} = \frac{\ln x+1}{\ln x}$,即 $C'(x)=\ln x+1$,得

$$C(x) = \int (\ln x + 1) dx = x\ln x + C, 原方程通解\ y = \frac{x\ln x + C}{\ln x}。$$

方法二 公式法

$$y = e^{-\int p(x)dx}\left[\int q(x)e^{\int p(x)dx} dx + C\right]$$

$$= e^{-\int \frac{1}{x\ln x}dx}\left[\int \frac{\ln x + 1}{\ln x}e^{\int \frac{1}{x\ln x}dx} dx + C\right] = \frac{1}{\ln x}(x\ln x + C) = x + \frac{C}{\ln x}。$$

(2) 由公式得通解

$$y = e^{-\int p(x)dx}\left[\int q(x)e^{\int p(x)dx} dx + C\right] = e^{-\int f'(x)dx}\left[\int f(x)f'(x)e^{\int f'(x)dx} dx + C\right]$$

$$= e^{-f(x)}\left[\int f(x)f'(x)e^{f(x)} dx + C\right] = e^{-f(x)}\left[\int f(x)e^{f(x)} df(x) + C\right]$$

$$= e^{-f(x)}\{e^{f(x)}[f(x) - 1] + C\} = f(x) - 1 + Ce^{-f(x)}。$$

例 4.6 求解下列微分方程：

(1) 微分方程 $y dx - (x + y^3)dy = 0$ 的通解；

(2) 微分方程 $y\ln y dx + (x - \ln y)dy$ 满足初始条件 $y|_{x=1} = e$ 的特解。

【解题思路】 有一类一阶微分方程，用 y 是关于 x 的函数关系去看这个方程，它既不是变量可分离方程，又不是一阶线性微分方程。但是把 x 作为 y 的函数关系来看，则是一阶线性微分方程，可用求一阶线性微分方程通解的公式求解。

解 (1) 把原微分方程变形得 $\frac{dx}{dy} - \frac{1}{y}x = y^2$，这是一阶线性非齐次微分方程，其通解为

$$x = e^{\int \frac{1}{y}dy}\left[\int y^2 e^{\int -\frac{1}{y}dy} dy + C\right] = y\left(\frac{1}{2}y^2 + C\right) = \frac{1}{2}y^3 + Cy。$$

(2) 方程化为 $\frac{dx}{dy} + \frac{1}{y\ln y}x = \frac{1}{y}$，将 x 作为未知函数方程为一阶线性非齐次方程，其中 $p(y) = \frac{1}{y\ln y}, q(y) = \frac{1}{y}$，由公式法得

$$x = e^{-\int p(y)dy}\left[\int q(y)e^{\int p(y)dy} dy + C\right] = e^{-\int \frac{1}{y\ln y}dy}\left[\int \frac{1}{y}e^{\int \frac{1}{y\ln y}dy} dy + C\right] = \frac{1}{\ln y}\left[\frac{1}{2}\ln^2 y + C\right]。$$

方程的通解为 $x\ln y = \frac{1}{2}\ln^2 y + C$。

由 $y|_{x=1} = e$ 得 $C = \frac{1}{2}$，故特解为 $x\ln y = \frac{1}{2}\ln^2 y + \frac{1}{2}$。

例 4.7 设 $y = f_1(x), y = f_2(x)$ 分别为方程 $\frac{dy}{dx} + P(x)y = Q_1(x)$ 与 $\frac{dy}{dx} + P(x)y = Q_2(x)$ 的解。证明：$y = f_1(x) + f_2(x)$ 是方程 $\frac{dy}{dx} + P(x)y = Q_1(x) + Q_2(x)$ 的解。并用此结果解方程 $\frac{dy}{dx} + y = 2\sin x + 5\sin 2x$。

证明 因为 $y = f_1(x), y = f_2(x)$ 分别为方程 $\frac{dy}{dx} + P(x)y = Q_1(x)$ 与 $\frac{dy}{dx} + P(x)y =$

$Q_2(x)$ 的解，所以有 $\dfrac{\mathrm{d}f_1(x)}{\mathrm{d}x}+p(x)f_1(x)\equiv Q_1(x)$ 和 $\dfrac{\mathrm{d}f_2(x)}{\mathrm{d}x}+p(x)f_2(x)\equiv Q_2(x)$，故有

$$\frac{\mathrm{d}f_1(x)}{\mathrm{d}x}+\frac{\mathrm{d}f_2(x)}{\mathrm{d}x}+p(x)f_1(x)+p(x)f_2(x)\equiv Q_1(x)+Q_2(x)，或$$

$$\frac{\mathrm{d}}{\mathrm{d}x}[f_1(x)+f_2(x)]+p(x)[f_1(x)+f_2(x)]\equiv Q_1(x)+Q_2(x)，$$

因此 $f_1(x)+f_2(x)$ 是方程 $\dfrac{\mathrm{d}y}{\mathrm{d}x}+p(x)y=Q_1(x)+Q_2(x)$ 的解。

因为 $\dfrac{\mathrm{d}y}{\mathrm{d}x}+y=2\sin x$ 的通解为 $y=\mathrm{e}^{-x}[(\sin x-\cos x)\mathrm{e}^x+C_1]$，

$\dfrac{\mathrm{d}y}{\mathrm{d}x}+y=5\sin 2x$ 的通解为 $y=\mathrm{e}^{-x}[(\sin 2x-2\cos 2x)\mathrm{e}^x+C_2]$，

因此 $\dfrac{\mathrm{d}y}{\mathrm{d}x}+y=2\sin x+5\sin 2x$ 的通解为

$$y=\sin x-\cos x+\sin 2x-2\cos 2x+C\mathrm{e}^{-x}，\quad 其中\ C=C_1+C_2。$$

题型 4-5　用适当变换求解一阶微分方程

【解题思路】　如果所求解方程不直接属于我们学过的类型时，作适当的变量代换，目的是要将原方程化成我们学过的类型，然后求解。例如解方程中出现 $f(xy),f(x^2\pm y^2)$，$f(x\pm y),f(ax^2+bx+c),f\left(\dfrac{y^2}{x}\right)$ 等形式的项的一阶微分方程，常可试作相应的变量替换 $u=xy,u=x^2\pm y^2,u=x\pm y,u=ax^2+bx+c,u=\dfrac{y^2}{x}$ 等将其化为可分离的一阶微分方程求解。

例 4.8　求下列微分方程的通解：

(1) $xy'=y[\ln(xy)-1]$; 　　(2) $y'=\dfrac{2x-y+1}{2x-y-1}$; 　　(3) $y'=\dfrac{y}{x}+\dfrac{1}{2y}\tan\dfrac{y^2}{x}$。

解　(1) 设 $u=xy$，则 $u'=y+xy'$，而 $xy'+y=y\ln(xy)$，所以 $u'=\dfrac{u}{x}\ln u$，即 $\dfrac{\mathrm{d}u}{u\ln u}=\dfrac{1}{x}\mathrm{d}x$，故 $\ln\ln u=\ln x+\ln C$，即 $\ln u=Cx$，也即 $\ln(xy)=Cx$（C 为任意常数）。

(2) 该方程属于 $\dfrac{\mathrm{d}y}{\mathrm{d}x}=f(ax+b)$ 的情形。

令 $u=2x-y$，则原方程化为

$$u'=2-y'=2-\frac{u+1}{u-1}=\frac{u-3}{u-1}，$$

这是一个可分离变量的微分方程，$\dfrac{u-1}{u-3}\mathrm{d}u=\mathrm{d}x$，两边积分，即得到其通解为 $(2x-y-3)^2=C\mathrm{e}^{y-x}$。

(3) 设 $u=\dfrac{y^2}{x}$，则

$$u'=\frac{2yy'}{x}-\frac{y^2}{x^2}=\frac{2y}{x}\left(y'-\frac{y}{2x}\right)=\frac{2y}{x}\left(\frac{y}{2x}+\frac{1}{2y}\tan\frac{y^2}{x}-\frac{y}{2x}\right)=\frac{1}{x}\tan\frac{y^2}{x}=\frac{\tan u}{x}，$$

即 $u'=\dfrac{\tan u}{x}$,分离变量得 $\dfrac{\mathrm{d}u}{\tan u}=\dfrac{\mathrm{d}x}{x}$,即 $\dfrac{\mathrm{d}\sin u}{\sin u}=\dfrac{\mathrm{d}x}{x}$,两边积分,可得其通解为 $\sin\dfrac{y^2}{x}=Cx$。

例 4.9　求解下列微分方程:(1) 方程 $y'=\cos(x+y)$ 的通解;

(2) 方程 $y'\sec^2 y+\dfrac{x}{1+x^2}\tan y=x$ 满足条件 $y|_{x=0}=0$ 的特解。

解　(1) 做变换 $x+y=u$,则原方程化为可分离变量微分方程,然后求解。

令 $x+y=u$,则 $1+y'=u'$,故得 $\dfrac{\mathrm{d}u}{\mathrm{d}x}=1+\cos u$,即 $\dfrac{\mathrm{d}u}{1+\cos u}=\mathrm{d}x$,从而 $\displaystyle\int\dfrac{\mathrm{d}u}{2\cos^2\dfrac{u}{2}}=\int\mathrm{d}x$,

得 $\tan\dfrac{u}{2}=x+C$,故方程的通解为 $\tan\dfrac{x+y}{2}=x+C$。

(2) 若做变换,$\tan y=u$,则原方程化为线性微分方程。

令 $\tan y=u$,则 $y'\sec^2 y=\dfrac{\mathrm{d}u}{\mathrm{d}x}$,代入原方程得 $\dfrac{\mathrm{d}u}{\mathrm{d}x}+\dfrac{x}{1+x^2}u=x$。由线性方程的通解公式得

$$u=\mathrm{e}^{-\int\frac{x}{1+x^2}\mathrm{d}x}\left(\int x\,\mathrm{e}^{\int\frac{x}{1+x^2}\mathrm{d}x}\,\mathrm{d}x+C\right)=\frac{1}{3}(1+x^2)+\frac{C}{\sqrt{1+x^2}},$$

即
$$\tan y=\frac{1}{3}(1+x^2)+\frac{C}{\sqrt{1+x^2}}。$$

由 $y|_{x=0}=0$,知 $C=-\dfrac{1}{3}$,则所求特解为 $\tan y=\dfrac{1}{3}\left(1+x^2-\dfrac{1}{\sqrt{1+x^2}}\right)$。

题型 4-6　可降阶的高阶微分方程

【解题思路】　对于二阶及二阶以上的微分方程统称为高阶微分方程,这种高阶微分方程,没有一般解法,只是对下面几种具体类型有相应的方法解决。

(1) $y^{(n)}=f(x)$,直接积分 n 次,每次积分要加一个常数。

二阶微分方程一般可写成 $y''=f(x,y,y')$ 形式,当右端分别 $f(x,y'),f(y,y')$ 时,有下面两种形式,可通过变量代换降为较低阶的微分方程解之。

(2) $y''=f(x,y')$,不显含 y,令 $y'=p$,则 $y''=\dfrac{\mathrm{d}p}{\mathrm{d}x}$,故得 $\dfrac{\mathrm{d}p}{\mathrm{d}x}=f(x,p)$,解此一阶微分方程,之后,再解一个一阶微分方程。

(3) $y''=f(y,y')$,方程中不显含 x,令 $y'=p$,则 $y''=\dfrac{\mathrm{d}p}{\mathrm{d}y}\cdot\dfrac{\mathrm{d}y}{\mathrm{d}x}=p\dfrac{\mathrm{d}p}{\mathrm{d}y}$,代入原方程,得 $p\dfrac{\mathrm{d}p}{\mathrm{d}y}=f(y,p)$,解出 p 之后再解一个一阶微分方程。

例 4.10　求解下列微分方程:
(1) 求方程 $y'''+x\mathrm{e}^x=1,y(0)=3,y'(0)=2,y''(0)=1$ 的特解;
(2) 求方程 $(1-x^2)y''-xy'=0,y(0)=0,y'(0)=1$ 的特解;
(3) $y^3y''+1=0,y|_{x=1}=1,y'|_{x=1}=0$。

解　(1) 本方程属 $y^{(n)}=f(x)$ 型方程,可逐次求积 $y'''=1-x\mathrm{e}^x$。
两边积分得 $y''=x-(x-1)\mathrm{e}^x+C_1$。

考虑 $y''(0)=1$，得 $C_1=0$，即 $y''=x-(x-1)\mathrm{e}^x$。两边积分得 $y'=\dfrac{1}{2}x^2-(x-2)\mathrm{e}^x+C_2$。

考虑 $y'(0)=2$，得 $C_2=0$，即 $y'=\dfrac{1}{2}x^2-(x-2)\mathrm{e}^x$。再两边再积分得

$$y=\frac{1}{6}x^3-(x-3)\mathrm{e}^x+C_3。$$

考虑 $y(0)=3$，得 $C_3=0$，故所求特解为 $y=\dfrac{1}{6}x^3-(x-3)\mathrm{e}^x$。

（2）本方程属 $y''=f(x,y')$ 缺 y 项，设 $y'=p$，则 $y''=p'$，代入方程有 $(1-x^2)p'=xp$，分离变量后 $\dfrac{\mathrm{d}p}{p}=\dfrac{x}{1-x^2}\mathrm{d}x$。两边积分之 $\ln p=-\dfrac{1}{2}\ln(1-x^2)+\ln C_1$，即 $p=\dfrac{C_1}{\sqrt{1-x^2}}$。

代入初始条件 $y'(0)=1$，得 $C_1=1$，所以 $y'=p=\dfrac{1}{\sqrt{1-x^2}}$。两边积分得 $y=\arcsin x+C_2$。代入初始条件 $y(0)=0$，得 $C_2=0$，故所求特解为 $y=\arcsin x$。

（3）令 $y'=p$，则 $y''=p\dfrac{\mathrm{d}p}{\mathrm{d}y}$，原方程化为 $y^3pp'=-1$，从而 $p\,\mathrm{d}p=-y^{-3}\mathrm{d}y$。积分得 $p^2=\dfrac{1}{y^2}+C_1$，即 $(y')^2=\dfrac{1}{y^2}+C_1$。由 $y|_{x=1}=1,y'|_{x=1}=0$，得 $C_1=-1$，因而 $y'^2=\dfrac{1}{y^2}-1$，由此得 $y'=\pm\dfrac{1}{y}\sqrt{1-y^2}$，即 $\pm\dfrac{y\mathrm{d}y}{\sqrt{1-y^2}}=\mathrm{d}x$，两边积分得 $\mp\sqrt{1-y^2}=x+C_2$，由 $y|_{x=1}=1$，得 $C_2=-1$，因此所求特解为 $\mp\sqrt{1-y^2}=x-1$，即 $y=\sqrt{2x-x^2}$（舍去 $y=-\sqrt{2x-x^2}$，因 $y|_{x=1}=1$）。

题型 4-7　二阶线性微分方程的性质

【解题思路】　二阶线性微分方程的一般形式：$y''+p(x)y'+q(x)y=f(x)$。

当 $f(x)\neq0$，称

$$y''+p(x)y'+q(x)y=f(x) \qquad\qquad (*)$$

为二阶线性非齐次微分方程；

当 $f(x)=0$，称

$$y''+p(x)y'+q(x)y=0 \qquad\qquad (**)$$

为对应 $(*)$ 的二阶线性齐次微分方程。

若 $y_1(x),y_2(x)$ 是方程 $(**)$ 的两个线性无关的解，则 $Y(x)=C_1y_1(x)+C_2y_2(x)$ 是方程 $(**)$ 的通解；

若 $y^*(x)$ 方程 $(*)$ 的解，$y_1(x),y_2(x)$ 是方程 $(**)$ 两个线性无关的解，则 $y(x)=y^*(x)+C_1y_1(x)+C_2y_2(x)$ 是方程 $(*)$ 的通解；

若 $y_1(x),y_2(x)$ 方程 $(*)$ 的两个相异的特解，则 $y(x)=y_1(x)-y_2(x)$ 是齐次方程 $(**)$ 的解。根据以上齐次与非齐次解的关系，来研究以下问题。

例 4.11　设线性无关的函数 y_1,y_2,y_3 都是二阶非齐次线性方程 $y''+p(x)y'+q(x)y=f(x)$ 的解，则该非齐次方程的通解是（　　　）（C_1,C_2 是任意常数）。

A. $C_1y_1+C_2y_2+y_3$　　　　　　　　B. $C_1y_1+C_2y_2-(C_1+C_2)y_3$

C. $C_1y_1+C_2y_2-(1-C_1-C_2)y_3$ D. $C_1y_1+C_2y_2+(1-C_1-C_2)y_3$

解 y_1-y_3，y_2-y_3 都是对应齐次方程的解，且线性无关，y_3 又是非齐次方程一个特解，所以，$C_1(y_1-y_3)+C_2(y_2-y_3)+y_3$ 是该非齐次方程的通解，即 $C_1y_1+C_2y_2+(1-C_1-C_2)y_3$ 是该非齐次方程的通解，故选 D。

例 4.12   设二阶非齐次线性微分方程 $y''+P(x)y'+Q(x)y=f(x)$ 的 3 个特解为 $y_1=x$，$y_2=e^x$，$y_3=e^{2x}$，求此方程满足条件 $y(0)=1$，$y'(0)=3$ 的特解。

解   已知 x，e^x，e^{2x} 是方程的 3 个特解，则 e^x-x，$e^{2x}-x$ 是对应齐次方程的特解，且 $\dfrac{e^x-x}{e^{2x}-x}\neq C$，故此二解为无关解，所以原方程的通解为 $y=C_1(e^x-x)+C_2(e^{2x}-x)+x$，于是 $y'=C_1(e^x-1)+C_2(2e^{2x}-1)+1$。由 $y(0)=1$，$y'(0)=3$，求得 $C_1=-1$，$C_2=2$，故所求特解为 $y=-(e^x-x)+2(e^{2x}-x)+x=2e^{2x}-e^x$。

题型 4-8   二阶常系数齐次线性微分方程

【解题思路】   二阶常系数线性齐次方程 $y''+py'+qy=0$，其中 p，q 均为常数，求解问题时，首先求特征方程 $r^2+pr+q=0$ 的特征根，再根据特征根的情况，写出通解的形式：① 当 $r_1\neq r_2$ 时，通解为 $y(x)=C_1e^{r_1x}+C_2e^{r_2x}$；② 当 $r_1=r_2$ 时，通解为 $y(x)=(C_1+C_2x)e^{r_1x}$；③ 当 $r_{1,2}=\alpha\pm i\beta$（复根）时，通解为 $y(x)=e^{\alpha x}(C_1\cos\beta x+C_2\sin\beta x)$。

例 4.13   填空题

(1) 以 $y_1=e^{2x}$，$y_2=xe^{2x}$ 为特解的二阶常系数线性齐次方程是 _____；

(2) 设 $y=e^x(C_1\sin x+C_2\cos x)$（$C_1$，$C_2$ 为任意常数）为某二阶常系数齐次微分方程的通解，则该微分方程为 _____。

解   (1) 因为 $\dfrac{y_2}{y_1}=x$。所以方程的通解为 $y=C_1y_1+C_2y_2=(C_1+C_2x)e^{2x}$，从而特征根 $r_1=r_2=2$，特征方程 $(r-2)^2=0$，即 $r^2-4r+4=0$，故方程应是 $y''-4y'+4y=0$。

(2) 从微分方程的通解 $y=e^x(C_1\sin x+C_2\cos x)$（$C_1$，$C_2$ 为任意常数），可知 $r_{1,2}=1\pm i$ 是一对共轭特征根，特征方程为 $(r-1-i)(r-1+i)=r^2-2r+2=0$，故方程应是 $y''-2y'+2y=0$。

例 4.14   求解下列微分方程：

(1) 求方程 $y''-5y'+6y=0$ 的通解；

(2) 求方程 $y''-12y'+36y=0$ 的通解；

(3) 求方程 $y''+2y'+10y=0$，$y|_{x=0}=1$，$y'|_{x=0}=2$ 的特解。

解   (1) 特征方程为 $r^2-5r+6=0$，特征根 $r_1=2$，$r_2=3$，则方程的通解为 $y=C_1e^{2x}+C_2e^{3x}$。

(2) 特征方程为 $r^2-12r+36=0$，特征根 $r_1=r_2=6$，则方程的通解为 $y=(C_1+C_2x)e^{6x}$。

(3) 特征方程为 $r^2+2r+10=0$，有一对共轭复根 $r=-1\pm3i$，则方程的通解为 $y=e^{-x}(C_1\cos3x+C_2\sin3x)$，则 $y'=e^{-x}[-(3C_1+C_2)\sin3x-(C_1-3C_2)\cos3x]$。

由 $y|_{x=0}=1$，$y'|_{x=0}=2$ 得 $\begin{cases} C_1=1, \\ -C_1+3C_2=2, \end{cases}$ 解得 $C_1=1$，$C_2=1$，则所求特解为

$$y = \mathrm{e}^{-x}(\cos 3x + \sin 3x)。$$

题型 4-9　二阶常系数非齐次线性微分方程

【解题思路】　二阶常系数非齐次线性微分方程通解的求法程序：①求出对应齐次方程的通解 $Y(x)$；②求出非齐次线性微分方程的特解 $y^*(x)$；③非齐次线性微分方程的通解为 $y = Y(x) + y^*(x)$。

例 4.15　求方程 $\dfrac{\mathrm{d}^2 y}{\mathrm{d}x^2} - \dfrac{\mathrm{d}y}{\mathrm{d}x} - 2y = 3x$ 的通解。

解　特征方程 $r^2 - r - 2 = 0$ 的根为 $r_1 = 2, r_2 = -1$，故对应的齐次方程的通解为 $C_1 \mathrm{e}^{2x} + C_2 \mathrm{e}^{-x}$。设方程的一个特解为 $y = Ax + B$，代入所给方程中，求得

$$A = -\frac{3}{2}, B = \frac{3}{4}, \quad 故有 \ y = -\frac{3}{2}x + \frac{3}{4},$$

于是得通解为
$$y = C_1 \mathrm{e}^{2x} + C_2 \mathrm{e}^{-x} - \frac{3}{2}x + \frac{3}{4}。$$

例 4.16　求方程 $y'' - 3y' + 2y = 3x - 2\mathrm{e}^x$ 的通解。

解　由于所给方程的特征方程是 $r^2 - 3r + 2 = 0$，所以特征根为 $r_1 = 1, r_2 = 2$，由此，对应的齐次方程的通解为：$C_1 \mathrm{e}^x + C_2 \mathrm{e}^{2x}$。

方程 $y'' - 3y' + 2y = 3x$ 的特解 y_1^* 具有形式 $y_1^* = ax + b$，把 y_1^* 分别求一、二阶导，代入方程 $y'' - 3y' + 2y = 3x$，得 $a = \dfrac{3}{2}, b = \dfrac{9}{4}$，即 $y_1^* = \dfrac{3}{2}x + \dfrac{9}{4}$。

方程 $y'' - 3y' + 2y = -2\mathrm{e}^x$ 的特解 y_2^* 具有形式 $y_2^* = Cx\mathrm{e}^x$，把 y_2^* 分别求一、二阶导，代入方程 $y'' - 3y' + 2y = -2\mathrm{e}^x$，得 $C = 2, y_2^* = 2x\mathrm{e}^x$。

所以方程 $y'' - 3y' + 2y = 3x - 2\mathrm{e}^x$ 的特解是 $y^* = \dfrac{3}{2}x + \dfrac{9}{4} + 2x\mathrm{e}^x$，则原方程的通解为

$$y = \frac{3}{2}x + \frac{9}{4} + 2x\mathrm{e}^x + C_1 \mathrm{e}^x + C_2 \mathrm{e}^{2x}。$$

例 4.17　求微分方程 $y'' - y' = x \sin^2 x$ 的通解。

解　特征方程 $r^2 - r = 0$ 的根为 $r_1 = 0, r_2 = 1$，方程对应的齐次方程的通解是 $C_1 + C_2 \mathrm{e}^x$。方程的右端可写为 $x \cdot \dfrac{1 - \cos 2x}{2} = \dfrac{x}{2} - \dfrac{x}{2}\cos 2x$。

设方程 $y'' - y' = \dfrac{1}{2}x$ 的特解为 $y_1 = Ax^2 + Bx$，代入方程可得 $A = -\dfrac{1}{4}, B = -\dfrac{1}{2}$，故 $y_1 = -\dfrac{1}{4}x^2 - \dfrac{1}{2}x$。

又设方程 $y'' - y' = -\dfrac{x}{2}\cos 2x$ 的一个特解为

$$y_2 = (Ax + B)\cos 2x + (Cx + D)\sin 2x,$$

代入方程中，可求得 $A = \dfrac{1}{10}, B = \dfrac{13}{200}, C = \dfrac{1}{20}, D = -\dfrac{2}{25}$，故有

$$y_2 = \left(\frac{x}{10} + \frac{13}{200}\right)\cos 2x + \left(\frac{x}{20} - \frac{2}{25}\right)\sin 2x。$$

于是得原方程的通解为

$$y = C_1 + C_2 \mathrm{e}^x - \frac{1}{4}x^2 - \frac{1}{2}x + \left(\frac{x}{10} + \frac{13}{200}\right)\cos 2x + \left(\frac{x}{20} - \frac{2}{25}\right)\sin 2x。$$

例 4.18 求微分方程 $y'' - 2y' + 2y = \mathrm{e}^x \cos 2x \cdot \cos x$ 的通解。

解 原方程化为 $y'' - 2y' + 2y = \dfrac{1}{2}\mathrm{e}^x(\cos x + \cos 3x)$。

对应的齐次方程为 $y'' - 2y' + 2y = 0$，特征方程为 $r^2 - 2r + 2 = 0$，特征根 $r = 1 \pm \mathrm{i}$，则齐次方程的通解为 $y = \mathrm{e}^x(C_1\cos x + C_2\sin x)$。

对非齐次项的第一部分 $\dfrac{1}{2}\mathrm{e}^x\cos x$，由于 $\alpha \pm \beta\mathrm{i} = 1 \pm \mathrm{i}$ 是方程的特征根，故设 $y_1^* = x\mathrm{e}^x(A_1\cos x + B_1\sin x)$。

对非齐次项的第二部分 $\dfrac{1}{2}\mathrm{e}^x\cos 3x$，由于 $\alpha \pm \beta\mathrm{i} = 1 \pm 3\mathrm{i}$ 不是特征根，故设 $y_2^* = \mathrm{e}^x(A_2\cos 3x + B_2\sin 3x)$。则非齐次方程的特解为

$$y^* = x\mathrm{e}^x(A_1\cos x + B_1\sin x) + \mathrm{e}^x(A_2\cos 3x + B_2\sin 3x)。$$

代入原方程，比较系数得 $A_1 = 0, A_2 = -\dfrac{1}{16}, B_1 = \dfrac{1}{4}, B_2 = 0$，故原方程的通解为

$$y = \mathrm{e}^x(C_1\cos x + C_2\sin x) + \frac{1}{4}x\mathrm{e}^x\sin x - \frac{1}{16}\mathrm{e}^x\cos 3x。$$

题型 4-10 应用微分方程求未知函数

【解题思路】 这类问题均为综合性题目，可能涉及原函数概念、积分上限函数、含参变量积分、偏导数、级数等问题，处理这类问题的方法是：

(1) 涉及原函数或导数定义的题型，往往转化为一阶变量可分离的方程去求解；

(2) 涉及积分上限函数或含参变量积分，均需求导数，方可建立微分方程，对含参变量的积分则先换元，才可求导。

例 4.19 求满足方程 $\displaystyle\int_0^x f(t)\mathrm{d}t = x + \int_0^x tf(x-t)\mathrm{d}t$ 的可微函数 $y = f(x)$。

解 此题含有积分上限函数，又含参变量积分。令 $x - t = u$，则

$$\int_0^x tf(x-t)\mathrm{d}t = -\int_x^0 (x-u)f(u)\mathrm{d}u = x\int_0^x f(u)\mathrm{d}u - \int_0^x uf(u)\mathrm{d}u，$$

原方程可化为 $\displaystyle\int_0^x f(t)\mathrm{d}t = x + x\int_0^x f(t)\mathrm{d}t - \int_0^x tf(t)\mathrm{d}t$。

两边同时求导得 $f(x) = 1 + \displaystyle\int_0^x f(t)\mathrm{d}t$。

此时有 $f(0) = 1$，上式再求导得 $f'(x) = f(x)$，即 $y' = y$，故 $y = C\mathrm{e}^x$。由 $y|_{x=0} = 1$ 得 $C = 1$，故所求函数为 $y = \mathrm{e}^x$。

例 4.20 设函数 $f(x)$ 可微，且满足 $\displaystyle\int_1^x \frac{f(t)}{f^2(t)+t}\mathrm{d}t = f(x) - 1$，求 $f(1)$ 及 $f(x)$。

解 令 $x = 1$，由 $0 = \displaystyle\int_1^1 \frac{f(t)}{f^2(t)+t}\mathrm{d}t = f(1) - 1$，得 $f(1) = 1$。

此题是积分上限函数,求导得 $f'(x)=\dfrac{f(x)}{f^2(x)+x}$,变形成 $\dfrac{\mathrm{d}x}{\mathrm{d}y}-\dfrac{1}{y}x=y$,其中 $y=f(x)$,解此一阶线性非齐次方程得 $x=\mathrm{e}^{\int\frac{1}{y}\mathrm{d}y}\left[\int y\mathrm{e}^{-\int\frac{1}{y}\mathrm{d}y}\mathrm{d}y+C\right]=Cy+y^2$。将 $f(1)=1$,代入上式得 $C=0$,故所求函数为 $x=y^2$ 或 $y=\pm\sqrt{x}$。

例 4.21 设函数 $\varphi(x)$ 连续,且满足 $\varphi(x)=\mathrm{e}^x+\int_0^x t\varphi(t)\mathrm{d}t-x\int_0^x\varphi(t)\mathrm{d}t$,求 $\varphi(x)$。

解 $\varphi(x)=\mathrm{e}^x+\int_0^x t\varphi(t)\mathrm{d}t-x\int_0^x\varphi(t)\mathrm{d}t$ 两边对 x 求导得

$$\varphi'(x)=\mathrm{e}^x-\int_0^x\varphi(t)\mathrm{d}t,\quad \varphi''(x)=\mathrm{e}^x-\varphi(x),$$

从而

$$\varphi''(x)+\varphi(x)=\mathrm{e}^x。 \qquad\qquad ①$$

再由题设可知,$\varphi(0)=1,\varphi'(0)=1$。

而①对应的齐次方程的特征方程为 $r^2+1=0$,解得特征根 $r_{1,2}=\pm\mathrm{i}$,故其对应的齐次方程的通解为 $\varphi(x)=C_1\cos x+C_2\sin x$。

可观察出 $y^*=\dfrac{1}{2}\mathrm{e}^x$ 为①的一个特解,因而①的通解为 $\varphi(x)=C_1\cos x+C_2\sin x+\dfrac{1}{2}\mathrm{e}^x$。

又 $\varphi'(x)=-C_1\sin x+C_2\cos x+\dfrac{1}{2}\mathrm{e}^x$,由初始条件 $\varphi(0)=1,\varphi'(0)=1$,得 $1=C_1+\dfrac{1}{2}$,$1=C_2+\dfrac{1}{2}$,从而 $C_1=\dfrac{1}{2}$,$C_2=\dfrac{1}{2}$,因此

$$\varphi(x)=\dfrac{1}{2}(\cos x+\sin x+\mathrm{e}^x)。$$

注 设 $f(x)$ 连续,且 $f(x)=3x-\sqrt{1-x^2}\int_0^1 f^2(x)\mathrm{d}x$,求 $f(x)$,这也是一个积分方程问题,但与前三个例题不同,本题的 $f(x)$ 含于定限积分中,不能用求导的方法企图将它化为微分方程,按如下方法做,令 $\int_0^1 f^2(x)\mathrm{d}x=a$,于是

$$f(x)=3x-a\sqrt{1-x^2},\quad \text{即}\quad \int_0^1(3x-a\sqrt{1-x^2})^2\mathrm{d}x=a。$$

做出上述积分得 $3-2a+a^2-\dfrac{a^2}{3}=a$,所以 $a=\dfrac{3}{2}$ 或 $a=3$ 于是

$$f(x)=3x-\dfrac{3}{2}\sqrt{1-x^2}\quad\text{或}\quad f(x)=3x-3\sqrt{1-x^2}。$$

例 4.22 设 $f(x)$ 连续且 $f(x)\neq 0$,并设 $f(x)=\int_0^x f(t)\mathrm{d}t+2\int_0^1 tf^2(t)\mathrm{d}t$,求 $f(x)$。

【解题思路】 本题中既含变限积分,又含定限积分,应令 $\int_0^1 tf^2(t)\mathrm{d}t=$ 某常数 a,然后按前三个例题办法解之,再求 a。

解 记 $\int_0^1 tf^2(t)\mathrm{d}t=a$,于是 $f(x)=\int_0^x f(t)\mathrm{d}t+2a$。

两边求导得 $f'(x)=f(x)$,解得 $f(x)=C\mathrm{e}^x$。

又由原式可知 $f(0)=2a$，所以 $C=2a$，从而 $f(x)=2a\mathrm{e}^x$，故

$f^2(x)=4a^2\mathrm{e}^{2x}$，$xf^2(x)=4a^2x\mathrm{e}^{2x}$，两边积分得 $\int_0^1 xf^2(x)\mathrm{d}x=\int_0^1 4a^2x\mathrm{e}^{2x}\mathrm{d}x$。

由 $\int_0^1 tf^2(t)\mathrm{d}t=a$，得 $4\int_0^1 a^2\mathrm{e}^{2t}t\mathrm{d}t=a$，将左式积分，解出 $a=\dfrac{1}{\mathrm{e}^2+1}$，所以 $f(x)=\dfrac{2}{\mathrm{e}^2+1}\mathrm{e}^x$。

题型 4-11　未知函数含有二重积分可转化为常微分方程的求解问题

【解题思路】 $f(t)$ 用二重积分表示的，对于这个二重积分采用极坐标之后，实际上成为一个变限积分，对 t 求导即可化为微分方程，从而求解。

例 4.23　设函数 $f(t)$ 在 $[0,+\infty)$ 上连续，且满足方程 $f(t)=\mathrm{e}^{4\pi t^2}+\iint\limits_{x^2+y^2\leqslant 4t^2}f\left(\dfrac{1}{2}\sqrt{x^2+y^2}\right)\mathrm{d}\sigma$，求 $f(t)$。

解　$f(t)=\mathrm{e}^{4\pi t^2}+\int_0^{2\pi}\mathrm{d}\theta\int_0^{2t}f\left(\dfrac{r}{2}\right)r\mathrm{d}r=\mathrm{e}^{4\pi t^2}+2\pi\int_0^{2t}f\left(\dfrac{r}{2}\right)r\mathrm{d}r$，

$f'(t)=8\pi t\mathrm{e}^{4\pi t^2}+2\pi f(t)\cdot 2\cdot 2t=8\pi t\mathrm{e}^{4\pi t^2}+8\pi tf(t)$。

此为一阶线性微分方程，解之得

$$f(t)=\mathrm{e}^{\int 8\pi t\mathrm{d}t}\left[\int 8\pi t\mathrm{e}^{4\pi t^2}\mathrm{e}^{-\int 8\pi t\mathrm{d}t}\mathrm{d}t+C\right]=(4\pi t^2+C)\mathrm{e}^{4\pi t^2}。$$

又由原式知 $f(0)=1$，所以 $C=1$，从而得 $f(t)=(4\pi t^2+1)\mathrm{e}^{4\pi t^2}$。

题型 4-12　含有未知函数偏导数的微分方程的求解问题

【解题思路】 这样的方程称为偏微分方程，如果该未知函数的中间变量是一元的，也许可化为对此中间变量的（常）微分方程。

有时未知函数的中间变量是二元的，但最终的自变量是一元的，也许也可化为（常）微分方程。

例 4.24　设函数 $f(u)$ 有连续的一阶导数，$f(2)=1$，且函数 $z=xf\left(\dfrac{y}{x}\right)+yf\left(\dfrac{y}{x}\right)$ 满足 $\dfrac{\partial z}{\partial x}+\dfrac{\partial z}{\partial y}=\dfrac{y}{x}-\left(\dfrac{y}{x}\right)^3(x>0,y>0)$，求 z 的表达式。

解　$\dfrac{\partial z}{\partial x}=f\left(\dfrac{y}{x}\right)+xf'\left(\dfrac{y}{x}\right)\left(-\dfrac{y}{x^2}\right)+yf'\left(\dfrac{y}{x}\right)\left(-\dfrac{y}{x^2}\right)$，

$\dfrac{\partial z}{\partial y}=xf'\left(\dfrac{y}{x}\right)\cdot\dfrac{1}{x}+f\left(\dfrac{y}{x}\right)+yf'\left(\dfrac{y}{x}\right)\left(\dfrac{1}{x}\right)$，

代入 $\dfrac{\partial z}{\partial x}+\dfrac{\partial z}{\partial y}=\dfrac{y}{x}-\left(\dfrac{y}{x}\right)^3$ 中，得

$$f'(u)(1-u^2)+2f(u)=u-u^3，$$

其中 $u=\dfrac{y}{x}$，上式是 f 关于 u 的一阶线性微分方程

$$f'(u)+\dfrac{2}{1-u^2}f(u)=u,\quad u\neq\pm 1。$$

解之,得

$$f(u) = e^{-\int \frac{2}{1-u^2}du} \left(\int u e^{\int \frac{2}{1-u^2}du} du + C \right) = \frac{u-1}{u+1} \left(\int \frac{u(u+1)}{u-1} du + C \right)$$

$$= \frac{u-1}{u+1} \left(\int \frac{(u^2-u)+(2u-2)+2}{u-1} du + C \right) = \frac{u-1}{u+1} \left[\frac{u^2}{2} + 2u + 2\ln(u-1) + C \right] 。$$

令 $u=2$,并 $f(2)=1$ 代入,有

$$1 = \frac{1}{3} \left[\frac{4}{2} + 4 + 2\ln(2-1) + C \right] ,$$

即 $C=-3$,从而得 $f(u) = \dfrac{u-1}{u+1} \left[\dfrac{u^2}{2} + 2u + 2\ln(u-1) - 3 \right]$,于是

$$z = (x+y)f\left(\frac{y}{x}\right) = (x+y) \frac{\dfrac{y}{x}-1}{\dfrac{y}{x}+1} \left[\frac{y^2}{2x^2} + 2\frac{y}{x} + 2\ln\left(\frac{y}{x}-1\right) - 3 \right]$$

$$= (y-x) \left[\frac{y^2}{2x^2} + 2\frac{y}{x} + 2\ln\left(\frac{y}{x}-1\right) - 3 \right] 。$$

题型 4-13　微分方程的应用问题

【解题思路】 根据所给的条件建立微分方程,并找出初始条件,然后判断微分方程的类型,并针对具体类型求通解,再根据初始条件求特解。

例 4.25 设函数 $f(x)$ 在实数范围内有定义,且恒不为零,对任意两点 x,y 有 $f(x+y) = f(x)f(y)$,$f'(0)$ 存在,求 $f(x)$。

解 在 $f(x+y) = f(x)f(y)$ 中,令 $x=0$ 得 $f(y) = f(0)f(y)$。

因 $f(y) \neq 0$,故 $f(0) = 1$。又 $f'(0)$ 存在,由导数定义 $f'(0) = \lim\limits_{\Delta x \to 0} \dfrac{f(\Delta x) - f(0)}{\Delta x} = \lim\limits_{\Delta x \to 0} \dfrac{f(\Delta x) - 1}{\Delta x}$,从而

$$f'(x) = \lim_{\Delta x \to 0} \frac{f(x+\Delta x) - f(x)}{\Delta x} = \lim_{\Delta x \to 0} \frac{f(x)f(\Delta x) - f(x)}{\Delta x}$$

$$= f(x) \lim_{\Delta x \to 0} \frac{f(\Delta x) - 1}{\Delta x} = f(x)f'(0),$$

于是微分方程 $f'(x) = f'(0)f(x)$。积分得 $f(x) = Ce^{f'(0)x}$。

由于 $f(0) = 1$,求得 $C=1$,故所求函数为 $f(x) = e^{f'(0)x}$。

例 4.26 设 $f(x)$ 在 $(-\infty, +\infty)$ 内有定义,且对任意 $x \in (-\infty, +\infty)$,$y \in (-\infty, +\infty)$,满足 $f(x+y) = f(x)e^y + f(y)e^x$,$f'(0)$ 存在,且等于 a,$a \neq 0$。证明对任意 $x \in (-\infty, +\infty)$,$f'(x)$ 存在,并求 $f(x)$。

【解题思路】 对 $f(x+y) = f(x)e^y + f(y)e^x$ 直接求导是不可以的,因为题中要证明 $f'(x)$ 存在,而不能先承认 $f(x)$ 可导而去求导,所以本题只能按定义去求 $f'(x)$。一旦证明了之后,也就得到关于 $f'(x)$ 的一个式子,解之即得 $f(x)$。

解 以 $y=0$ 代入定义式中,得 $f(x) = f(x) + f(0)e^x$,所以 $f(0) = 0$,于是

$$\frac{f(x+\Delta x)-f(x)}{\Delta x}=\frac{f(x)\mathrm{e}^{\Delta x}+f(\Delta x)\mathrm{e}^x-f(x)}{\Delta x}$$

$$=\frac{f(x)(\mathrm{e}^{\Delta x}-1)}{\Delta x}+\mathrm{e}^x\frac{f(\Delta x)-f(0)}{\Delta x},$$

$$\lim_{\Delta x\to 0}\frac{f(x+\Delta x)-f(x)}{\Delta x}=\lim_{\Delta x\to 0}\frac{f(x)(\mathrm{e}^{\Delta x}-1)}{\Delta x}+\mathrm{e}^x\lim_{\Delta x\to 0}\frac{f(\Delta x)-f(0)}{\Delta x}$$

$$=f(x)+f'(0)\mathrm{e}^x=f(x)+a\mathrm{e}^x.$$

所以 $f'(x)$ 存在,且 $f'(x)=f(x)+a\mathrm{e}^x$。

这是一个一阶线性微分方程,解之得

$$f(x)=\mathrm{e}^x\left(\int a\mathrm{e}^x\cdot\mathrm{e}^{-x}\mathrm{d}x+C\right)=\mathrm{e}^x(ax+C).$$

由 $f(0)=0$,所以 $C=0$,$f(x)=ax\mathrm{e}^x$。

例 4.27 一曲线通过点 $(2,3)$,它在两坐标轴之间的任意切线段均被切点所平分,求这曲线的方程。

解 设切点为 $P(x,y)$,则切线在 x 轴,y 轴的截距分别为 $2x,2y$,切线斜率为 $\frac{2y-0}{0-2x}=-\frac{y}{x}$,故曲线满足微分方程为 $\frac{\mathrm{d}y}{\mathrm{d}x}=-\frac{y}{x}$,从而 $\int\frac{\mathrm{d}y}{y}=\int-\frac{\mathrm{d}x}{x}$,即 $\ln y+\ln x=\ln C$,故 $xy=C$。

由于曲线经过点 $(2,3)$,因此 $C=2\times 3=6$,故曲线方程为 $xy=6$。

例 4.28 已知曲线 $y=y(x)$ 上原点处的切线垂直于直线 $x+2y-1=0$ 且 $y(x)$ 满足微分方程 $y''-2y'+5y=\mathrm{e}^x\cos 2x$ 则此曲线的方程是 $y=$ _____。

解 这是一个非齐次线性微分方程问题,该方程对应的齐次线性微分方程的特征方程为 $r^2-2r+5=0$,所以特征根是 $r=1\pm 2\mathrm{i}$,对应的齐次线性微分方程的通解为 $y=\mathrm{e}^x(C_1\cos 2x+C_2\sin 2x)$。

从方程的自由项知,非齐次线性微分方程的特解形式为 $y^*=x\mathrm{e}^x(C\cos 2x+D\sin 2x)$。

代入原方程并整理后得 $4D\cos 2x-4C\sin 2x=\cos 2x$,于是 $C=0,D=\frac{1}{4}$,所以方程的通解

$$y=\mathrm{e}^x(C_1\cos 2x+C_2\sin 2x)+\frac{x}{4}\mathrm{e}^x\sin 2x. \quad \text{又}$$

$$y'=\mathrm{e}^x[(C_1+2C_2)\cos 2x+(C_2-2C_1)\sin 2x]+\frac{1}{4}\mathrm{e}^x\sin 2x+\frac{x}{4}\mathrm{e}^x\sin 2x+\frac{x}{4}\mathrm{e}^x2\cos 2x.$$

按题意有 $y|_{x=0}=0,y'|_{x=0}=2$,可解得 $C_1=0,C_2=1$,所以 $y=\left(1+\frac{x}{4}\right)\mathrm{e}^x\sin 2x$。

4.4 课后习题解答

习题 4.1

1. 试指出下列各微分方程的阶数:

(1) $y^{(13)}+y^{10}(y')^2+50y-7\sin x=0$;

(2) $(y'')^3+5(y')^4-y^5+x^7=0$;

(3) $x(y')^2-2yy'+x=0$；　　　　　　　　　(4) $(x^2-y^2)\mathrm{d}x+(x^2+y^2)\mathrm{d}y=0$。

解　(1) 因为微分方程中含有 y 的最高阶导数是 13，所以微分方程的阶是 13。

(2) 因为微分方程中含有 y 的最高阶导数是 2，所以微分方程的阶是二阶。

(3) 因为微分方程中含有 y 的最高阶导数是 1，所以微分方程的阶是一阶。

(4) 因为微分方程中含有 y 的最高阶微分是 1，所以微分方程的阶是一阶。

2. 指出下列各题中的函数是否为所给微分方程的解：

(1) $y=\mathrm{e}^{-x^2}$，$\dfrac{\mathrm{d}y}{\mathrm{d}x}=-2xy$；　　　　　　(2) $y=\arctan(x+y)+C$，$y'=\dfrac{1}{(x+y)^2}$；

(3) $y=x\mathrm{e}^x$，$y''-2y'+y=0$；　　　　　　(4) $y=\mathrm{e}^x+\mathrm{e}^{-x}$，$y''+3y'+y=0$。

解　(1) 因为 $y=\mathrm{e}^{-x^2}$，所以 $\dfrac{\mathrm{d}y}{\mathrm{d}x}=-2x\mathrm{e}^{-x^2}=-2xy$，即 $y=\mathrm{e}^{-x^2}$ 是 $\dfrac{\mathrm{d}y}{\mathrm{d}x}=-2xy$ 的解。

(2) 因为 $y=\arctan(x+y)+C$，所以 $y'=\dfrac{1}{1+(x+y)^2}(1+y')$，整理得 $\left[1-\dfrac{1}{1+(x+y)^2}\right]y'=$

$\dfrac{1}{1+(x+y)^2}$，于是 $y'=\dfrac{1}{(x+y)^2}$，即 $y=\arctan(x+y)+C$ 是 $y'=\dfrac{1}{(x+y)^2}$ 的通解。

(3) 因为 $y'=(x\mathrm{e}^x)'=\mathrm{e}^x+x\mathrm{e}^x$，$y''=\mathrm{e}^x+\mathrm{e}^x+x\mathrm{e}^x=2\mathrm{e}^x+x\mathrm{e}^x$，所以 $y''-2y'+y=2\mathrm{e}^x+x\mathrm{e}^x-2(\mathrm{e}^x+x\mathrm{e}^x)+x\mathrm{e}^x=0$，即 $y=x\mathrm{e}^x$ 是 $y''-2y'+y=0$ 的解。

(4) 因为 $y=\mathrm{e}^x+\mathrm{e}^{-x}$，所以 $y'=\mathrm{e}^x-\mathrm{e}^{-x}$，$y''=\mathrm{e}^x+\mathrm{e}^{-x}$，所以 $y''+3y'+y=\mathrm{e}^x+\mathrm{e}^{-x}+3(\mathrm{e}^x-\mathrm{e}^{-x})+\mathrm{e}^x+\mathrm{e}^{-x}=5\mathrm{e}^x-\mathrm{e}^{-x}\neq0$，即 $y=\mathrm{e}^x+\mathrm{e}^{-x}$ 不是 $y''+3y'+y=0$ 的解。

3. 确定函数 $y=C_1\mathrm{e}^x+C_2\mathrm{e}^{-x}$ 中的参数，使其满足初始条件 $y(0)=1$，$y'(0)=0$。

解　$y'=C_1\mathrm{e}^x-C_2\mathrm{e}^{-x}$，由 $y(0)=1$，$y'(0)=0$ 得 $\begin{cases}C_1+C_2=1,\\ C_1-C_2=0。\end{cases}$

解上面方程组得 $C_1=\dfrac{1}{2}$，$C_2=\dfrac{1}{2}$。

4. 验证 $y=Cx^3$ 是方程 $3y-xy'=0$ 的通解（C 为任意常数），并求满足初始条件 $y(1)=\dfrac{1}{3}$ 的特解。

解　求所给函数的一阶导数 $y'=3Cx^2$，代入方程得 $3(Cx^3)-x(3Cx^2)\equiv0$。所以，所给函数是方程的解。

又所给函数有一个任意常数，而方程是一阶微分方程，所以，所给函数是方程的通解。

将初始条件 $y|_{x=1}=\dfrac{1}{3}$ 代入通解，求得 $C=\dfrac{1}{3}$。则所求的特解为 $y=\dfrac{1}{3}x^3$。

提高题

1. 写出由下列条件确定的曲线所满足的微分方程与初始条件：已知曲线过点 $(-1,1)$ 且曲线上任一点处的切线与 Ox 轴交点的横坐标等于切点的横坐标的平方。

解　设曲线 $y=y(x)$，则在曲线上任一点处 $P(x,y)$ 的切线方程为 $Y-y=y'(X-x)$，切线与 x 轴的交点为 $\left(\dfrac{xy'-y}{y'},0\right)$，故曲线所满足的微分方程为 $x(1-x)y'-y=0$，初始条件为 $y|_{x=-1}=1$。

2. 判断下列各题中的函数是否为所给微分方程的解。若是，试指出是通解还是特解（其中 C 为任意常数）：

(1) $(x-2y)y'=2x-y$，$x^2-xy+y^2=0$；

(2) $y=xy'+f(y')$，$y=Cx+f(C)$。

解　(1) 对隐函数 $x^2-xy+y^2=0$ 关于 x 求导，得 $2x-y-xy'+2y\cdot y'=0$，整理得 $(x-2y)y'=2x-y$，该隐函数为方程的解，且不含任意常数，所以该隐函数为方程的特解。

（2）所给函数求一阶导数 $y'=C$ 代入方程，得 $xC+f(C)\equiv Cx+f(C)$，所以，所给函数是方程的解。另外，函数有一个任意常数，而方程是一阶微分方程，所以函数是方程的通解。

习题 4.2

1. 判别下列一阶微分方程的类型，并指出求解方法（不必具体求解）：

（1）$\dfrac{dy}{dx}=5x^3y^2$；

（2）$(x^2+y^2)y'=2xy$；

（3）$(x+1)\dfrac{dy}{dx}-xy=e^x(x+1)$；

（4）$\dfrac{dy}{dx}-\dfrac{e^{y^2+3x}}{y}=0$；

（5）$\dfrac{dy}{dx}-3xy-xy^2=0$；

（6）$y'=\dfrac{y}{x+y^3}$。

解 （1）可分离变量方程，即 $\dfrac{dy}{y^2}=5x^3dx$，再两边积分。

（2）齐次方程，即 $\dfrac{dy}{dx}=\dfrac{2xy}{x^2+y^2}=\dfrac{2\dfrac{y}{x}}{1+\left(\dfrac{y}{x}\right)^2}$，可通过变量替换令 $u=\dfrac{y}{x}$，化为可分离变量方程，分离变量，并两边积分求解。

（3）一阶线性方程，即 $\dfrac{dy}{dx}-\dfrac{x}{x+1}y=e^x$，可通过公式法直接求解。

（4）可分离变量方程，即 $ye^{-y^2}dy=e^{3x}dx$，再两边积分求解。

（5）伯努利方程，即 $\dfrac{dy}{dx}-3xy=xy^2$，将方程的两边同时除以 y^2，令 $z=y^{-1}$ 转化成一阶线性方程，通过公式法直接求 z，最后把 $z=y^{-1}$ 代回可得方程通解。

（6）以 y 为自变量 x 为未知函数的一阶线性方程 $\dfrac{dx}{dy}=\dfrac{1}{y}x+y^2$，可通过公式法直接求解。

2. 求下列微分方程的通解：

（1）$(y+1)dx+(x+1)dy=0$；

（2）$(e^{x+y}-e^x)dx+(e^{x+y}-e^y)dy=0$；

（3）$dx+xydy=y^2dx+ydy$；

（4）$(x+1)\dfrac{dy}{dx}+1=2e^{-y}$。

解 （1）分离变量得 $\dfrac{dy}{y+1}=-\dfrac{dx}{x+1}$，两边积分得 $\displaystyle\int\dfrac{dy}{y+1}=-\int\dfrac{dx}{x+1}$，即 $\ln(y+1)=-\ln(x+1)+\ln C$。故通解为 $(x+1)(y+1)=C$。

（2）分离变量得 $\dfrac{e^ydy}{1-e^y}=\dfrac{e^xdx}{e^x-1}$，两边积分得 $\displaystyle\int\dfrac{e^ydy}{e^y-1}=-\int\dfrac{e^xdx}{e^x-1}$，即 $\ln(e^y-1)=-\ln(e^x-1)+\ln C$。故通解为 $(e^x-1)(e^y-1)=C$。

（3）分离变量得 $(x-1)ydy=(y^2-1)dx$，即 $\dfrac{ydy}{y^2-1}=\dfrac{1}{x-1}dx$，两边积分得 $\displaystyle\int\dfrac{ydy}{y^2-1}=\int\dfrac{1}{x-1}dx$，即 $\ln(y^2-1)=2\ln(x-1)+\ln C$。故通解为 $y^2-1=C(x-1)^2$。

（4）分离变量得 $\dfrac{e^y}{2-e^y}dy=\dfrac{1}{x+1}dx$，两边积分得 $\displaystyle\int\dfrac{e^y}{2-e^y}dy=\int\dfrac{1}{x+1}dx$，即 $-\ln(2-e^y)+\ln C=\ln(x+1)$。故通解为 $(2-e^y)(x+1)=C$。

3. 求下列微分方程满足初始条件的特解：

（1）$y'\tan x+y=-3,y\left(\dfrac{\pi}{2}\right)=0$；

（2）$\dfrac{dy}{dx}=-\dfrac{x(1+y^2)}{y(1+x^2)},y(1)=1$。

解 （1）分离变量得 $\dfrac{\mathrm{d}y}{y+3}=-\dfrac{\cos x}{\sin x}\mathrm{d}x$，两边积分得 $\ln(y+3)=-\ln\sin x+\ln C$，即 $y+3=\dfrac{C}{\sin x}$。由 $y\left(\dfrac{\pi}{2}\right)=0$，得 $C=3$，故特解为 $y=\dfrac{3}{\sin x}-3$。

（2）分离变量得 $\dfrac{y\mathrm{d}y}{1+y^2}=-\dfrac{x\mathrm{d}x}{1+x^2}$，两边积分得 $\displaystyle\int\dfrac{y\mathrm{d}y}{1+y^2}=-\int\dfrac{x\mathrm{d}x}{1+x^2}$，即 $\ln(1+y^2)=-\ln(1+x^2)+$ $\ln C$，从而得 $(1+x^2)(1+y^2)=C$。把 $y(1)=1$ 代入上式得 $C=4$，故特解为 $(1+x^2)(1+y^2)=4$。

4．求下列一阶微分方程的通解：

（1）$(x^2+y^2)\mathrm{d}x-xy\mathrm{d}y=0$；   （2）$y^2+x^2\dfrac{\mathrm{d}y}{\mathrm{d}x}=xy\dfrac{\mathrm{d}y}{\mathrm{d}x}$；

（3）$\dfrac{\mathrm{d}y}{\mathrm{d}x}-\dfrac{2y}{x+1}=(x+1)^{5/2}$；   （4）$y'+\dfrac{1}{x}y=\dfrac{\sin x}{x}$；

（5）$\sin x\cos y\mathrm{d}x-\cos x\sin y\mathrm{d}y=0$；   （6）$x(1+x^2)\mathrm{d}y=(y+x^2y-x^2)\mathrm{d}x$。

解 （1）变形得

$$\dfrac{\mathrm{d}y}{\mathrm{d}x}=\dfrac{x^2+y^2}{xy}=\dfrac{1+\left(\dfrac{y}{x}\right)^2}{\dfrac{y}{x}}。$$

令 $u=\dfrac{y}{x}$，即 $y=ux$，则 $\dfrac{\mathrm{d}y}{\mathrm{d}x}=u+x\dfrac{\mathrm{d}u}{\mathrm{d}x}$，原方程变为

$$u+x\dfrac{\mathrm{d}u}{\mathrm{d}x}=\dfrac{1+u^2}{u}=\dfrac{1}{u}+u，\quad 即\quad x\dfrac{\mathrm{d}u}{\mathrm{d}x}=\dfrac{1}{u}，$$

分离变量得 $u\mathrm{d}u=\dfrac{1}{x}\mathrm{d}x$。

两边积分得 $\displaystyle\int u\mathrm{d}u=\int\dfrac{1}{x}\mathrm{d}x$，即 $\dfrac{u^2}{2}=\ln x+\ln C_1$。将 u 还原得 $y^2=x^2\ln(C_1^2x^2)=x^2\ln(Cx^2)$，其中 $C=C_1^2$。

（2）两边同时除以 x^2 得 $\left(\dfrac{y}{x}\right)^2+\dfrac{\mathrm{d}y}{\mathrm{d}x}=\dfrac{y}{x}\dfrac{\mathrm{d}y}{\mathrm{d}x}$。令 $u=\dfrac{y}{x}$，即 $y=ux$，则 $\dfrac{\mathrm{d}y}{\mathrm{d}x}=u+x\dfrac{\mathrm{d}u}{\mathrm{d}x}$，原方程变为

$$u^2+u+x\dfrac{\mathrm{d}u}{\mathrm{d}x}=u\left(u+x\dfrac{\mathrm{d}u}{\mathrm{d}x}\right)，\quad 即\quad x(u-1)\dfrac{\mathrm{d}u}{\mathrm{d}x}=u。$$

分离变量得 $\left(1-\dfrac{1}{u}\right)\mathrm{d}u=\dfrac{\mathrm{d}x}{x}$。两边积分得 $\displaystyle\int\left(1-\dfrac{1}{u}\right)\mathrm{d}u=\int\dfrac{1}{x}\mathrm{d}x$，即 $u-\ln|u|+C=\ln|x|$。

代入得微分方程的通解 $\ln|y|=\dfrac{y}{x}+C$。

（3）这是一个非齐次线性方程。

方法一 常数变易法 先求对应的齐次方程的通解

由 $\dfrac{\mathrm{d}y}{\mathrm{d}x}-\dfrac{2}{x+1}y=0\Rightarrow\dfrac{\mathrm{d}y}{y}=\dfrac{2\mathrm{d}x}{x+1}\Rightarrow\ln y=2\ln(x+1)+\ln C\Rightarrow y=C(x+1)^2$。

用常数变易法：把 C 换成 $u(x)$，令 $y=u(x)(x+1)^2$，则有 $\dfrac{\mathrm{d}y}{\mathrm{d}x}=u'(x)(x+1)^2+2u(x)(x+1)$，代入

所给非齐次方程得 $u'(x)=(x+1)^{\frac{1}{2}}$，两端积分得 $u(x)=\dfrac{2}{3}(x+1)^{\frac{3}{2}}+C$，回代即得所求方程的通解为

$$y=\left[\dfrac{2}{3}(x+1)^{\frac{3}{2}}+C\right](x+1)^2。$$

方法二　公式法　方程的通解为

$$y = e^{\int \frac{2}{x+1}dx}\left(\int (x+1)^{\frac{5}{2}} e^{-\int \frac{2}{x+1}dx}dx + C\right) = e^{2\ln(x+1)}\left(\int (x+1)^{\frac{5}{2}} \frac{1}{(x+1)^2}dx + C\right)$$

$$= (x+1)^2\left(\int (x+1)^{\frac{1}{2}}dx + C\right) = (x+1)^2\left(\frac{2}{3}(x+1)^{\frac{3}{2}} + C\right)。$$

(4) $P(x) = \frac{1}{x}, Q(x) = \frac{\sin x}{x}$，于是所求通解为

$$y = e^{-\int \frac{1}{x}dx}\left(\int \frac{\sin x}{x}\cdot e^{\int \frac{1}{x}dx}dx + C\right) = e^{-\ln x}\left(\int \frac{\sin x}{x}\cdot e^{\ln x}dx + C\right)$$

$$= \frac{1}{x}(-\cos x + C)。$$

(5) 方程可改写为 $\frac{\sin y}{\cos y}dy = \frac{\sin x}{\cos x}dx$，两边积分有

$$\int \frac{\sin y}{\cos y}dy = \int \frac{\sin x}{\cos x}dx，\quad \text{即}\quad \ln\cos y = \ln\cos x + \ln C，$$

于是所求通解为 $\cos y = C\cos x$。

(6) 方程可改写为 $y' - \frac{y}{x} = -\frac{x}{1+x^2}$，为一阶线性非齐次微分方程。

方法一　常数变易法　相应的齐次方程为 $y' - \frac{y}{x} = 0$，分离变量得 $\frac{1}{y}dy = \frac{1}{x}dx$。

两边积分得 $\ln y = \ln x + \ln C$，解得相应齐次方程的通解为 $y = Cx$。

用常数变易法：令 $y = u(x)x$ 代入原方程得 $u'(x) = \frac{-1}{1+x^2}$，$u(x) = -\arctan x + C$，故原方程的通解为 $y = x(-\arctan x + C)$。

方法二　公式法　原方程的通解为

$$y = e^{\int \frac{1}{x}dx}\left(\int -\frac{x}{1+x^2}e^{-\int \frac{1}{x}dx}dx + C\right) = e^{\ln x}\left(\int -\frac{x}{1+x^2}\cdot \frac{1}{x}dx + C\right) = x(-\arctan x + C)。$$

5. 求下列微分方程满足初始条件的特解：

(1) $x\ln x dy + (y - \ln x)dx = 0, y(e) = 1$；　　(2) $\frac{dy}{dx} - \frac{4}{x}y = x^2\sqrt{y}, y(1) = 0$。

解　(1) 方程化为 $\frac{dy}{dx} + \frac{y}{x\ln x} = \frac{1}{x}$，其中 $P(x) = \frac{1}{x\ln x}, Q(x) = \frac{1}{x}$，由公式得通解为

$$y = e^{-\int P(x)dx}\left(\int Q(x)e^{\int P(x)dx}dx + C\right) = e^{-\int \frac{1}{x\ln x}dx}\left(\int \frac{1}{x}e^{\int \frac{1}{x\ln x}dx}dx + C\right)$$

$$= e^{-\ln\ln x}\left(\int \frac{1}{x}e^{\ln\ln x}dx + C\right) = \frac{1}{\ln x}\left(\int \frac{1}{x}\ln x dx + C\right)$$

$$= \frac{1}{\ln x}\left(\frac{\ln^2 x}{2} + C\right) = \frac{1}{2}\ln x + \frac{C}{\ln x}。$$

把 $y(e) = 1$ 代入上式得 $1 = \frac{1}{2} + C$，故 $C = \frac{1}{2}$，微分方程的特解为 $y = \frac{1}{2}\left(\ln x + \frac{1}{\ln x}\right)$。

(2) 这是一个伯努利微分方程，方程两边同除 $y^{\frac{1}{2}}$，得 $y^{-\frac{1}{2}}\frac{dy}{dx} - \frac{4}{x}y^{\frac{1}{2}} = x^2$。

设 $z = y^{\frac{1}{2}}$，则 $\frac{dz}{dx} = \frac{1}{2}y^{-\frac{1}{2}}\frac{dy}{dx}$，原方程变为 $\frac{dz}{dx} - \frac{2}{x}z = \frac{x^2}{2}$。

$$z = e^{\int \frac{2}{x}dx}\left(\int \frac{x^2}{2}e^{-\int \frac{2}{x}dx}dx + C\right) = x^2\left(\int \frac{x^2}{2}\frac{1}{x^2}dx + C\right) = x^2\left(\frac{x}{2} + C\right)，$$

于是 $y^{\frac{1}{2}} = x^2\left(\dfrac{x}{2} + C\right)$。代入初始条件 $y(1) = 0$，得 $C = -\dfrac{1}{2}$，故微分方程的特解为 $y = x^4\left(\dfrac{x}{2} - \dfrac{1}{2}\right)^2$。

提高题

1. 一曲线通过点 $A(0,1)$，且曲线上任意一点 $M(x,y)$ 处的切线在 y 轴上的截距等于原点至 M 点的距离，求该曲线的方程。

解　设曲线方程为 $y = y(x)$，则在任一点 $M(x,y)$ 的切线方程为

$$Y - y = \frac{\mathrm{d}y}{\mathrm{d}x}(X - x), \quad \text{即} \quad Y = \frac{\mathrm{d}y}{\mathrm{d}x}X + y - x\frac{\mathrm{d}y}{\mathrm{d}x}。$$

由题意 $y - x\dfrac{\mathrm{d}y}{\mathrm{d}x} = \sqrt{x^2 + y^2}$，即 $\dfrac{y}{x} - \dfrac{\mathrm{d}y}{\mathrm{d}x} = \sqrt{1 + \left(\dfrac{y}{x}\right)^2}$，这是齐次方程，初始条件为 $y|_{x=0} = 1$。

令 $y = xu$。方程化为 $\dfrac{\mathrm{d}u}{\sqrt{1 + u^2}} = -\dfrac{\mathrm{d}x}{x}$，积分得

$$\ln(u + \sqrt{1 + u^2}) = -\ln x + C, \quad \text{即} \quad u + \sqrt{1 + u^2} = \frac{C}{x}。$$

把 $u = \dfrac{y}{x}$ 代入上式得 $y + \sqrt{x^2 + y^2} = C$。再代入初始条件得 $C = 2$。

故所求曲线方程为 $y + \sqrt{x^2 + y^2} = 2$。

2. 已知 $f'(\sin^2 x) = \cos 2x + \tan^2 x$，当 $0 < x < 1$ 时，证明

$$f(x) = -[x^2 + \ln(1 - x)] + C。$$

证明　设 $u = \sin^2 x$，则 $\cos 2x = 1 - 2\sin^2 x = 1 - 2u$，$\tan^2 x = \dfrac{\sin^2 x}{\cos^2 x} = \dfrac{\sin^2 x}{1 - \sin^2 x} = \dfrac{u}{1 - u}$，

所以原方程变为 $f'(u) = 1 - 2u + \dfrac{u}{1 - u}$，即 $f'(u) = -2u + \dfrac{1}{1 - u}$。

而 $f(u) = \displaystyle\int f'(u)\,\mathrm{d}u = \int\left(-2u + \dfrac{1}{1 - u}\right)\mathrm{d}u = -u^2 - \ln(1 - u) + C$，

故 $f(x) = -[x^2 + \ln(1 - x)] + C \quad (0 < x < 1)$。

3. 求下列微分方程的通解：

(1) $(x - 2xy - y^2)\mathrm{d}y + y^2\mathrm{d}x = 0$；

(2) $y(x^2 - xy + y^2)\mathrm{d}x + x(x^2 + xy + y^2)\mathrm{d}y = 0$；

(3) $xy' + x + \sin(x + y) = 0$。

解　(1) 方程可改写为 $\dfrac{\mathrm{d}x}{\mathrm{d}y} + \dfrac{1 - 2y}{y^2}x = 1$（以 y 为自变量的一阶线性方程）。

方法一　常数变易法　对应的齐次方程为 $\dfrac{\mathrm{d}x}{\mathrm{d}y} + \dfrac{1 - 2y}{y^2}x = 0$，分离变量得 $\dfrac{1}{x}\mathrm{d}x = \dfrac{2y - 1}{y^2}\mathrm{d}y$，两边积分得

$$\ln x = 2\ln y + \frac{1}{y} + \ln C, \quad \text{即相应齐次方程通解为} \quad x = Cy^2 e^{\frac{1}{y}}。$$

用常数变易法：令 $x = u(y)y^2 e^{\frac{1}{y}}$ 代入原方程得 $u'(y)y^2 e^{\frac{1}{y}} = 1$，$u(y) = \displaystyle\int e^{-\frac{1}{y}}\mathrm{d}\left(-\frac{1}{y}\right) = e^{-\frac{1}{y}} + C$，故

原方程的通解为 $x = \left(e^{-\frac{1}{y}} + C\right)y^2 e^{\frac{1}{y}}$。

方法二　公式法　原方程的通解为

$$x = e^{-\int\frac{1 - 2y}{y^2}\mathrm{d}y}\left(\int e^{\int\frac{1 - 2y}{y^2}\mathrm{d}y}\,\mathrm{d}y + C\right) = e^{\frac{1}{y} + 2\ln y}\left(\int e^{-\frac{1}{y} - 2\ln y}\,\mathrm{d}y + C\right)$$

$$= y^2 e^{\frac{1}{y}}\left(\int \frac{1}{y^2}e^{-\frac{1}{y}}\,\mathrm{d}y + C\right) = y^2 e^{\frac{1}{y}}\left(e^{-\frac{1}{y}} + C\right)。$$

（2）将方程整理为

$$\frac{dy}{dx} = -\frac{y(x^2-xy+y^2)}{x(x^2+xy+y^2)} = -\frac{y}{x}\cdot\frac{1-\frac{y}{x}+\left(\frac{y}{x}\right)^2}{1+\frac{y}{x}+\left(\frac{y}{x}\right)^2}.$$

令 $\frac{y}{x}=u$，则 $\frac{dy}{dx}=u+x\cdot\frac{du}{dx}$，原方程化为 $\frac{1+u+u^2}{u(1+u^2)}du=-\frac{2}{x}dx$，即 $\left(\frac{1}{u}+\frac{1}{1+u^2}\right)du=-\frac{2}{x}dx$，两边积分得

$$\ln|u|+\arctan u=-2\ln|x|+C，将 u=\frac{y}{x} 代入，得原方程的通解为$$

$$\ln\left|\frac{y}{x}\right|+\arctan\frac{y}{x}=C-2\ln|x|,\quad 即\quad \ln|xy|+\arctan\frac{y}{x}=C.$$

（3）令 $x+y=u$，则 $1+\frac{dy}{dx}=\frac{du}{dx}$，代入方程得 $x\frac{du}{dx}+\sin u=0$。分离变量得 $\frac{du}{\sin u}=-\frac{dx}{x}$。

$$\int\frac{du}{2\sin\frac{u}{2}\cos\frac{u}{2}}=-\int\frac{dx}{x},\quad 即\quad -\int\frac{du}{2\sin^2\frac{u}{2}\cot\frac{u}{2}}=\int\frac{dx}{x}.$$

两边积分得 $\ln\cot\frac{u}{2}=\ln x+\ln C$，所以方程通解为 $\cot\frac{x+y}{2}=Cx$。

习题 4.3

1. 求下列微分方程的通解：

（1）$y'''=\sin x+x$； （2）$y''=\dfrac{1}{1+x^2}$；

（3）$y''=y'+x$； （4）$1+xy''+y'=0$；

（5）$y''+\dfrac{2}{x}y'=0$； （6）$y''=2y'$；

（7）$yy''-2(y')^2=0$； （8）$y''=y^{-3}$。

解 （1）对所给方程接连积分三次，得

$$y''=-\cos x+\frac{1}{2}x^2+C_1,$$

$$y'=-\sin x+\frac{1}{6}x^3+C_1x+C_2,$$

$$y=\cos x+\frac{1}{24}x^4+C_1\frac{x^2}{2}+C_2x+C_3.$$

（2）对原方程连续积分两次，得

$$y'=\int\frac{1}{1+x^2}dx=\arctan x+C_1$$

$$y=\int(\arctan x+C_1)dx=x\arctan x-\int\frac{x}{1+x^2}dx+C_1x$$

$$=x\arctan x-\frac{1}{2}\ln(1+x^2)+C_1x+C_2.$$

（3）令 $y'=p$，则 $y''=p'$，得一阶线性方程 $p'=p+x$，即 $p'-p=x$。由公式可得

$$p=e^{\int dx}\left(\int xe^{-\int dx}dx+C_1\right)=e^x\left(\int xe^{-x}dx+C_1\right)=C_1e^x-x-1，则$$

$$y=\int(C_1e^x-x-1)dx=C_1e^x-\frac{1}{2}x^2-x+C_2.$$

(4) 令 $y' = p$，则 $y'' = p'$，得一阶线性方程 $1 + xp' + p = 0$，即 $p' + \dfrac{1}{x}p = -\dfrac{1}{x}$。

由公式可得 $p = \mathrm{e}^{-\int \frac{1}{x}\mathrm{d}x}\left(\int -\dfrac{1}{x}\mathrm{e}^{\int \frac{1}{x}\mathrm{d}x}\,\mathrm{d}x + C_1\right) = \dfrac{1}{x}\left(-\int \mathrm{d}x + C_1\right) = \dfrac{1}{x}(-x + C_1)$，

即 $y' = -1 + C_1\dfrac{1}{x}$，则 $y = -x + C_1\ln|x| + C_2$。

(5) 令 $y' = p$，则 $y'' = p'$，得一阶线性方程 $p' + \dfrac{2}{x}p = 0$，分离变量得 $\dfrac{\mathrm{d}p}{p} = -\dfrac{2}{x}\mathrm{d}x$，两边积分得 $\ln p = -2\ln x + \ln C_1$，即 $y' = p = \dfrac{C_1}{x^2}$，再积分得通解

$$y = -\dfrac{C_1}{x} + C_2。$$

(6) 令 $y' = p$，则 $y'' = p'$，原方程化为 $p' = 2p$，即 $\dfrac{\mathrm{d}p}{p} = 2\mathrm{d}x$，积分得 $p = C_1'\mathrm{e}^{2x}$，再积分，则通解 $y = \int C_1'\mathrm{e}^{2x}\,\mathrm{d}x = C_1\mathrm{e}^{2x} + C_2 \quad \left(C_1 = \dfrac{C_1'}{2}\right)$。

(7) 方程不显含自变量 x，令 $p = y'$，则 $y'' = p\dfrac{\mathrm{d}p}{\mathrm{d}y}$。代入方程得 $yp\dfrac{\mathrm{d}p}{\mathrm{d}y} - 2p^2 = 0$，即 $yp\dfrac{\mathrm{d}p}{\mathrm{d}y} = 2p^2$。

分离变量得 $\dfrac{\mathrm{d}p}{p} = \dfrac{2\mathrm{d}y}{y}(p \neq 0, y \neq 0)$。两边积分得 $\ln p = 2\ln y + \ln C_1$，即 $p = C_1 y^2$。所以 $y' = C_1 y^2$，即 $\dfrac{\mathrm{d}y}{y^2} = C_1\mathrm{d}x$，两边积分得 $-\dfrac{1}{y} = C_1 x + C_2$。

(8) 令 $y' = p$，则 $y'' = p \cdot \dfrac{\mathrm{d}p}{\mathrm{d}y}$，原方程化为 $p\dfrac{\mathrm{d}p}{\mathrm{d}y} = y^{-3}$，从而 $p\,\mathrm{d}p = y^{-3}\mathrm{d}y$，积分得 $p^2 = -\dfrac{1}{y^2} + C_1$，即 $(y')^2 = -\dfrac{1}{y^2} + C_1$，

由此得 $p = y' = \dfrac{1}{y}\sqrt{C_1 y^2 - 1}$，即 $\dfrac{y}{\sqrt{C_1 y^2 - 1}}\mathrm{d}y = \mathrm{d}x$，两边积分得 $\dfrac{1}{C_1}\sqrt{C_1 y^2 - 1} = x + C_2'$，

即因此所求通解为 $\sqrt{C_1 y^2 - 1} = C_1 x + C_2 \quad (C_2 = C_1 C_2')$。

2. 求下列微分方程满足初始条件的特解：

(1) $y'' = \mathrm{e}^x - \cos 2x$，$y(0) = 2$，$y'(0) = 0$；

(2) $y'' + y' = x^2$，$y(0) = 4$，$y'(0) = 2$；

(3) $xy'' + x(y')^2 - y' = 0$，$y(2) = 2$，$y'(2) = 1$；

(4) $y'' - \mathrm{e}^{2y} = 0$，$y(0) = 0$，$y'(0) = 1$；

(5) $2y'' = \sin 2y$，$y(0) = \dfrac{\pi}{2}$，$y'(0) = 1$。

解 (1) 对所给方程接连积分二次，得

$$y' = \mathrm{e}^x - \dfrac{1}{2}\sin 2x + C_1, \tag{$*$}$$

$$y = \mathrm{e}^x + \dfrac{1}{4}\cos 2x + C_1 x + C_2, \tag{$**$}$$

在 $(*)$ 中代入条件 $y'(0) = 0$，得 $C_1 = -1$；在 $(**)$ 中代入条件 $y(0) = 2$，得 $C_2 = \dfrac{3}{4}$。因此所求特解为

$$y = \mathrm{e}^x + \dfrac{1}{4}\cos 2x - x + \dfrac{3}{4}。$$

(2) 令 $u = y'$，则 $u' = y''$，原方程化为 $u' + u = x^2$。利用公式，得

$$u = e^{-\int dx}\left(\int x^2 e^{\int dx}\, dx + C_1\right) = e^{-x}\left(\int x^2 e^x\, dx + C_1\right)$$

$$= e^{-x}(x^2 e^x - 2x e^x + 2e^x + C_1) = x^2 - 2x + 2 + C_1 e^{-x}。$$

又 $u = y'$，所以通解 $y = \dfrac{1}{3}x^3 - x^2 + 2x - C_1 e^{-x} + C_2$。

由 $y(0) = 4$ 及 $y'(0) = 2$，得 $4 = -C_1 + C_2$，$2 = 2 + C_1$，故 $C_1 = 0$，$C_2 = 4$，于是所求特解为 $y = \dfrac{1}{3}x^3 - x^2 + 2x + 4$。

(3) 令 $y' = p$，则 $y'' = p'$，方程化为 $xp' + xp^2 - p = 0$，即 $-p^{-2}\dfrac{dp}{dx} + \dfrac{1}{x}p^{-1} = 1$。

令 $u = \dfrac{1}{p}$，则 $\dfrac{du}{dx} = -p^{-2}\dfrac{dp}{dx}$，故有 $\dfrac{du}{dx} + \dfrac{u}{x} = 1$，这是一阶线性方程。由公式可得通解为 $u = \dfrac{C_1}{x} + \dfrac{x}{2}$，即 $u = \dfrac{2C_1 + x^2}{2x}$。故 $y' = p = \dfrac{1}{u} = \dfrac{2x}{2C_1 + x^2}$。由 $y'|_{x=2} = 1$，得 $C_1 = 0$，则有 $y' = \dfrac{2}{x}$，积分得 $y = 2\ln x + C_2$。由 $y|_{x=2} = 2$，得 $C_2 = 2 - 2\ln 2$，因此所求特解为 $y = 2\ln x + 2 - 2\ln 2 = 2 + \ln\left(\dfrac{x}{2}\right)^2$。

(4) 令 $y' = p$，则 $y'' = p\dfrac{dp}{dy}$，原方程化为 $p\dfrac{dp}{dy} = e^{2y}$，即 $p\, dp = e^{2y}\, dy$。积分得 $\dfrac{1}{2}p^2 = \dfrac{1}{2}e^{2y} + C_1$，即 $\dfrac{1}{2}y'^2 = \dfrac{1}{2}e^{2y} + C_1$。

由 $y'|_{x=0} = 1$，得 $C_1 = 0$，因而 $y'^2 = e^{2y}$，从而 $y' = \pm\sqrt{e^{2y}} = \pm e^y$，即 $\dfrac{dy}{e^y} = \pm dx$，积分得 $-e^{-y} = \pm x + C_2$。

由 $y|_{x=0} = 0$，得 $C_2 = -1$，因此所求特解为 $e^{-y} = \pm x + 1$。

(5) 方程中缺 x，属于 $y'' = f(y, y')$ 型。令 $y' = p$，则 $y'' = p\dfrac{dp}{dy}$，代入方程得 $2p\dfrac{dp}{dy} = 2\sin y\cos y$，分离变量得 $p\, dp = \sin y\cos y\, dy$。

两边积分得 $\dfrac{1}{2}p^2 = \dfrac{1}{2}\sin^2 y + \dfrac{1}{2}C_1$，即 $p^2 = \sin^2 y + C_1$。

代入初始条件 $p(0) = y'(0) = 1$，得 $C_1 = 0$，所以 $p^2 = \sin^2 y$，即 $p = \pm\sin y$。
又由初始条件知，上式取负号，故 $y' = p = -\sin y$。

分离变量得 $\dfrac{dy}{\sin y} = -dx$，即 $-\dfrac{dy}{2\sin\frac{y}{2}\cos\frac{y}{2}} = dx$，两边积分得 $\ln\tan\dfrac{y}{2} = x + C_2$。

代入初始条件 $x = 0$，$y = \dfrac{\pi}{2}$，即得 $C_2 = 0$，故所求特解为 $\tan\dfrac{y}{2} = e^x$。

3. 试求满足 $y'' = x + e^x$，经过点 $M(0,2)$ 且在此点与直线 $y = \dfrac{x}{3} + 2$ 相切的曲线方程。

解 由题意可知要求方程 $y'' = x + e^x$ 满足初始条件 $y(0) = 2$，$y'(0) = \dfrac{1}{3}$ 的特解。将方程 $y'' = x + e^x$ 积分得 $y' = \dfrac{x^2}{2} + e^x + C_1$，代入初始条件 $y'(0) = \dfrac{1}{3}$ 得 $C_1 = -\dfrac{2}{3}$，即 $y' = \dfrac{x^2}{2} + e^x - \dfrac{2}{3}$。

再积分得 $y = \dfrac{x^3}{6} + e^x - \dfrac{2}{3}x + C_2$。代入初始条件 $y(0) = 2$ 得 $C_2 = 1$。故曲线方程为 $y = \dfrac{x^3}{6} + e^x - \dfrac{2}{3}x + 1$。

提高题

1. 求下列微分方程的通解：

(1) $xy'' = y'\ln\dfrac{y'}{x}$；　　(2) $y'' = -(1+y'^2)^{\frac{3}{2}}$；　　(3) $xy'' = y'(e^y - 1)$。

解　(1) 方程不显含未知函数 y。令 $p = y'$，则 $y'' = p'$。代入方程得 $xp' = p\ln\dfrac{p}{x}$。求解这个齐次方程。

令 $\dfrac{p}{x} = u$，即 $p = ux$，则 $p' = u + xu'$。代入方程得 $u + xu' = u\ln u$。

分离变量得 $\dfrac{\mathrm{d}u}{u(-1+\ln u)} = \dfrac{\mathrm{d}x}{x}$。两边积分得 $\ln(-1+\ln u) = \ln x + \ln C_1$，即 $-1+\ln u = C_1 x$，也即 $u = e^{C_1 x+1}$，故 $\dfrac{p}{x} = e^{C_1 x+1}$，即 $y' = xe^{C_1 x+1}$。两边积分得通解 $y = \dfrac{x}{C_1}e^{C_1 x+1} - \dfrac{1}{C_1^2}e^{C_1 x+1} + C_2$。

(2) 该方程既不显含 x，又不显含 y，两种解法均可，但应注意这时两种解法可能有难易程度的差别，应注意比较，选用较简单的方法。

若令 $y' = p$，则 $y'' = p'$，原方程化为 $\dfrac{\mathrm{d}p}{\mathrm{d}x} = -(1+p^2)^{\frac{3}{2}}$，分离变量得 $\mathrm{d}x = -\dfrac{1}{(1+p^2)^{\frac{3}{2}}}\mathrm{d}p$，故 $x = -\dfrac{p}{\sqrt{1+p^2}} + C$。这时求解 p 比较繁。

若令 $y' = p$，则 $y'' = p\dfrac{\mathrm{d}p}{\mathrm{d}y}$，原方程化为 $p\dfrac{\mathrm{d}p}{\mathrm{d}y} = -(1+p^2)^{\frac{3}{2}}$，两边积分得 $y = \dfrac{1}{\sqrt{1+p^2}} + C_1$，即 $1+p^2 = \dfrac{1}{(y-C_1)^2}$，所以 $p = \pm\dfrac{\sqrt{1-(y-C_1)^2}}{y-C_1}$，而

$$\dfrac{\mathrm{d}y}{\mathrm{d}x} = \pm\dfrac{\sqrt{1-(y-C_1)^2}}{y-C_1}, \quad \text{即} \quad \dfrac{y-C_1}{\sqrt{1-(y-C_1)^2}}\mathrm{d}y = \pm\mathrm{d}x,$$

两边再积分可得方程的通解为 $(x-C_2)^2 + (y-C_1)^2 = 1$。

(3) 方程变形为 $xy'' + y' = y'e^y$，即 $(xy')' = (e^y)'$ 两边积分得 $xy' = e^y + C_1$。再变形为 $\dfrac{1}{e^y+C_1}\mathrm{d}y = \dfrac{1}{x}\mathrm{d}x$，即 $\dfrac{e^{-y}}{1+C_1 e^{-y}}\mathrm{d}y = \dfrac{1}{x}\mathrm{d}x$，两边积分得

$$\ln(1+C_1 e^{-y}) = -C_1\ln|x| + \ln C_2,$$

故方程的通解为 $1+C_1 e^{-y} = C_2 e^{-C_1\ln|x|}$。

2. 求解微分方程 $y'' + y'^2 = e^{-y}$ 满足初始条件 $y(0)=0, y'(0)=1$ 的特解。

解　观察到 $e^y[y''+(y')^2] = 1$，即 $(y'e^y)' = 1$，所以 $y'e^y = x + C_1$。

代入 $y'(0)=1$，得 $C_1 = 1$，于是 $e^y\mathrm{d}y = (x+1)\mathrm{d}x$，两边积分得 $e^y = \dfrac{x^2}{2} + x + C_2$。

代入 $y(0)=0$，得 $C_2 = 1$，于是微分方程的特解为 $y = \ln\left(\dfrac{x^2}{2}+x+1\right)$。

习题 4.4

1. 求下列常系数齐次线性微分方程的通解：

(1) $y'' + 3y' - 4y = 0$；　　　　(2) $y'' - 2y' + y = 0$；

(3) $y'' - y = 0$；　　　　(4) $y'' + 6y' + 9y = 0$；

(5) $4y'' - 8y' + 5y = 0$；　　　　　　　　　　　　(6) $y'' + 2y' + 5y = 0$。

解　(1) 特征方程为 $r^2 + 3r - 4 = 0$，特征根为 $r_1 = -4, r_2 = 1$，所以通解为 $y = C_1 e^{-4x} + C_2 e^x$。

(2) 特征方程为 $r^2 - 2r + 1 = 0$，特征根为 $r_1 = r_2 = 1$，所以通解为 $y = (C_1 + C_2 x) e^x$。

(3) 特征方程为 $r^2 - 1 = 0$，特征根为 $r_1 = 1, r_2 = -1$，故通解为 $y = C_1 e^x + C_2 e^{-x}$。

(4) 特征方程为 $r^2 + 6r + 9 = 0$，特征根为 $r_1 = r_2 = -3$，所以通解为 $y = (C_1 + C_2 x) e^{-3x}$。

(5) 特征方程为 $4r^2 - 8r + 5 = 0$，特征根为 $r_{1,2} = 1 \pm \dfrac{1}{2} i$，所以通解为 $y = e^x \left(C_1 \cos \dfrac{x}{2} + C_2 \sin \dfrac{x}{2} \right)$。

(6) 特征方程为 $r^2 + 2r + 5 = 0$，特征根为 $r_{1,2} = -1 \pm 2i$，所以通解为 $y = e^{-x} (C_1 \cos 2x + C_2 \sin 2x)$。

2. 求下列常系数齐次线性方程满足初始条件的特解：

(1) $y'' - 2y' - 3y = 0, y(0) = 1, y'(0) = 0$；　　　　(2) $4y'' + 4y' + y = 0, y(0) = 2, y'(0) = 0$；

(3) $y'' - 4y' + 3y = 0, y(0) = 6, y'(0) = 10$；　　　　(4) $y'' + 9y = 0, y(\pi) = -1, y'(\pi) = 1$。

解　(1) 特征方程为 $r^2 - 2r - 3 = 0$，特征根为 $r_1 = -1, r_2 = 3$，所以通解为 $y = C_1 e^{-x} + C_2 e^{3x}$，而 $y' = -C_1 e^{-x} + 3C_2 e^{3x}$。

由初始条件得 $\begin{cases} C_1 + C_2 = 1, \\ -C_1 + 3C_2 = 0, \end{cases}$　解得 $C_1 = \dfrac{3}{4}, C_2 = \dfrac{1}{4}$，所以满足条件的特解为 $y = \dfrac{3}{4} e^{-x} + \dfrac{1}{4} e^{3x}$。

(2) 特征方程为 $4r^2 + 4r + 1 = 0$，特征根为 $r_1 = r_2 = -\dfrac{1}{2}$，所以通解为 $y = (C_1 + C_2 x) e^{-\frac{1}{2} x}$，从而 $y' = \left(C_2 - \dfrac{1}{2} C_1 - \dfrac{C_2}{2} x \right) e^{-\frac{1}{2} x}$。

由初始条件得 $C_1 = 2, C_2 = 1$，故方程的特解为 $y = (2 + x) e^{-\frac{1}{2} x}$。

(3) 特征方程为 $r^2 - 4r + 3 = 0$，特征根为 $r_1 = 1, r_2 = 3$，所以通解为 $y = C_1 e^x + C_2 e^{3x}$，从而 $y' = C_1 e^x + 3C_2 e^{3x}$。

由初始条件 $\begin{cases} C_1 + C_2 = 6, \\ C_1 + 3C_2 = 10, \end{cases}$　解得 $C_1 = 4, C_2 = 2$，所以满足条件的特解为 $y = 4e^x + 2e^{3x}$。

(4) 特征方程为 $r^2 + 9 = 0$，特征根为 $r_{1,2} = \pm 3i$。所以通解为 $y = C_1 \cos 3x + C_2 \sin 3x$，从而 $y' = -3C_1 \sin 3x + 3C_2 \cos 3x$。

由初始条件 $y(\pi) = -1, y'(\pi) = 1$，得 $C_1 = 1, C_2 = -\dfrac{1}{3}$。所以满足条件的特解为 $y = \cos 3x - \dfrac{1}{3} \sin 3x$。

3. 求下列微分方程的通解：

(1) $y'' + y' = x$；　　　　(2) $y'' + y = x + e^x$；　　　　(3) $y'' - 4y' + 4y = 2 \sin 2x$。

解　(1) 特征方程为 $r^2 + r = 0$，特征根为 $r_1 = 0, r_2 = -1$，故对应的齐次方程的通解为 $y = C_1 + C_2 e^{-x}$。

自由项 $f(x) = x, \lambda = 0$ 是特征根，所以 $y^* = x(Ax + B)$。

代入方程解得 $A = \dfrac{1}{2}, B = -1$，即 $y^* = \dfrac{x^2}{2} - x$，所以原方程的通解为 $y = C_1 + C_2 e^{-x} + \dfrac{x^2}{2} - x$。

(2) 特征方程为 $r^2 + 1 = 0$，特征根为 $r_1 = i, r_2 = -i$，故对应的齐次方程的通解为 $y = C_1 \cos x + C_2 \sin x$。观察可得，$y'' + y = x$ 的一个特解为 $y_1^* = x$。

设 $y'' + y = e^x$ 的特解为 $y_2^* = A e^x$，代入方程得，$A = \dfrac{1}{2}$，即微分方程 $y'' + y = e^x$ 的一个特解为 $y_2^* = \dfrac{1}{2} e^x$。

由非齐次线性微分方程的叠加原理知 $y^* = y_1^* + y_2^* = x + \dfrac{1}{2} e^x$ 是原方程的一个特解，从而原方程的通解为 $y = C_1 \cos x + C_2 \sin x + x + \dfrac{1}{2} e^x$。

（3）特征方程为 $r^2-4r+4=0$，特征根为 $r_{1,2}=2$，故对应的齐次方程通解为 $y=(C_1+C_2x)\mathrm{e}^{2x}$。

自由项 $f(x)=2\sin2x,\lambda+\omega\mathrm{i}=2\mathrm{i}$ 不是特征根，故 $y^*=A\cos2x+B\sin2x$。代入方程解得 $A=\dfrac{1}{4},B=0$，所以 $y^*=\dfrac{1}{4}\cos2x$。所以方程的通解为 $y=(C_1+C_2x)\mathrm{e}^{2x}+\dfrac{1}{4}\cos2x$。

4．求下列微分方程满足初始条件的特解：

（1）$y''-y'=3,y(0)=0,y'(0)=1$；

（2）$y''+4y=\sin2x,y(0)=\dfrac{1}{4},y'(0)=0$。

解　（1）对应的齐次方程的特征根为 $r_1=0,r_2=1$，故对应齐次方程的通解为 $y=C_1+C_2\mathrm{e}^x$。

自由项 $f(x)=3,\lambda=0$ 是特征根，所以 $y^*=Ax$。代入方程解得 $A=-3$，所以 $y^*=-3x$。故方程的通解为 $y=C_1+C_2\mathrm{e}^x-3x$。从而 $y'=C_2\mathrm{e}^x-3$。

由初始条件得 $C_1+C_2=0,C_2-3=1$，得 $C_1=-4,C_2=4$。故方程满足初始条件的特解为
$$y=-4+4\mathrm{e}^x-3x。$$

（2）对应齐次方程的特征方程为 $r^2+4=0$，特征根为 $r_{1,2}=\pm2\mathrm{i}$，故对应的齐次方程的通解为 $y=C_1\cos2x+C_2\sin2x$。

自由项 $f(x)=\sin2x,\lambda+\omega\mathrm{i}=2\mathrm{i}$ 是特征根，所以方程特解为 $y^*=x(A\cos2x+B\sin2x)$。

代入方程解得 $A=-\dfrac{1}{4},B=0$。所以 $y^*=-\dfrac{x}{4}\cos2x$。故通解 $y=C_1\cos2x+C_2\sin2x-\dfrac{x}{4}\cos2x$。

由初始条件可得 $C_1=\dfrac{1}{4},C_2=\dfrac{1}{8}$。故满足初始条件的特解为 $y=\dfrac{1}{4}\cos2x+\dfrac{1}{8}\sin2x-\dfrac{x}{4}\cos2x$。

提高题

1．设函数 $f(x)$ 可导，且满足 $f(x)=1+2x+\displaystyle\int_0^x tf(t)\mathrm{d}t-x\int_0^x f(t)\mathrm{d}t$，试求函数 $f(x)$。

解　两边求导得 $f'(x)=2+xf(x)-\displaystyle\int_0^x f(t)\mathrm{d}t-xf(x)$，即 $f'(x)=2-\displaystyle\int_0^x f(t)\mathrm{d}t$。两边再求导得 $f''(x)+f(x)=0$，这是一个满足初始条件 $f(0)=1,f'(0)=2$ 的二阶常系数线性齐次微分方程。特征方程为 $r^2+1=0$，特征根为 $r_{1,2}=\pm\mathrm{i}$，所以通解为 $f(x)=C_1\cos x+C_2\sin x,f'(x)=-C_1\sin x+C_2\cos x$。

在上式中代入初始条件 $f(0)=1,f'(0)=2$，解得 $C_1=1,C_2=2$，所以 $f(x)=\cos x+2\sin x$。

2．已知 $y_1=x\mathrm{e}^x+\mathrm{e}^{2x},y_2=x\mathrm{e}^x-\mathrm{e}^{-x},y_3=x\mathrm{e}^x+\mathrm{e}^{2x}-\mathrm{e}^{-x}$ 是某二阶非齐次线性微分方程的 3 个特解：

（1）求此方程的通解；

（2）写出此微分方程；

（3）求此微分方程满足初始条件 $y(0)=7,y'(0)=6$ 的特解。

解　（1）由题设知，$\mathrm{e}^{2x}=y_3-y_2,\mathrm{e}^{-x}=y_1-y_3$ 是相应齐次线方程的两个线性无关的解，且 $y_1=x\mathrm{e}^x+\mathrm{e}^{2x}$，是非齐次线性方程的一个特解，故所求方程的通解为
$$y=x\mathrm{e}^x+\mathrm{e}^{2x}+C_0\mathrm{e}^{2x}+C_2\mathrm{e}^{-x}=x\mathrm{e}^x+C_1\mathrm{e}^{2x}+C_2\mathrm{e}^{-x}，\text{其中}\ C_1=1+C_0。$$

（2）因为
$$y=x\mathrm{e}^x+C_1\mathrm{e}^{2x}+C_2\mathrm{e}^{-x}，\qquad\qquad①$$
所以
$$y'=\mathrm{e}^x+x\mathrm{e}^x+2C_1\mathrm{e}^{2x}-C_2\mathrm{e}^{-x}，$$
$$y''=2\mathrm{e}^x+x\mathrm{e}^x+4C_1\mathrm{e}^{2x}+C_2\mathrm{e}^{-x}。\qquad\qquad②$$
从这 3 个式子中消去 C_1,C_2，即所求方程为 $y''-y'-2y=\mathrm{e}^x-2x\mathrm{e}^x$。

（3）在①②代入初始条件 $y(0)=7,y'(0)=6$，得
$$C_1+C_2=7，\quad 2C_1-C_2+1=6\Rightarrow C_1=4，\quad C_2=3，$$
从而所求特解为 $y=4\mathrm{e}^{2x}+3\mathrm{e}^{-x}+x\mathrm{e}^x$。

复习题 4

1. 是非题

(1) 微分方程的通解中包含了它所有的解。   (   )

(2) $\dfrac{\mathrm{d}y}{\mathrm{d}x}=1+x+y^2+xy^2$ 是可分离变量的微分方程。   (   )

(3) 曲线在点 (x,y) 处的切线斜率等于该点横坐标的平方,则曲线所满足的微分方程是 $y'=x^2+C$(C 是任意常数)。   (   )

(4) $y'=\sin y$ 是一阶线性微分方程。   (   )

(5) 已知 $y_1=x$,$y_2=\sin x$ 是微分方程 $(y')^2-yy''=1$ 的两个线性无关的解,则该方程的通解为 $y=C_1x+C_2\sin x$。   (   )

解 (1) 因为通解中没包含非奇异解,所以应填×。

(2) 因为原方程可变为 $\dfrac{\mathrm{d}y}{\mathrm{d}x}=(1+x)+(1+x)y^2=(1+x)(1+y^2)$,所以应填√。

(3) 因为根据已知条件有 $y'=x^2$,所以结论错误,应填×。

(4) 因为 $y'=\sin y$ 是一阶非线性,所以应填×。

(5) 因为微分方程 $(y')^2-yy''=1$ 不是二阶常系数的微分方程,故通解不是 $y=C_1x+C_2\sin x$ 的形式,所以应填×。

2. 填空题

(1) $xy'''+2x^2y'^2+x^3y=x^4+1$ 是_____阶微分方程。

(2) $y'''+\sin xy'-x=\cos x$ 的通解中应含_____个独立常数。

(3) 方程 $\dfrac{\mathrm{d}x}{y}+\dfrac{\mathrm{d}y}{x}=0$ 的通解为_____。

(4) $y''=\sin 2x-\cos x$ 的通解是_____。

(5) 设二阶常系数线性齐次方程 $y''+p_1y'+p_2y=0$,它的特征方程有两个不相等的实根 r_1,r_2,则方程的通解为_____。

(6) 微分方程 $y''-6y'+9y=xe^{3x}$ 的特解形式为 $y^*=$_____。

解 (1) 因为微分方程含 y''' 为最高阶导数,所以微分方程的阶为 3,故应填 3。

(2) 因为微分方程是三阶微分方程,所以 $y'''+\sin xy'-x=\cos x$ 的通解中应含 3 个独立常数,故应填 3。

(3) 分离变量 $-x\mathrm{d}x=y\mathrm{d}y$,两边积分得 $\dfrac{x^2}{2}+\dfrac{y^2}{2}=C_1$,所以方程 $\dfrac{\mathrm{d}x}{y}+\dfrac{\mathrm{d}y}{x}=0$ 的通解为 $x^2+y^2=C$,故应填 $x^2+y^2=C$。

(4) 两边积分得 $y'=\dfrac{-\cos 2x}{2}-\sin x+C_1$。此式两边再积得 $y=\dfrac{-\sin 2x}{4}+\cos x+C_1x+C_2$ 故应填 $y=\dfrac{-\sin 2x}{4}+\cos x+C_1x+C_2$。

(5) 二阶常系数线性齐次方程 $y''+p_1y'+p_2y=0$,若特征方程有两个不相等的实根,通解的形式为 $y=C_1e^{r_1x}+C_2e^{r_2x}$,故应填 $y=C_1e^{r_1x}+C_2e^{r_2x}$。

(6) 由特征方程 $r^2-6r+9=0$,得特征根为 $r_1=r_2=3$。根据自由项 xe^{3x},$\lambda=3$ 是二重根,所以特解形式 $x^2(Ax+B)e^{3x}$,故应填 $x^2(Ax+B)e^{3x}$。

3. 选择题

(1) 微分方程 $(x-2xy-y^2)\mathrm{d}y+y^2\mathrm{d}x=0$ 是(   )。

  A. 可分离变量方程   B. 一阶线性齐次方程

  C. 一阶线性非齐次方程   D. 齐次方程

(2) 微分方程 $y'=3y^{\frac{2}{3}}$ 的一个特解是(　　)。

A. $y=x^3+1$ 　　　　　　　　　B. $y=(x+2)^3$

C. $y=(x+C)^2$ 　　　　　　　　D. $y=C(1+x)^3$

(3) 下列微分方程中,(　　)是二阶常系数齐次线性微分方程。

A. $y''-2y=0$ 　　　　　　　　B. $y''-xy'+3y^2=0$

C. $5y''-4x=0$ 　　　　　　　　D. $y''-2y'+1=0$

(4) 微分方程 $y'-y=0$ 满足初始条件 $y(0)=1$ 的特解为(　　)。

A. e^x 　　　　　　　　　　　B. e^x-1

C. e^x+1 　　　　　　　　　　D. $2-e^x$

(5) 下列函数中,哪个是微分方程 $y''-7y'+12y=0$ 的解(　　)。

A. $y=x^3$ 　　　B. $y=x^2$ 　　　C. $y=e^{3x}$ 　　　D. $y=e^{2x}$

解　(1) 因为原微分方程可变形为 $y^2\dfrac{\mathrm{d}x}{\mathrm{d}y}+(1-2y)x=y^2$,所以是 x 关于 y 的一阶线性非次方程,故应选 C。

(2) 因为原微分方程可变形为 $y^{-\frac{2}{3}}\mathrm{d}y=3\mathrm{d}x$,两边积分整理得通解为 $y=(x+C)^3$,所以一个特解是 $y=(x+2)^3$,故应选 B。

(3) 因为二阶常系数齐次线性微分方程的形式为 $y''+py'+qy=0$,所以 $y''-2y=0$ 是二阶常系数齐次线性微分方程,故应选 A。

(4) 方程 $y'-y=0$ 的通解为 $y=Ce^x$,代入初始条件 $y(0)=1$ 得特解 $y=e^x$,故应选 A。

(5) 方程 $y''-7y'+12y=0$ 的两个特征根分别为 $r_1=3,r_2=4$,所以 $y=e^{3x}$ 是其中的一个解,故应选 C。

4. 求下列微分方程的通解:

(1) $xy'-y\ln y=0$; 　　　　　　　　(2) $x\dfrac{\mathrm{d}y}{\mathrm{d}x}=y\ln\dfrac{y}{x}$;

(3) $(1+x^2)y'-2xy=(1+x^2)^2$ 　　　(4) $y\ln y\mathrm{d}x+(x-\ln y)\mathrm{d}y=0$。

解　(1) 分离变量得 $\dfrac{\mathrm{d}y}{y\ln y}=\dfrac{\mathrm{d}x}{x}$,即 $\dfrac{\mathrm{d}\ln y}{\ln y}=\dfrac{\mathrm{d}x}{x}$,积分可求得通解 $\ln(\ln y)=\ln x+\ln C$,即 $y=e^{Cx}$。

(2) 原方程变为 $\dfrac{\mathrm{d}y}{\mathrm{d}x}=\dfrac{y}{x}\ln\dfrac{y}{x}$。令 $u=\dfrac{y}{x}$,则原方程化为 $u+x\dfrac{\mathrm{d}u}{\mathrm{d}x}=u\ln u$,即 $\dfrac{\mathrm{d}u}{u(\ln u-1)}=\dfrac{\mathrm{d}x}{x}$。积分可得 $u=e^{Cx+1}$,代入 $u=\dfrac{y}{x}$,得 $y=xe^{Cx+1}$ 为所求的通解。

(3) 原方程可化为 $y'-\dfrac{2x}{1+x^2}y=1+x^2$,这是一阶线性非齐次方程,故其通解为

$$y=e^{\int\frac{2x}{1+x^2}\mathrm{d}x}\left[\int(1+x^2)e^{-\int\frac{2x}{1+x^2}\mathrm{d}x}\mathrm{d}x+C\right]=(1+x^2)\left[\int\mathrm{d}x+C\right],$$

即原方程的通解为 $y=(1+x^2)(x+C)$。

(4) 原方程可化为 $\dfrac{\mathrm{d}x}{\mathrm{d}y}+\dfrac{1}{y\ln y}x=\dfrac{1}{y}$,这是一阶线性非齐次方程,故其通解为

$$x=e^{-\int\frac{1}{y\ln y}\mathrm{d}y}\left[\int\frac{1}{y}e^{\int\frac{1}{y\ln y}\mathrm{d}y}\mathrm{d}y+C\right]=\frac{1}{\ln y}\left[\int\frac{\ln y}{y}\mathrm{d}y+C\right]=\frac{1}{\ln y}\left(\frac{\ln^2 y}{2}+C\right),$$

即原方程的通解为 $x=\dfrac{\ln y}{2}+\dfrac{C}{\ln y}$。

5. 求下列微分方程的通解:

(1) $xy''+2y'=1$; 　　(2) $y''+y'-2y=0$; 　　(3) $y''-4y'=0$。

解 （1）令 $y'=p$，则 $y''=p'$，原方程化为 $p'+\dfrac{2}{x}p=\dfrac{1}{x}$，这是一阶线性方程，由公式可得

$$y'=p=\mathrm{e}^{-\int\frac{2}{x}\mathrm{d}x}\left[\int\frac{1}{x}\mathrm{e}^{\int\frac{2}{x}\mathrm{d}x}\mathrm{d}x+C_1\right]=\frac{1}{x^2}\left(\frac{x^2}{2}+C_1\right)=\frac{1}{2}+\frac{C_1}{x^2}。$$

即原方程的通解为 $y=\dfrac{1}{2}x-\dfrac{C_1}{x}+C_2$。

（2）特征方程为 $r^2+r-2=0$，特征根为 $r_1=-2,r_2=1$，所以通解为 $y=C_1\mathrm{e}^{-2x}+C_2\mathrm{e}^{x}$。

（3）特征方程为 $r^2-4r=0$，特征根为 $r_1=0,r_2=4$，所以通解为 $y=C_1+C_2\mathrm{e}^{4x}$。

6. 求下列微分方程的通解：

（1）$y''-y=\mathrm{e}^x$；　　　　　（2）$y''-2y'=x-2$。

解 （1）特征方程为 $r^2-1=0$，特征根为 $r_1=1,r_2=-1$，故对应的齐次方程的通解为 $y=C_1\mathrm{e}^x+C_2\mathrm{e}^{-x}$。又因为 $f(x)=\mathrm{e}^x,\lambda=1$ 是特征方程的根，故设 $y^*=bx\mathrm{e}^x$ 为非齐次方程的一个特解，代入原方程得 $2b\mathrm{e}^x+b\mathrm{e}^x-b\mathrm{e}^x=2\mathrm{e}^x$，从而 $b=\dfrac{1}{2}$。因而 $y^*=\dfrac{1}{2}x\mathrm{e}^x$ 为非齐次方程的一个特解。从而原方程的通解为

$$y=C_1\mathrm{e}^x+C_2\mathrm{e}^{-x}+\frac{1}{2}x\mathrm{e}^x。$$

（2）特征方程为 $r^2-2r=0$，特征根为 $r_1=0,r_2=2$，故对应的齐次方程的通解为 $y=C_1+C_2\mathrm{e}^{2x}$。又因为 $f(x)=x-2,\lambda=0$ 是特征方程的根，是单根，故设 $y^*=(ax+b)x$ 为非齐次方程的一个特解，代入原方程得 $2a-2(2ax+b)=x-2$，从而 $a=-\dfrac{1}{4},b=\dfrac{3}{4}$。因而 $y^*=\left(-\dfrac{1}{4}x+\dfrac{3}{4}\right)x$ 为非齐次方程的一个特解。

从而原方程的通解为 $y=C_1+C_2\mathrm{e}^{2x}+x\left(-\dfrac{1}{4}x+\dfrac{3}{4}\right)$。

7. 已知 $y_1=\mathrm{e}^{2x}$ 和 $y_2=\mathrm{e}^{-x}$ 是二阶常系数齐次微分方程的两个特解，写出该方程的通解，并求满足初始条件 $y(0)=1,y'(0)=\dfrac{1}{2}$ 的特解。

解 因为特解为 $y_1=\mathrm{e}^{2x},y_2=\mathrm{e}^{-x}$ 且 $\dfrac{y_1}{y_2}=\mathrm{e}^{3x}$ 不为常数。所以该方程的通解为 $y=C_1\mathrm{e}^{2x}+C_2\mathrm{e}^{-x}$。因此 $y'=2C_1\mathrm{e}^{2x}-C_2\mathrm{e}^{-x}$，代入初始条件得 $\begin{cases}1=C_1+C_2,\\ \dfrac{1}{2}=2C_1-C_2,\end{cases}$ 解之有 $\begin{cases}C_1=\dfrac{1}{2},\\ C_2=\dfrac{1}{2}。\end{cases}$

因此所求特解为 $y=\dfrac{1}{2}\mathrm{e}^{2x}+\dfrac{1}{2}\mathrm{e}^{-x}$。

自测题 4 答案

1. **解** （1）① 因为微分方程可变为

$x(y^2+1)\mathrm{d}x+(1-x^2)y\mathrm{d}y=0$，即 $\dfrac{x}{x^2-1}\mathrm{d}x=\dfrac{y}{y^2+1}\mathrm{d}y$，故应填可分离变量微分方程。

② 因为方程可变为 $\dfrac{\mathrm{d}y}{\mathrm{d}x}=\dfrac{y}{x}\ln\dfrac{y}{x}$，故应填齐次微分方程。

③ 因为方程可变为 $y'-\dfrac{1}{x}y=\dfrac{\sin x}{x}$，故应填一阶线性微分方程。

④ 因为方程属于 $y''+py'+qy=0$ 类型，故应填二阶常系数线性齐次微分方程。

（2）把方程 $y''=\mathrm{e}^{-2x}$ 两边积分得 $y'=-\dfrac{1}{2}\mathrm{e}^{-2x}+C_1$。再把上式两边积分得 $y=\dfrac{1}{4}\mathrm{e}^{-2x}+C_1x+C_2$，故

应填 $y=\dfrac{1}{4}\mathrm{e}^{-2x}+C_1x+C_2$。

（3）把 $y=\dfrac{1}{x}$ 求导得 $y'=-\dfrac{1}{x^2}$，即 $y'=-y^2$，故应填 $y'+y^2=0$。

（4）分离变量 $\dfrac{\mathrm{d}y}{y}=\dfrac{2}{x}\mathrm{d}x$，两边积分得 $y=Cx^2$，故应填 $y=Cx^2$。

（5）方程变为 $y''-y'=0$，所以特征方程为 $r^2-r=0$，特征根为 $r_1=1,r_2=0$，即微分方程 $y''=y'$ 的通解是 $y=C_1\mathrm{e}^x+C_2$，故应填 $y=C_1\mathrm{e}^x+C_2$。

2. **解**　（1）方程中含有最高阶导数是 2 阶，所以原微分方程的阶为 2，故应选 D。

（2）方程可变形为 $\dfrac{x+1}{x^2}\mathrm{d}x=-\dfrac{y^2\mathrm{d}y}{y^2+1}$，所以方程为可分离变量方程，故应选 B。

（3）由 $y=C-\sin x$ 得，$y'=-\cos x$，$y''=\sin x$，所以 $y=C-\sin x$ 是原方程的解，但原方程是二阶的，应该有两个独立的常数，$y=C-\sin x$ 含一个常数，即不是通解，又不是特解，故应选 C。

（4）A 答案中有三个常数，B 答案中有一个常数，C 有两个不独立的常数，所以 A，B，C 都错，故应选 D。

（5）特征方程为 $r^2-4r+4=0$，特征根为 $r_1=r_2=2$，即 e^{2x}，$x\mathrm{e}^{2x}$ 为两个线性无关的解，故应选 C。

3. **解**　（1）分离变量得 $-\dfrac{\sin y\mathrm{d}y}{\cos y}=\dfrac{\mathrm{d}x}{1+\mathrm{e}^{-x}}$，即 $\dfrac{1}{\cos y}\mathrm{d}\cos y=\dfrac{\mathrm{e}^x}{1+\mathrm{e}^x}\mathrm{d}x$。积分可得通解为 $\cos y=C(\mathrm{e}^x+1)$。

由 $y(0)=\dfrac{\pi}{4}$，得 $C=\dfrac{\sqrt{2}}{4}$，故所求特解为 $\cos y=\dfrac{\sqrt{2}}{4}(\mathrm{e}^x+1)$。

（2）分离变量得 $\dfrac{\mathrm{d}y}{y\ln y}=\dfrac{\mathrm{d}x}{\sin x}$，积分可求得通解 $\ln(\ln y)=\ln\tan\dfrac{x}{2}+\ln C$，即 $y=\mathrm{e}^{C\tan\frac{x}{2}}$。

由 $y\left(\dfrac{\pi}{2}\right)=\mathrm{e}$，得 $C=1$，故所求特解为 $y=\mathrm{e}^{\tan\frac{x}{2}}$。

（3）令 $u=\dfrac{y}{x}$，则原方程变为 $u+x\dfrac{\mathrm{d}u}{\mathrm{d}x}=\dfrac{1}{u}+u$，即 $u\mathrm{d}u=\dfrac{\mathrm{d}x}{x}$。积分可得 $\dfrac{1}{2}u^2=\ln x+C$，代入 $u=\dfrac{y}{x}$，得 $y^2=2x^2(\ln x+C)$。

由 $y(1)=2$，得 $C=2$，故所求的特解为 $y^2=2x^2(\ln x+2)$。

（4）分离变量得 $\dfrac{\mathrm{d}y}{y^2}=\dfrac{-2x\mathrm{d}x}{x^2-1}$，积分可得通解 $\dfrac{1}{y}=\ln|x^2-1|+C$。由 $y(0)=1$，得 $C=1$，故所求特解为 $y=\dfrac{1}{\ln|x^2-1|+1}$。

4. **解**　（1）特征方程为 $r^2-3r-4=0$，特征根为 $r_1=-1,r_2=4$，所以通解为 $y=C_1\mathrm{e}^{-x}+C_2\mathrm{e}^{4x}$。

（2）特征方程为 $4r^2-20r+25=0$，特征根为 $r_1=r_2=\dfrac{5}{2}$，所以通解为 $x=(C_1+C_2t)\mathrm{e}^{\frac{5}{2}t}$。

5. **解**　由题意有 $y'=2x+y$，$y|_{x=0}=0$。由一阶线性方程的求解公式得通解

$$y=\mathrm{e}^{\int\mathrm{d}x}\left[\int 2x\mathrm{e}^{-\int\mathrm{d}x}\mathrm{d}x+C\right]=\mathrm{e}^x\left(2\int x\mathrm{e}^{-x}\mathrm{d}x+C\right)=\mathrm{e}^x\left[-2\int x\mathrm{d}(\mathrm{e}^{-x})+C\right]$$

$$=\mathrm{e}^x(-2x\mathrm{e}^{-x}-2\mathrm{e}^{-x}+C)=-2x-2+C\mathrm{e}^x。$$

由初始条件 $y|_{x=0}=0$，得 $C=2$，因此 $y=2(\mathrm{e}^x-x-1)$ 为所求的特解。